U0898178

一座机场的美，是空间的壮阔！
——（图·文）勒·柯布西耶

逝去的声音

《建筑师》编辑部编

中国建筑工业出版社

图书在版编目（CIP）数据

逝去的声音（Ⅲ）/《建筑师》编辑部编．—北京：中国建筑工业出版社，2007
（《建筑师》丛书）
ISBN 978-7-112-09438-7

Ⅰ.逝…　Ⅱ.建…　Ⅲ.建筑学－文集　Ⅳ.TU－53

中国版本图书馆CIP数据核字（2007）第091687号

丛书策划：黄居正　易　娜　李　东
责任编辑：易　娜
责任校对：孟　楠　刘　钰

《建筑师》丛书
逝去的声音（Ⅲ）
《建筑师》编辑部编
*
中国建筑工业出版社出版、发行（北京西郊百万庄）
各地新华书店、建筑书店经销
北京嘉泰利德公司制版
北京中科印刷有限公司印刷
*
开本：880×1230毫米　1/20　印张：14　字数：215千字
2007年8月第一版　2007年8月第一次印刷
印数：1—3000册　定价：38.00元
ISBN 978-7-112-09438-7
（16102）

谨以此书献给曾经和仍旧喜爱、关注
《建筑师》杂志的作者与读者。

序　言

日前，《建筑师》杂志主编黄居正先生与我洽谈，并告知他们正准备把历年来发表在《建筑师》上的优秀论文分门别类的做成多册论文集汇编，并约我为该刊汇编作序。作为老编委之一，深感义不容辞，于是欣然允诺。

《建筑师》创刊于1979年，距今已28载，共发行128期，堪称建筑界最早的期刊之一。回顾这风风雨雨的28载，令人不胜感慨。

28年前，文革刚刚结束，但人们的思想依然禁锢在“左”的氛围之中，当时只有《建筑学报》在中国建筑学会的领导下，可谓是“正宗”学术刊物。鉴于改革开放势在必行，中国建筑工业出版社的杨永生同志邀请了相关高等院校的七位教师（当时均未恢复职称）组建了编委会，并筹建了建筑学领域里的另一本学术刊物——《建筑师》。此刊物的名称实际上起着为“建筑师”正名的作用。因为，当时职称系列中只有“工程师”这一称号，而无“建筑师”。“工程师”这一称号不仅不能与国际接轨，而且反映出我们国家一片文化废墟的凄凉景象。在青黄不接之时，杨永生同志为创办《建筑师》做出了不可磨灭的贡献。

依我之见，与正宗的《建筑学报》相比，《建筑师》

杂志不仅专业性、研究性强，且办刊的形式多样灵活，发表论文的空间更加广阔，尽管这样办刊在那个时候会有一定的风险。

28年是一个漫长的历史过程，虽然《建筑师》当时的编委很少，但他们激情满怀，一路风风雨雨，历尽艰辛。他们有过辉煌，也曾步入低谷。但老一代与新一代编委们志同道合，团结一致，在他们共同的努力下，克服了重重困难，终于迎来了辉煌的今天。

借此之机，衷心地祝愿这份老刊物能够不断地焕发青春，并企盼这多卷论文集汇编能够唤起人们对《建筑师》往昔的怀念及对未来的憧憬。希望有更多更优秀的论文在《建筑师》上发表，从而不断地提高刊物的学术水平。

如今，年轻一代的编者们为把《建筑师》办得更好而在不懈的努力着，他们信念坚定，朝气蓬勃，为迎来新的辉煌而高歌猛进。

彭一刚

2007.6.26.于天津大学

目　录

杨 廷 宝

杨廷宝谈建筑——建筑与雕刻

齐康　记述（1978年8月7日）

几位江苏省美术馆参加毛主席纪念堂前雕塑设计工作的同志前来拜访杨老，请教有关建筑与雕刻的关系问题。现将杨老的谈话，记述如下：

我对雕刻研究得不多，年轻时在美国学习，曾在宾夕法尼亚艺术学院夏令学校（Pensylvania Academy of Fine Arts, Summer School at Chester Spring）学习过一段时间。当时的老师是 Albert Leslay，原籍意大利人。我雕塑过一只鸭，老师说我干的不错。我又雕塑过一匹马。以后，我又参观过一些雕刻家的工作室，看过许多雕塑作品和雕刻作品。

对雕刻工作者我总有这么一个愿望，我们的作品总得有点民族气氛。当然要看什么题材。

记得设计人民英雄纪念碑时，建筑师与雕刻家就是有矛盾，争执不下。建筑师认为，碑座须弥座间的蜀柱

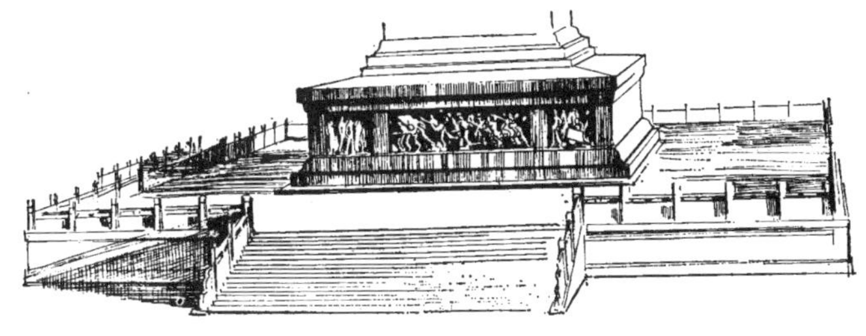

图1

应宽一点表现有力；而雕刻家则认为，浮雕的尺寸非要那么大才行，寸步不让。怎么办？后来，我在一次会上和了稀泥，总算解决了。我看，作为建筑物上的雕刻，建筑师与雕刻家应当相互配合。在这种纪念性建筑物上，在某种意义上讲，雕刻应与建筑彼此相协调。因为建筑须要照顾到整体。

回到原来的话题。我说，要有点“民族气氛”，那就得了解我国雕刻艺术的传统。远古的且不提，一般的说，器皿上和建筑装饰上，我国三代的铜器、祭器上的花纹，有的是回纹，铜器上偶然突出夔纹。河南南阳、江苏徐州等的汉代画像石，主要刻的是平的凸面，是轮廓性的图案。赵州安济桥石栏板上的龙就是立体的。就是说，从平面的刻花到立体有个过程。佛教传进中国，带来了许多外来建筑与装饰艺术，但慢慢地就中国化了。山西佛光寺的塑像，中国味就很浓，它已不像印度的佛像；虽然从外国进来，但经过中国艺术家的手，就变成了中国的风格。唐代昭陵六骏，你看雕的多好！可算是高浮雕。在西安的以及被盗走放在美国费城的，我都看过。再往后，有的雕刻立体感就更强了。有的是装饰，但实际上是圆雕。曲阜孔庙大成殿的明代蟠龙石柱已几乎完全立体了。

我这样想，对历史遗产必定有个继承与批判。从内容上讲，古代雕塑和雕刻的题材不少是欺骗、愚弄人民的迷信物，但艺术上的一些处理手法，不无值得借鉴之处，可以“古为今用”。我们年轻的雕塑工作者不妨研究这些资料。

广东佛山的祖庙，建筑装饰甚多，作品是晚清时代的。有些东西不登大雅之堂，有些题材内容是戏剧中的情节，很复杂，有点像欧洲的巴洛克。但其中有些构图组合方式很有参考价值，如有个明代的供桌雕的就不错，仔细一点观察，可以发现上面刻着“大明”的年号。不过仅根据这一点也许还不足以确定它的创作年代，也可能是当时的艺人不服满清统治，故意刻上的。此外，广东汕头、潮州一带的木雕，有些我认为也是不错的。

我讲了这么些是什么意思呢？就是说青年的雕塑工作者一定要研究过去的历史，在这个基础上去创新，去发展。江苏的国画家们就是在原有基础上去创新，这不是很好吗？雕刻这一行在旧社会是不受人重视的，出国留学回来没有事做，在那时混口饭吃都不容易。今天，你们有了广阔的题材范围，又有优越的创作条件，这真是幸福。

解放初，在研究武汉长江天桥建筑设计方案时，我曾想，建筑上有点雕刻该多好，但后来搞着搞着不成了。在人民英雄纪念碑上总算得以实现。建筑与雕刻结合起来，这是开国以来的第一次。以后，在北京农展馆前的群雕，有中国味，受到群众的好评，还是很不错的。不论怎样，我们学习古代的，西方的传统经验，创作出来的作品要有我们自己时代的民族风格。我总期望发挥这两句话的作用："古为今用，洋为中用"。

现在有些群雕洋味重了一点，而中国味少了一点。雕刻和纪念建筑一样，它是创作；既然是创作，就应讲究点风格。

你们不是正在设计纪念堂南北两组群雕的新方案吗？这里是先塑后雕刻的，我看南北两组要有点变化，不宜雷同。北面是主要入口，主体是纪念堂，群雕是陪衬，体型不宜过长，而宜近乎长方形。南边出口面对着正阳门是个古建筑，这边的群雕民族味可以浓些，座子可以短些，新方案的群雕，在轮廓与形象上，不论远看近看都应当明确而有特征。

中外古代雕刻艺术在构图上似乎有一个共同的经验，就是题材要有一个中心内容。围绕它来组织全局，就容易使观赏者印象深刻，取得成功；题材中心散了就不太

图2

图3

好办。举个例子：中国古建筑大门前的一对石狮子，一边它玩着个绣球，一边它玩着个小狮子，有个构图中心题目，看上去就生动了。

建筑与雕刻具有时代性。法国巴黎雄狮凯旋门[1](Arc de l' Efoile, 1806—1836) 实墙面上的雕刻是吕德 (Rude) 的作品——马赛曲，这一题材就把那个时代定下来了。又如巴黎大歌剧院，建筑和雕刻配合的那么好，一看就知道是法国文艺复兴后期 (1861—1874) 的作品，其他如巴黎公社社员墙纪念碑[2]等等，这些都反映了时代。我们的艺术创作能这样，不就更深刻了吗？

美国有位建筑师名叫赖特 (Frank Lloyd Wright)，他设计的建筑作品就打上了他那时的"新时代"的印记。他一度住在美国北部。他的房子，石料由他的学生砌，家具也是学生们做的。1945 年我曾到他家作过客，他安排我住在他的地下室。那虽是美国房子，但东方风味很浓，我问他为什么这样设计，他说："一个人的创作、举止、动作都会表现出他生平的经历。"他早年来过中国，看过老子的《道德经》；在日本他设计过东京帝国饭店，受到不少东方的影响。在设计上他可以算是一个"怪人"，他的那句话给我留下了很深的印象。一个艺术家的生活经历，不可避免地会反映在他的作品中。这对我们是个启

[1] 巴黎雄狮凯旋门 1806 年兴工，约 30 年完成，居 12 条大街交汇中心，主要雕刻是吕德（Rude）所作马赛行军群像。其他浮雕满布凯旋门内外四周以历次战役事迹为题材，面对四条大街，由十余雕刻家负责。人像有的高达两米。门中央是第一次世界大战法军阵亡无名英雄墓。

[2] 巴黎公社社员墙纪念碑。法雕刻家保尔·莫洛·伏蒂埃。建于 1887 年。

图4

发，我们搞雕刻创作不可能凭空设想。中国人写字也是这样；你写的字很自然地会带出你所学的那种碑帖的精神。所以，我们对历史上的各种雕刻手法都要熟悉一下，有了这个熟悉和没有这个熟悉大不一样。虽然题材已不是你原来所学的那些内容，但你却能自然而然地表达出某种艺术风味。你们如果认为这话有点道理，我劝你们对古代的一些优秀的雕刻作品切实地观摩、临摹一番。要有这种磨炼。

雕刻对建筑的配合，在比例、尺度、体形、色彩方面是否有一个“从属”和“独立”的关系？例如西方古代建筑壁龛中的像和中国寺庙中的佛像，其间不是有这个关系吗？

对！譬如说，希腊神庙山花间的群像就受那三角形的影响；人物的排列，在正中的是站立着的，两侧的是躺下的。至于雕像布置在室外，就有个与环境协调的问题。如果处理得好，不仅建筑艺术效果好，雕像的特性也就突出了。

中国的雕塑和雕刻，特别在人物方面是否不如西方？

是的！但是只能说某些方面。我们历史上的工匠雕塑的人像虽然在人体结构上不如西方准确，但在人物的刻划上，如山西太原晋祠圣母殿的一些塑像，也有它意境的独到之处。

我就谈这些，供你们参考。

（齐康、杨德安、赖聚奎绘插图，原文载于《建筑师》杂志第1期。）

杨廷宝谈建筑——26年后重访和平宾馆

齐康　记述（1978年9月8日）

杨廷宝教授近影（周光九摄影）

26年后，杨廷宝教授又来到了他解放初期设计的北京和平宾馆。一进院，杨老首先问道："这儿保留的几组四合院怎样，还住旅客吗？和平宾馆的同志回答说："地震后不住了，但不少外宾还特别喜欢住四合院，有一次，斯诺夫人来，就想住四合院，因为地震，不能住。"

是啊！其实住四合院很好。有的外宾很喜欢，他们住惯了高层建筑，住一下四合院别有风味。目前，国外旅游旅馆不少就是两层的。我们有时是一股风，一讲高层，各地不论城市大小，地段状况，一律想建高层。为什么不可以结合实际情况修缮一批民居、四合院作为旅游旅馆呢？你看那阳光透过四合院的花架、树丛，显得多么宁静，住家的气氛多浓，还是个作画的好题材呢。

来到大楼前的广场，一眼看到的是两棵大榆树和地面上划成"S"形的步道。在同一块地坪上运用不同的材料，既适合于人的尺度，又指明了步行路线，还可供停车，使人有不同的空间感受。这一广场和一般公共建筑前的广场迥然不同，舒坦而又憩适，有一种亲近的空间感。

为了保留这几棵大树、一口井和部分平房，我在设计构思时着重研究了环境。基地前后是两条平行的胡同，都是单行道。我决定采用主体建筑一字形，用过道穿透底层的办法，解决了停车和交通问题。把厨房和餐厅放在西边，这就尽量地避开这几棵大树，并把它们组织到室外空间中来，使之能够继续为人们“造福”。记得当时把固定起重架的钢索拴在那棵树上，真叫我耽心了一阵子。现在，基建工作中还是有人为图一时方便，不爱惜树木。例如，南京五台山体育馆西面一片松树群本应保留，但施工时全砍掉了，真可惜！

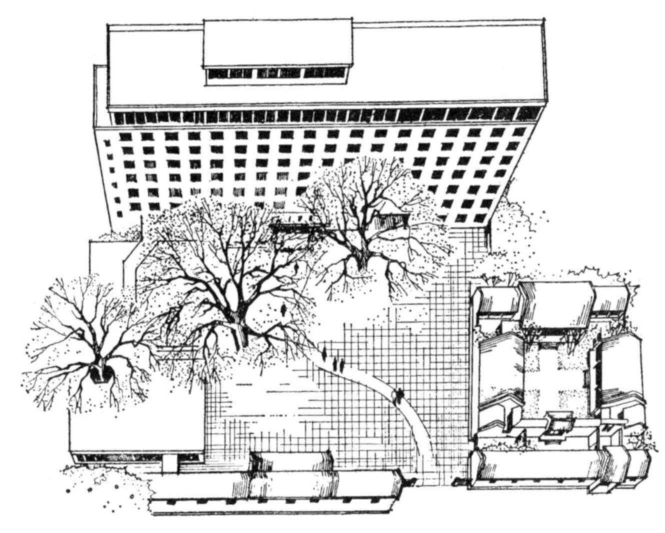

图1

我们经过转门进入门厅，感到空间组织得十分紧凑，运用设计手法把不同功能的体形围绕门厅这个中心加以连贯。门厅面积不大，使人感到空间流通而凝固，安排得体而合理。杨老说：

“门厅是旅馆出入口交通的核心，旅客一到要办手续，看到服务台、楼梯、电梯、小卖部等，一目了然。我将它安排成一个“港”。旅客休息处占门厅的一个角，不受来往交通的干扰。大片玻璃窗面对院内景色，使室内外空间互相呼应，浑然一体，到了这里就好似到了“家”。我认为，一般旅馆的门厅没有必要设计得那么堂皇”。

陪同的同志首先带我们上顶层，那里是会议厅（当时曾作舞厅)。再上屋顶平台，我们极目远眺北京风光，又俯视南北四合院的群组。杨老不禁回忆起当年建房的经过：

开始设计时[1]，原是利用解放初社会上的游资，修建一座中等旅馆，且已建了四层框架。后来因为要在北京开“亚洲及太平洋地区和平会议”，临时改为宾馆。当时正是建筑界复古主义“大屋顶”成风，审批这个宾馆建筑设计时不予通过，不给执照，后来几经周折才批准了。施工时工人们日日夜夜辛勤劳动，进度很快，只用了50天就建成了，及时交付使用。我为什么采用这种设计手法呢？就是因为它便于施工、快、能及时赶上需要。

[1] 1951年。

接着，陪同的同志带领我们进入标准层。看了单间带脸盆的客房、单间带厕所的客房、双套间客房以及公共厕所卫生间等；觉得房间、楼梯间、走道的尺度都十分得体。话题转向使用情况。

当时设计是考虑单间单床，现在摆的是双床，还是有前后挡板的床。有什么办法?!你看，这么紧的房间，还要放一张圆桌，真挤。客房的设计应当是整体的。你看顶棚上的吸顶灯，当时条件下把灯泡半露出来，这是个简便方法，然而简便的方法有时会取得很好的效果。

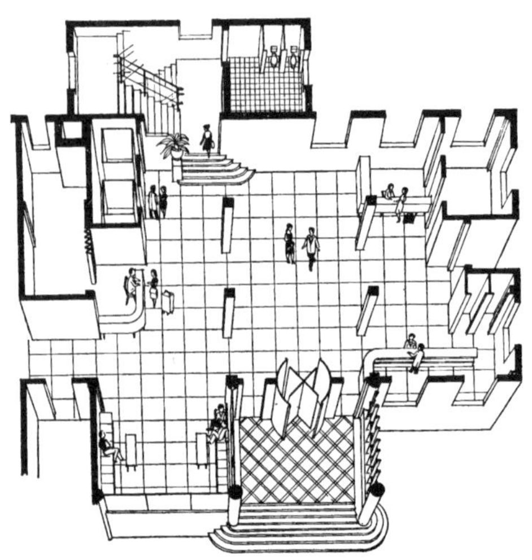

图2

回到底层，我们在宴会厅的后台休息了一会。陪同的同志又介绍说，这些年来，几乎每年都有人来参观。教师、学生还有设计工作者，他们都有一致的好评。当年，敬爱的周总理曾多次来到过宾馆。他说："这个建筑不是设计得很合理吗？"谈到这儿，杨廷宝老教授激动地说：

宾馆建成后一时曾招致了许多人的非议，尤其是当时莫斯科一批建筑师说这是方匣子。听说有一次，报纸上的批判稿已经准备好了。总理说："这个房子解决了问题啊！"，这才制止了报纸上的公开批判。之后，中央提出了"适用、经济、在可能条件下注意美观"的方针，为我们设计人员在设计原则上提出了方向。

陪同的同志又说："总理曾多次来到宾馆，我们一些老工作人员十分怀念他。有一次总理乘电梯，电梯稳而快，总理问："这是什么厂家的产品？"服务员回答说："OTIS是美帝货"。总理说："这说法不妥当，这是美国劳动人民的成果，不能混为一谈。"至今，这位服务员还牢牢记着总理的教诲。有一年，在这儿开全国性会议，总理常来宾馆，告诉我们："我天天来上班，别把我当外宾"。每当回忆起人民的好总理的一言一行，大家都不禁热泪盈眶。

大家想着，走着。杨老打破了沉默说："我来带你参观宴会厅。"面对着舞台的活动隔板，装饰着中国式的花纹，杨老说：

这后台可以接待客人，又可以作为小型演出的后台。活动隔板拆掉，可以从两边台阶通向宴会大厅，扩大空间，上下呵成一气，举行较大的报告会。你从小楼梯到回廊看看，如听报告、看演出，不又增加了座位吗？空间虽不高，用了槽灯，并不感到压抑。现在吊上了大吊灯，就不太好啦。

从南边小楼梯转下，还布置了一个小服务台。空间利用可算是尽善的了。我们穿过小餐厅、厨房，发现原保留在厨房内的那棵大树已经锯掉，现改作贮藏间。厨房面积并不大，但布置得经济合理。步出厨房，来到了民居式样的茶室，当年是对外营业。我们看到了那口井。

当年我想办法搬来了石望柱栏板做井栏。井水可以用来浇花，不很好呟！

看看宾馆的立面，虽然有点陈旧，但处理得朴素大方，进门处雨篷下花格的尺度与门框陪衬得相得益彰。

啊！这木料真不错，二十多年了，还没有变形。

穿过了过街通道，看了理发室和当年的弹子房，后者已改作临时住宿之用。出过街楼往北，杨老还带我们寻找了后来被砍去的另外两棵大树的位置，回转身看到两边的防火梯，形式现在看来也还新颖，杨老指着它微笑着说：

就这个，在当年也是忌讳的。

参观就这样结束了。归途中，我脑海中回旋着这样一些印象：环境的设计，合理的空间组织，多功能的使用，室外空间交通组织，朴素简洁大方的立面，还有那几棵大树……我问道："这样的'方匣子'怎样解释'民族风格'呢？"

我的看法是：那种功能性为主的，如旅馆、医院、体育馆，首先强调的是使用合理，建造经济，空间组合紧凑，有准确的比例尺度。至于那些有纪念性的公共建筑，成为象征性的建筑，代表一个时代，一个国家，一个地区，那民族风格、地方风格，不言而喻，要强调一点。

同时，还需要创新！

（原文载于《建筑师》第1期。）

杨廷宝谈建筑——关于修缮古建筑

齐康　记述（1979年2月7日）

列车奔驰在沪宁线上，远处倾斜的虎丘塔映入我的眼帘，不由得使我想起修缮古建筑问题，并就“修旧如旧”这一观点，请教杨廷宝老师。杨老回答说：

“这要根据建筑的具体情况灵活处理，不能用固定的公式。最好要研究它的历史和将来的用途，并通盘考虑。一般不太重要的古建筑，如修得焕然一新，那也无伤大雅。中国建筑油漆彩画的艺术效果什么时候最好、最美？我看，既不是刚完工，也不是经过二三十年以至几十年后，而是经一段时期的自然侵蚀，似旧非旧，似新非新，那时的艺术效果最好最美。至于那种特殊建筑，我看应当“修旧如旧”。不过，这要多费点工，要有一定的艺术素养，要有好的工匠。

近年来你到过不少地方，你对修缮古建筑有些什么看法？杨老感叹地说：

有的修得不错，有的修得很差，不仅没有修好，不客气地讲，损害了原有的形象。你看南京天王府的西花园，漆得大红大绿，俗气得很。北京毛主席纪念堂南正阳门修得太富丽堂皇，是否喧宾夺主？有些园林也修得不理想。如马鞍山采石公园，沿山道路铺上水泥，没有园林自然风味。云岗一个大佛像的脚用水泥粉上，太不像样了，结果还是凿掉。

记得那年经过布拉格，参观古王宫，那儿正在修理外墙，修得新旧差不离。

是的，在国外有些国家，如法国、意大利等都十分重视古迹维修，甚至还办有专门的学校。一方面为了保护古迹，一方面也为了旅游。古建筑是工匠长期劳动积累的文化，有些建筑，艺术性很高。我们如把它当作一般工程来修，只能是"四不象"。你到南京瞻园去看看。刘老[1]在世时和工匠师傅一起修整，就大不一样，很不错。

[1] 指刘敦桢教授，瞻园改建设计者。

文化（Culture）这个字很微妙，它的含意广泛而深刻。唐朝李太白的诗句"黄河之水天上来"，多有韵味，多有气派。不但要有素养，有时还要有点气势。现在，好的匠人不多了。对好的手艺师傅，要十分尊重他们的经验，接受他们的技艺。

你在30年代怎么参加和主持修缮一批北京古建筑？

啊！这已是40年前的事了。这要从我怎样学习中国古建筑谈起。我在国外学的是外国的一套。中国古建筑我是一无所知。当时"基泰事务所"要做两套清式模型——紫禁城角楼和天坛的祈年殿，完全按清式做法（包括彩画），我在绘图房里画图，休息时就看师傅们做，并且边谈边记。这就是我学习中国古建筑的开始，可以说做模型的工匠是我的启蒙老师。

八国联军侵占北京时，有些古建筑被毁得破乱不堪，有的只留下断墙残壁。有位老先生朱启钤，曾是清末工部侍郎，他热心修复一批古建筑。当时北平市文物整理委员会开展了这项工作，通过梁思成、刘敦桢找到了我。我先后参加修缮的工程共有九处：

天坛祈年殿、门、庭院；圜丘（宰牲亭）、皇穹宇；

北京城东南角楼；西直门箭楼；国子监；中南海紫光阁；五塔寺（大正觉寺）；玉泉山玉峰塔；西山碧云寺罗汉堂。

两个月后，我们几位同志和杨老漫步在天坛祈年殿到皇穹宇的神道上。我们又谈到了修缮古建筑的问题。

上次我们谈到了“修旧如旧”问题，你来看，当年修天坛皇穹宇就是个例子。几根柱子大体保留原样。柱子上的沥粉贴金修旧如旧，墙上的花纹按原样拓下来也修旧如旧。这都是师傅们亲自动手，工程质量当然高了。

圜丘在袁世凯当“皇帝”的81天里也曾修过，因为他也要祭天，但修得很粗糙，很不像样，四周短墙上的兽头都很不全，棂星门的木门也拆掉了，西南角的三根望灯杆，也破坏殆尽。据说当年望灯杆的木料都是整木，从贵州、云南、顺长江入海，经海路由天津运至北京东南城角水闸，再在城里拖运，经过珠市口时，因杆太长了，将拐角的警亭拆了才运到天坛的。这么长的木杆，当时我们是无力修复了。

祈年殿的宝顶，整个是铜皮焊接成形，磨光镏金，套在雷公柱上。其尺度甚大，修时搭了三层架，里面可以站两个人。宝顶外部落在须弥座式的琉璃座上，座也是分块拼成。有一点大家可能想像不到，即靠近顶部的琉璃瓦、板是分成几块，拼接而成的。

你记住一点，越是高处，做工越是可以粗一点。远看那顶部金光闪闪，可是顶部的瓦当却接得比较粗糙。所以，考虑了视觉效果的远近，粗和细的问题，就可以依据建筑的部位来提出不同的施工方法。

屋顶的防水在望板上先用灰背找平、铺以“锡拉背”（行话）即锡板，再粉嵌灰贝，先底瓦后筒瓦，层层上套。

明长陵大殿的楠木柱是整木料，到了晚清已不可能办到了。天坛祈年殿的柱子，到了光绪十六年重修时，柱心是整木，外面加拼木块，用铁箍箍牢，用猪血砖灰披麻。

明代的彩画多用银朱红、石青、石绿等。当时我们修缮时已缺石绿，色泽质量就差些。所以对油漆彩画颜料的质量、色泽都要研究。

有的古建筑毁坏得很厉害，如西山碧云寺罗汉堂。这座罗汉堂是清初的。它有四个小内院，构图甚为适宜。这类严重残破的建筑，我们等于重建。不过也没什么，因为我有一本“工部营造则例”可以参考，还有工匠们的口诀，什么“柱高一丈，出檐三尺”，“方五斜七”等。有了柱础的位置，就可以推算。至于建筑高度，尽量实测，也就行了。

要修缮还得学会估算。老师傅曾教我如何估算石料。他说，一平方尺（当时是鲁班尺）平面粗估算一个工，打个线脚算两个工，带有装饰的得用三个工。圜丘的石工我就采用这种办法推算的。

修缮古建筑必须和匠人们一起研究。工匠中当时最主要是木工，旧社会称大师兄；瓦工称二师兄，石工称三师兄。木工掌握全局。我经常请教几位老师傅，在工地上，在木工房里，今天请这个师傅看看，明天又请另一个谈谈，记录他们的口诀。找出切实可行的办法。有时上“东来顺”打上斤把白干，请老师傅坐下来，你一言，我一语，就解决了施工中的疑难。这也算是“群众路线”吧！当然营造学社的同仁们，我也常常向他们请教。这些工匠们有口诀，顺口溜，代代相传，我都记了笔记，可惜现在全散失了。

我是一点一滴地向工匠师傅、刘敦桢、梁思成等先生，以及我后来在民族形式建筑的设计中学中国古建筑的。

归途中，我们说，你谈的体会，使我们学到不少知识。您对今天修缮古建筑有什么建议呢？

我看有几点要注意：

首先，对修缮的对象要查一下文献资料、历史沿革。

如天坛祈年殿就有较详细的记载，有的还要明确用途。

其次，要拟订修缮计划。最好和施工部门、工匠师傅共同拟定，向他们请教，估算工料。

再有，要对现存古建筑进行测绘、调查，画出图纸。记得，我们当时修缮的九处古建筑，每修一处之前都要拍照，修理过程中也拍照，工程完毕再拍照，使工程修建过程有完整的记录和全面的总结。

最后，我想讲一点，修缮古建筑还存在个古建筑修建年代和艺术评价的关系。这一点要重视。例如太和殿和太和门不是同一年代修建的，但近年修复时采用同一种彩画，使它们具有艺术上的统一效果，这是好的。至于有些像清末慈禧时绘的彩画比较俗气，那倒不如恢复原修建年代的彩画来得好。二者是要权衡比较的。

古迹文物是劳动人民的智慧和血汗建成的，是历史的见证。我们要保护好。作为一个建筑工作者，要向匠人师傅们学习。当前培训新工匠也很要紧。梁思成、刘敦桢两位先生对中国古建筑的研究和考证都作出了重大的贡献，他们的钻研精神，值得我们学习。记得一次梁思成先生对我说："批判大屋顶，我检讨了多次，可每当我看到一座古建筑，宏大的斗栱，我马上精神就来了。"做学问我看要"入迷"。

让我来讲个小故事就算结束今天的参观吧！

传说北京有座喇嘛庙，名叫麻噶喇庙，修建时只有两层檐椽，工匠们怎么看也不合样。木匠师傅吃饭时正在嘀咕这件事，突然来了个老头儿，指着屋檐，口中念念有词。工匠们若有所悟，就在飞檐椽外再加了一层。这样，这座庙的出檐就"合"样了。

这是什么意思呢？大家想想！

（原文载于《建筑师》杂志第 2 期。）

杨廷宝谈建筑——仙境还需人来管

齐康　记述（1979 年 9 月）

武夷山的风景是那么绚丽，那么奇突，杨廷宝老教授在离开武夷山时，挥笔作诗，留下这样的诗句：

“游武夷山，陶醉于大自然之美丽，奇态殊非凡境，悬崖结屋，实系仙居，有感。

桂林山水甲天下，武夷风景胜桂林，

幽涧奇峰行画里，蓬莱何必海中寻。”

看了杨老的诗，我问杨老：“难道武夷山的风景真胜桂林吗？”他十分感慨，再三说：

可惜桂林的风景由于工厂的污染，建筑缺乏规划，景区大为逊色；杭州的西湖、太原的晋祠等都付出了昂贵的学费，不知有关的领导和规划设计人员能否从中吸取教训?我们常常是好心办坏事。武夷山这美景,真像首饰上光耀夺目的宝石,如不掌握风景区建筑规划和设计的特点,真担心不出几年重蹈其他风景区的覆辙,给珠宝蒙上灰暗的尘土。

是啊!祖国大地还有许多自然的“仙境”,仙境正须人来管!

* * *

1979年9月21日

午后,我们自福州乘火车至南平。列车沿着闽江而行。这一带,风景秀丽,富于色彩的山峦连绵不断,景物宜人。时近黄昏,蓝灰色的群峰,闪亮的江水,急流中的行舟,深褐色的礁石,如一幅幅名家所作的山水画。我对杨老说:“我们真是画中游。”杨老说:

不如说仙境游。看了这风景,高楼大厦不想看了,这也许是我的一种癖好。福建的自然景色,名胜古迹,可称得上山清、水秀、人杰。俗语说:上有天堂,下有苏杭。这儿超过苏杭。福建的山川、港口、气候地形、名胜古迹可为发展生产、扩大外贸和开展旅游提供得天独厚的条件。我们要利用大自然来为四化服务,这是我们一代人的职责,我们只有为子孙后代造福的责任,绝无败坏她的权力。

列车在行进,景色在变换,时而峰回路转,时而蜿蜒挺进。我说:“曲径通幽,这句唐诗,细细推敲,往往是佳景所在。”杨老回答我说:

动听悦耳的音乐,往往只是一瞬间,好风景却是瞬息万变的幻景,是时间上、空间上我们指画不到的境界。而我们能画到的,只是佳景的“次品”;你看那风景转折,霞光透过迷雾,这一瞬间多么奇妙。大自然是我们学画的好老师,大自然中的民居,是我们进行风景建筑设计的好素材,要受到它们的薰陶。

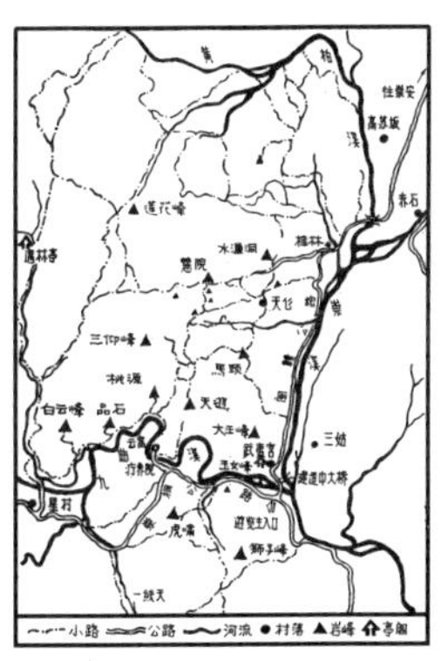

武夷山主要风景点示意图
(赖聚奎绘)

到南平，暮色降临。晚饭后，陪同的同志请杨老对南平的旅社扩建工程提意见。他边看方案边说道：

福建省是我国主要侨乡之一，随着旅游事业的发展，回国探亲、观光的侨胞和外籍游客必然越来越多。因此，新建和扩建服务性的旅馆也必然会不断增多。应根据城市性质、规模、条件、环境，因地制宜地建造不同类型、多种形式的旅馆。现在，从南到北，建筑造型是一字体型、水平线条、一种模样。高层旅馆固然要，但考虑我国目前条件，最好采用多种手段，通盘规划，以满足旅游事业的发展需要。盖一批低层、少层的旅馆，或者可以修缮一批民居，加以改造，外表是民间式样，内部可以设置必要的设备，甚至可以在近风景区的地段，就地取材，因地制宜，建造富有地方特色的旅馆。

我看过几个城市的旅游旅馆的方案，造型上千篇一律，好像都是从国外杂志中抄下来的“摩登建筑”。我认为，建筑造型和内部装修都要有地方特色。吸取国外经验，一定要注意国情。尽可能采用有地方特点的建筑材料，丰富室内外的建筑装修。泉州的石雕刻、福州的脱胎漆以及竹木工艺，都可以作为装饰手段，加以发展利用。福州新建机场会客室里的竹器家具，就很有特色。这些民族风格、地方色彩对久居海外的侨胞，还能引起怀念故乡的感情。从这些方面看，都值得重视……

1979年9月22日

早餐后，我们发现昨晚讨论扩建工程的方案中，要锯掉一株老榕树。主管的同志说：“这种树，在我们这儿多得很，不算什么！”杨老睹物生情地说：

人有不幸，树也有不幸，这株树要是长在上海，就成了宝；下次来，如能见到这株树，我要好好庆贺，如看不到，那可要深感惋惜了。树木，特别是一些古老、名贵、姿态优美的大树，不是一年两载能长成的。设计人员要爱惜它，充分利用，有机地组合到建筑中去。

我们乘车去武夷山。清晨的空气非常清新，茫茫银雾，将沿途山峦罩上层层薄纱。山岩旁的树丛、民居时隐时现。溪水湍急，闪闪发亮。杨老对我说：

风景区有时是不能人为划界的，真要搞好景区规划与设计，是与四个现代化建设分不开的。国家富强了，人民生活、文化水平有了很大的提高，景区的建设才能达到应有的水平。要把旅游当作事业来搞。

大王峰（杨廷宝速写）

三小时后，大王峰显现在我们的眼前。

九月下旬的天气，仍然那样炎热。午餐后，杨老即作画。一峰独耸的大王峰录在他的画本上。

游云窝，起始山势较缓，在乱崖中蜿转有路，山壁峭绝，高约四百米，长里许。杨老说：

我虽曾游黄山，登泰山，未曾见此景象。

壁前有二亭。其一新铺琉璃瓦，刷上了红绿漆。杨老笑着说：

游人到这儿来，要看的是真山真水，而不是看你的建筑，刷上大红大绿干什么呢?我们不能把设计城市公园的那一套搬到这儿来。

我们登山再上一层，见一新建竹亭。杨老说：

这种就地取材的做法可打一百分。

我说："可惜柱子尺度高了些"他回答说：

那就打97分吧！刚才那个琉璃亭只能给59分。为什么不可用民居的方式在这儿建造，这儿又有当地工匠。

陪同的同志说："我们想在水边修个食堂、茶室，那边修个水榭，您以为如何？"杨老回答说：

风景区设置建筑要十分慎重，因为它是大自然的陪衬。如果功能上没有十分必要，尽量不要把服务设施引到景区中来。建了大食堂，临水就要污染水面。在艺术造型上，要美观，艺术性要强，要有个性。设计人员要有相当的艺术素养，在没有把握的情况下，可以建造一些临时性或半临时性的建筑。现在建造的竹亭、茶室不是很好吆！不要一上来就用钢筋混凝土建造亭子、廊桥，漆上大红大绿，盖上琉璃瓦，这样无非是年终上报花了国家的投资，既费钱又取不到好的效果，这叫"事倍功半"。

同志们请杨老作画留念。

1979年9月23日

上午，游天游。

路途较远，山势较陡，陪同的同志问杨老："您高龄了，登山行吗?"杨老笑着说：

行！登山，登山，就是要自找麻烦，想坐在沙发上图舒服，就不必来了。

我们回头极目远眺，山峰间透过原野。导游说："原来那一片全是树林，全给砍掉了。"杨老说：

这就像我年纪大了，头顶秃光，山林树木要保护，要拯救，快造林。听说是为了种武夷茶——大红袍而砍树，这就得不偿失了。

半途中有一休息路亭，青平瓦、土坯墙，民居的风格，甚朴实。杨老坐着休息时，对大家说：

这朴素的民间路亭，就不一定要拆除，它比山下那琉璃亭要好多了。

但他又叹息地说：

这事也难啊！大自然的美景、山野处，人工造的太多就无味。可说不定哪一天来了一位不平凡的人，说："这太简陋了，你们给我拆！拆！拆！"于是他指示设计人员说："你明天给我交张有气魄的建筑方案来！"我有时这样想：地位高的人，不一定欣赏水平就高；也有另一种情况，有人喜欢拿着不平凡的人说过的话来行事，他也会说："给我拆！拆！不拆旧的怎有新的。"这就像福州喜欢砍树的人一样，使人啼笑皆非。要知道，艺术欣赏是一种素养啊！

登天游，远望大王峰、天湖峰、并莲峰，九曲水溪，尽收眼底。杨老说：

这里登高远望比桂林漓江宾馆顶上远眺有意味。这儿山景气势磅礴，使人心旷神怡。而上下景色曲曲弯弯，过了一景又一景，不知有多少奥妙？

天游胜景，名不虚传！

下午，我们自星村乘坐竹筏顺九曲溪而下。竹筏盘绕峡谷中十五华里，山移水转，忽而水平似镜，忽而急流湍湍，水贯山行，丹崖凝紫，碧水泛烟，山水之美，兼而有之。导游边吟诗边介绍沿途胜景和神话故事，杨老边听边作画。有位同志说："说不定哪位不平凡的人来坐竹筏时会指示说："竹筏不现代化，要改作汽艇。"杨老说：

不，游客到此就是要坐竹筏。缓慢的速度，可以慢慢观赏那天游峰、仙掌峰、大藏峰、小藏峰，还有那明丽动人的玉女峰，以及那巍然耸立的悬崖峭壁……

我们至"水镜"，下竹筏。

1979 年 9 月 24 日

游桃源洞。

此处秀石林立，流水淙淙，深邃清凉。至洞口疑是无路，进入洞内豁然开朗，浓荫竹翠，景物幽雅。开元堂内后院的建筑，空间处理自然，室内外空间穿插流道。杨老对我说：

中国建筑是木构架，所谓“空间组合”在实践中、民居中、庭园建筑中，佳例很多，自古有之，要认真总结。

杨老看到涧旁石级修得整整齐齐，就说：

山间的石径修得不错，但要根据地势、山野景象，可宽则宽，该窄则窄。小道与地貌应大致取平，便于保护游人安全。人工修筑的小品尽量与大自然融为一体。路边爬藤不妨碍通行，保留下来，有什么不好呢！要宜乎自然。

午后，至水帘洞，路口正在炸山石而筑路，杨老惊叹地说：

炸山填谷，结果陡峻的山岩、幽雅的峡谷都破坏了，那就大煞风景了。必要的道路是要修的，十分必要的情况下，可以规划单行线，适当的地段设交汇点。想当初，山势挺拔，曲折迂回，景色定然比现在美丽。

至洞处，崖顶斜覆而出，是武夷山最大的岩穴。泉水从峰顶奔泻而下，散作万颗轻霏，微风吹动，左右飘洒，又一奇观。

玉女峰（杨廷宝速写）

傍晚，自武夷山回崇安。沿途错错落落散布着民居。闽南和崇安武夷附近的民居，都有浓郁的地方色彩。民居的平面布局出自功能需要，立面造型立足于空间处理，很少矫揉造作。它简朴、大方、丰富、活泼。杨老十分欣赏这些民间匠人的创作。他若有所思地说：

风景区的建筑，不妨多采用一些民居的手法，也能作出好的作品，通过创作就会产生一种独特风格。有时，没有建筑师还好些！各地的风景建筑不能全一个样，不要相互抄袭，抄袭就没有特色。设计人员要从民居的优秀部分吸取营养，取其精华，弃其糟粕。民间有许多能工巧匠，他们也是建筑师。风景区的古迹更要保护好，修缮好。风景区的建筑是艺术品，不能单纯用指标、平方米作依据，也不能单靠丁字尺、三角板，而是要结合实地环境、地形和地貌来进行设计。

广州的余畯南、莫伯治两位建筑师对怎样设计风景建筑给我上了一课。他们认为：在复杂的地形条件下，先是踏勘地形，结合自然地形，布置以建筑的形状：方的，圆的，然后再来考虑路的设计。他们说，“没有想不出来的路”，这样就逼着你动脑筋想办法，我看，这也就是创造发明。

1979年9月25日

上午，参观武夷宫。随着讨论拟建宾馆选址，杨老对风景区的规划设计提出如下见解：

风景区的建设和规划，统一计划和统一领导是非常重要的。目前的管理体制，头绪多，修桥的管桥，修建筑的管建筑，各自为政。

旅游旅馆不应该全集中到景区内。目前旅馆选址设在河对岸；是否和将来的水坝和公路联通，公路绕景区而行，而把现有公路的一段改为景区内部道路。国外有不少著名风景区不让交通干线穿行景区，我们可以吸取别人的长处。目前的桥正好选在水流湍急、河床宽广的一段，且近武夷山景区入口，桥长达480公尺，可以和大王峰相媲美。大王峰会不会变成小王峰呢？因此，最理想的桥位，放到上游一点好些。有统一规划就好了，现在又奈何？

人们来武夷，主要是欣赏、游览大自然的风光，你把旅馆、疗养院、商店等都搬来，会损害景象，污染水面，还有什么意思呢？风景区的建筑既是游览线上观赏风景的停留点，其本身应该又是被观赏的风景点。

规划要有法制，不能今天这个领导来，一种说法，明天那个领导来，又是一种说法，谁官大谁说了算，结果莫衷一是，朝令夕改。

我们都很关切地问杨老："武夷山风景区规划将会是什么结局？"杨老说：

写文章要有章法、格调，风景区也要有风格，设计人员不能你设计一个亭子是你的爱好，我设计一个水榭是我的花样，这好比不速之客在亭、台、楼、阁上，刻上"到此一游"一样，给自己树碑立传。

武夷山是我国著名游览胜地之一，它历史悠久，有许多珍贵文物、古迹；世代还流传着许多动人的故事和美丽的神话。烟波浩渺的景区，成为前人幻忆中的神仙境界。

别了！武夷山，它常使我梦怀！

以后，我们收到了福建省建委有关同志来信，感谢收到杨老对旅馆建筑和风景区规划的《谈话纪实》，并告诉我们：南平旅社扩建工程要锯掉的榕树已经保留，并组织到建筑群中去了。杨老看完信后对我说：

阿弥陀佛！

编后记：编稿期间，齐康同志打来电话告诉我们：福建省有关方面的负责同志看了杨老的《谈话纪实》稿后，接受了杨老的意见，除对那株大椿树已予妥加保护外，还决定不在景区入口附近修建那座大桥了。

我们为武夷胜景深感庆幸。如果各个建设部门的领导同志都能像福建的同志那样，多倾听和采纳有关专家的好意见，那么我们的建设事业就一定会搞得更好一些。

（原文载于《建筑师》杂志第3期。）

杨廷宝谈建筑——到处留心皆学问

齐康　记述（1979年7月13日）

毕业班的同学想请杨老给他们作些临别赠言。杨老欣然同意，在鼓掌声中，他开始谈了起来。

你们快毕业了，脑子里总会想，学建筑的今后怎样搞好工作？参加工作后又怎样提高？我想，一个人应该是照周总理所教导的：活到老，学到老。毕业后干工作也还有个继续学习的问题，这种学习是很有用的。学校中的几年时间，是为建筑设计打下学习基础，虽然学了些专业知识，但比起工作后所要求你们的，还相距很远。

到社会中去，到生产实践中去，你们会学到真正有价值的东西。为什么人们办事情，常有人会问：此人有经验吗？为什么治病总想找个有经验的医生？这就突出了实践和经验的重要性。你学的理论要用到实践中去，才真正有用，那是实在的本领。

怎么学？到社会上去！没有现在这样的大教室，却有社会的大课堂，我想送你们一句话，那就是——到处留心皆学问。

对建筑学专业来说，这句话比其他专业更有用。因为建筑设计是为人民的生产、生活服务，绝不是我们画几张图就能解决问题的。生产与生活要求一位建筑工作者想的面宽，学的知识要广泛，图板上的图只是这些要求的部分反映。

党对建筑设计的方针是适用、经济、在可能条件下注意美观。要真正做到这一点可不容易。这句话要求我们深入体验生活，了解使用对象如何使用你所设计的建筑，他们在建筑物中，怎样工作？怎样生活？怎样活动？……设计住宅，你就要了解哪些人住？住户的户室比怎样？人们怎样居住你所设计的房间？如你设计图书馆，你就得了解藏书、借书、阅书三者的关系，这图书馆是为工科还是为理科服务的？这些建筑的结构、材料如何？又采用什么方式施工？一大堆问题在你面前，你就得调查，就得到处留心。

衡量事物的标准，不是永恒不变的，不然，世界就不会改变，不会进步。为什么人的问题首先要理解清楚。前些年，我到广州，看到船民定居了，住上了新的住宅。在旧社会，他们从小在船上长大，没有机会上学。现在利用砌块，砌上住宅，室内喷上白灰，他们感到这比住在船上好得多、舒服得多。这只是一种类型的住宅，当然还有其他类型的住宅，它们要求又有所不同。有的建筑类型美观要求多一点，这就需要综合分析适用、经济、美观三者的辩证关系。这种训练，都是课堂上学不到的。

我们在工作中会碰到许多困难，会有许多经验与教训，经验丰富了我们的想像力，教训也能增长我们的学识。

我的学习方法之一就是带个小本子，一个钢卷尺，看到了好的设计，好的实例，就画下来、记下来，这是很有用的，比你单用文字记下来有用。适用的建筑，其中的空间布局，优美精致的细部，材料的特性，一一描绘下来，使你印象深刻。照片固然很重要，但亲自测绘，记录个人的体会，就不易忘掉。

你们看这教室的木窗，可以想一想，这是杉木还是松木？变形不变形？用多大面积的玻璃？诸如此类，看到一个问题，你就联想到图纸以外的许多问题。专靠查手册，那是很不够的，更不能把手册上的东西当作“金科玉律”，一点也不能变动。要学会思索，学会分析，学会解决实际问题的本领。要十分注意培养自己创造性的设计能力。画一张图，要想到图与图的关系，图纸与实际建筑的关系，图纸与材料、施工的关系。从图到物，从物到图，它们往返循环、辩证的关系要吃透。成功了，不骄傲，失败了，不气馁，都要找到原因，把知识积累起来。

实际的生产任务，有时看起来很死，事实上生动而可变。中医治病，还要看你的体质、脉相，再来“对症下药”；裁缝做衣要“量体裁衣”；何况建筑设计要处在许多复杂环境变化之中。

我们搞建筑设计的人，一定要训练脑子灵活，要富有创造性，不要把自己变成思想僵化了的“凝固体”。要因地制宜，要考虑条件的变化，从实际出发。我不赞成那一种人，设计大屋顶挨了整，设计方盒子又挨了批，就没有信心了，瞪着眼睛望北京。在他的设计中，只不过造价比北京低一点，用材比北京次一点，其他照学北京，这样我看他的设计创作没有什么希望。另有一种人喜爱抄杂志；我们知道，国外杂志上登载的东西，个别实例是耸人听闻，等于在登广告，实际上大量的建筑还是讲究实效的。我们所熟知的建筑大师赖特（F. L. Wright）所设计的个别建筑，就往往被董事长、资本家们用来做广告。在美国的拉辛（Racine）、约翰逊制蜡公司（Johnson Wax Co），他采用一根根伞形的柱子组成办公室，结果不密缝，工人们总不断地修理，以防漏雨水。资本家倒很满意，因为它招揽了世界各地的建筑师、旅游者们来参观，参观后，公司还送你点纪念品，无形中，你就做了它的义务广告员。对这种稀奇古怪的建筑，我们就不要受他们的影响。

我们要十分重视学习国外先进的建筑理论和先进的

科学技术知识，诸如新结构、新材料的运用，环境设计，环境保护，城市规划，古建筑的保护等。我们有的人一味追求“新”，求得形式上的时髦，而不是以经济、适用、结构、材料等为依据。这种“为新而新”是脱离我国国情的。我们国家是个大国，人口众多，脱离这个具体条件来谈“创新”是不现实的。澳大利亚悉尼歌剧院的设计竞赛得奖方案，是丹麦人伍重（Utzon）设计的。我曾到他家做过客，他的工作人员曾告诉我，由于这样一种方案，大大增加了预算，建设单位就起诉，伍重在诉讼中纠缠了很久。当然现在剧院是建成了，作为一个建筑作品，对它的评价又作别论。但这种情况在我国是不行的，它要花费人民多少钱财！

我讲这些为什么呢？就是需要到处留心，不论是看书学习，参加生产实践，要有观点，有准绳。这根准绳就是正确掌握适用、经济、在可能条件下注意美观的方针。

你们都是未来的建筑师，你们获得的知识就是要为人民服务。青年人要有理想，我们国家这十几年来虽然遭受了一场灾难深重的浩劫，但我们不要无所作为，而是要更加坚定信心，像一只有目标、有方向，扬帆前进、全速前进的航船……

我没能记完杨老的讲话，同学们的笔记也不完整，但他们异口同声地说：“我们牢牢记住了讲话的要领，就是——到处留心皆学问”。

杨老听到这个反映后，会心地笑了。

我问杨老：“你什么时候养成这习惯呢？”他说：

我在小学时，对许多问题都想了解，记得我家靠近作坊店铺的后院，我看师傅们做蛋糕，用的是大平板锅，启盖要用杠杆，要抬高平移挪动；以后我学习物理课中的力矩，很快就懂了。记得在美国学建筑时，我设计过铁门。毕业后，在老师的事务所工作，参加过底特律博物馆（Detroit Museum）的细部设计。这时再画铁门，和匠人们三番四复的讨论，看到他们的加工操作，我的体会就更深了。

有一年，我到荷兰去考察，在预应力混凝土预制构件厂参观。它加工的窗扇做的和木料几乎一样，他们采用钢模，托模平正、准确。我注意到装窗铰链要精确、要预埋，不然，怎么能将窗扇装到窗框上去呢？

杨老拉开抽屉对我说：

你看，抽屉是经常拉进拉出的，木板接榫呈锯齿形，犬牙交错，很牢固。木桌椅的腿和板的企口，有时略呈倒梯形，这都是固定木榫的做法。

中国古建筑有大小额枋，你说先架大额枋，还是先架小额枋？

北京太和殿三层台阶栏板外口螭首排水是装饰性的，还是真为排水用？

你知道清式栏板和望柱接榫处有一直条吗？

说着，杨老画了起来（附图）。

我们常常一起出差，为什么我到客房时，对门把锁都要留心一下？

我想，一位建筑师应当有较广泛的知识，要不断的扩大知识面，从个体到群体，从建筑到环境……都要深入了解。

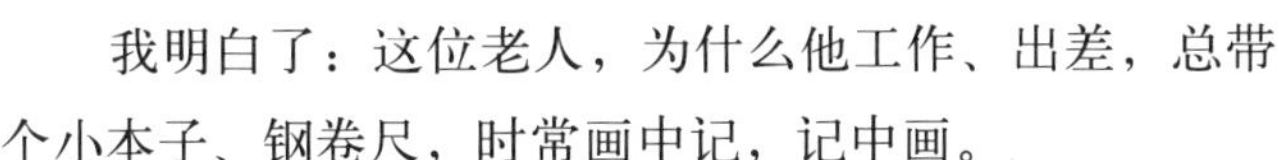

我明白了：这位老人，为什么他工作、出差，总带个小本子、钢卷尺，时常画中记，记中画。

（原文载于《建筑师》杂志第4期。）

杨廷宝谈建筑——丁字尺、三角板加推土机

齐康　记述（1979年10月29日）

孩子们十分好奇地在张望，时而发出笑声，有几位上了年纪的老人会神地凝视，不时地默默点头。大家围着一间半敞开的茅屋，倾听屋内的居民点规划讨论。他们十分关切，在他们的村子里又将发生些什么？

讨论会结束了，杨老沉思地对我说：

近来，我总想着一个问题，我在几个场合发言总想“废除”丁字尺和三角板，可总废不了啊！

我不甚理解其意。我想，要规划，要设计，丁字尺、三角板怎能不用？

事情是这样的，1979年7月9日江苏溧阳地区又地震了。部分公社、生产队遭到较严重的破坏。在党和政府的关怀下，广大农民坚持抗震救灾，重建家园，逐步修建一批农村住宅。江苏省建委十分重视这项工作，于10月29日组织有关建筑专业人员来到现场，讨论了规划和建筑。杨老对农村居民点规划不结合地形很有看法，他在讨论会上说：

我不赞同在这样的自然环境中，用丁字尺、三角板打成方格画出来的规划设计。

刚才我们踏勘了两个村子。山脚下的那个村子，自然环境那么好，破坏亦不甚严重，可在原地翻修建新。你

们想：自然村中每家每户都有竹园，整个村子新建后，有朝一日会像个花园。而这里破坏严重，可利用原有的坚实地基恢复。农村居民点规划要考虑居民生活的要求，不求一律。农民的住房有多有少，有高有低，仍然可散散落落地布置在绿树丛中。

建筑规划中的道路、建筑一定要结合地形，宜乎自然，不失原有自然村落的风貌。拖拉机的道路略为取直。而村舍之间的小路，要考虑现状、水塘、地形，可曲折自如。水塘是局部地段的积水处，没有必要全填平。能保留一些不好吗？大自然的地形，其形成是有个过程的。它的高差，构成天然排水，一旦你改造了，就要牵动这一局部的整体。规划与建筑布置可自由些。从这观点出发，不看地形，单凭丁字尺、三角板画，怎能行，我主张废除！

农村居民点的规划，各地不一。山区的，丘陵的，平原的，水网的，都有自己的特点。而农民的生活习惯也因地而异。自然村是农民祖祖辈辈居住的地方，所以采用什么样的布置方式，要多和大家商量，不然群众不满意，规划的实现有阻力。墙上挂的规划图中将住宅排得那么整齐，像操兵一样，真像两千年前罗马人的兵营（图1）。这种布置，弄得不好，小孩有时会迷路找不到家。听说某地一天夜晚有个小孩找不到家了，在别人家的空床上睡了一宿。（笑声）

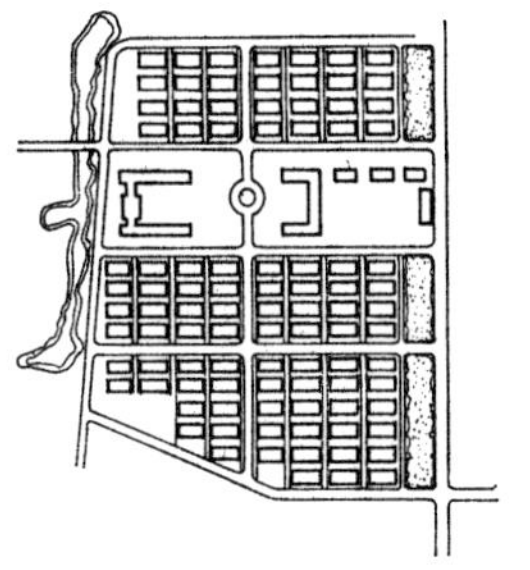

图1 溧阳县某村规划示意图

住宅和畜舍相互要有一定的间隔，不能不讲卫生。要从建筑设计入手将前后院的功能分开。我们用丁字尺、三角板的头脑去思考问题，把一切都定下来，就会像下棋一样，变成了“残局”。（笑声）

农村的经济政策必然会反映在居民点规划中。一幢屋两家前后有院是可以的，可不能划的那么死。即使六间的农舍，为什么不可前后错落？建筑的长度也可长可短。各家有自己的要求，你结合现状、绿化、地形，就有了住家的气息。把整个新村的建筑风貌建设整理得像杏花村、百花村、桃花村不更好吗？

苏北有的农舍结合河网水利规划，将建筑一字排开。而这儿有那么好的自然环境，没有必要抄那个样子，更无必要建成“一条龙”。

我年纪大了，可能思想保守；看到用丁字尺、三角板画出来的规划图，特别是用在这样的环境里，怎么也不是滋味！

杨老和我继续讨论了建筑布置与自然地形的关系。

我说：“1957年我曾去包头参观，住宅区的道路不结合地形，搞了‘土方平衡’，较大面积的调整土方。其结果道路两侧的余土堆的像土丘。住宅建筑只好在土丘后面修建（图2）。相当一段时间给居民生活带来了困难。常常是这样，在图面上整齐有序，而实际建造却高低混乱。”他回答说：

那些年，外国专家来，有的不了解我国的国情。规划时，逢山找对景，逢路拉直线，漠视建筑现状和自然环境（图3）。对他们的设计，我们的专业人员是有想法和看法的。记得1960年我到苏联去参观，遇见了他们。当时我想，他们对在我国城市规划中画的方格、轴线，将作何回想呢！

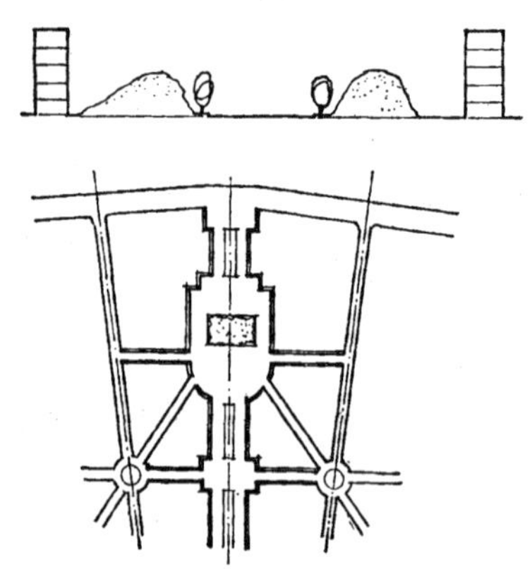

图2 住宅区道路不结合地形的实例

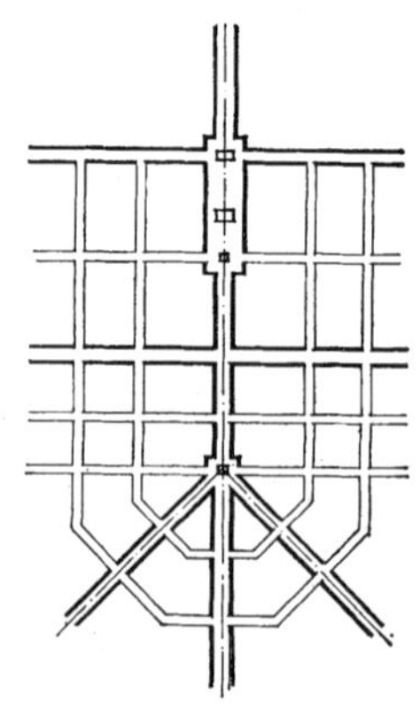

图3 漠视建筑现状和自然环境的城市规划图

你如有兴趣，可以研究一下这个课题。古今中外建筑有许多结合地形的优秀范例，认真总结归纳，可使青年学生将来参加工作后不致犯那种脱离自然地形条件的错误。

南京中山陵是个好的设计，可是大门两侧的小配屋像是倒在地坪之中（图4），与主体不相协调。为什么中国古代建筑群体就没有这种错觉呢？

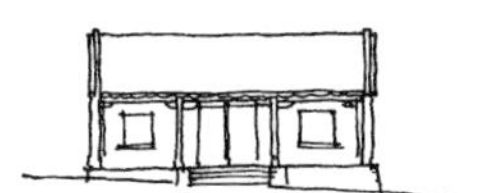

图4 中山陵陵门两侧小配屋与地坪的关系

山林中的寺庙，如北京潭柘寺、戒台寺、杭州的虎跑、福州于山的戚公祠、鼓山的涌泉寺都是密切结合地形的实例。戒台寺从沿山坡的侧向入口，虎跑是两条结合地形的轴线，它们的内院主体建筑仍不失庄重、秀丽的空间感受。中国古代的建筑群体，其封闭空间运用了层层院落、层层台地、左右错落、互相圈套，人们渐次而上，建筑布置即使有曲有直，你仍然感到那么完整。我们不是到过马鞍山采石矶的太白楼吗？你哪里会想到它是依山坡而筑屋的呢？庭园中的台阶石级，四周的回廊，将空间、建筑、地形拧在一起，艺术效果是那么好（图5）！

国内外处理坡地、布置建筑有许多共同之处。希腊雅典卫城、文艺复兴时期一些欧洲的广场、意大利的园林建筑均筑台阶沿坡而上。现代建筑中，不论住宅区或公共建筑群都有许多范例。日本丹下健三设计的体育馆，新结构造型不仅具有日本传统建筑风格，而且与自然地形也结合起来。如果我们有些人来设计就会用推土机把它推平。

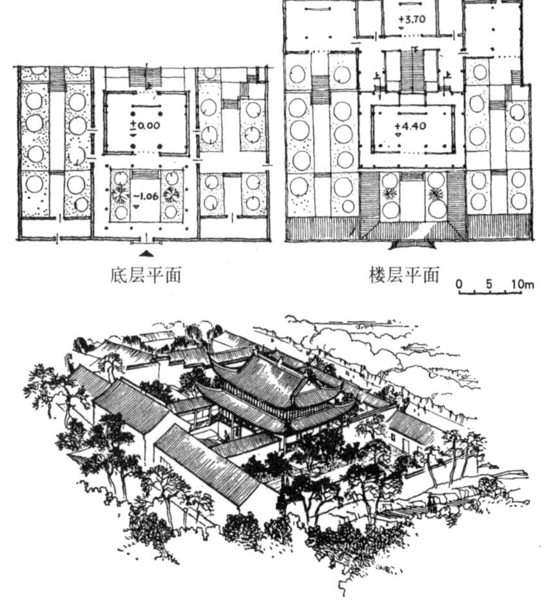

图5 马鞍山采石矶太白楼平面和鸟瞰

要知道地形对于城市居民点、建筑群以至于单体设计都是重要的。地形对于城市的结构、形状、用地和发展起着积极的影响，它影响城市景观、植物、地表、地下水、土壤、小气候，以至城市工程和城市运输。我们如果稍加了解和研究一下城镇居民点的发展史，就知道它对居民点的选址也是有影响的。

古希腊和希腊化的国家在这方面是有成就的。如克利特、别尔加姆等古城，它们往往在高处筑卫城和城堡，用以防御和挡风；在山腰处布置公共建筑和商业中心；而在较低的山坡上修筑住宅建筑。那时就开始用挡土墙使城市逐步规则化。他们已懂得斜向修筑梯行道和缓坡修筑平行道的道理。中世纪的山城城堡为什么常被形容成“美丽如画”（pictuvesave）？除了它绮丽的建筑造型外，很主要的一点就是结合地形。

国内外处理建筑与地形关系也有着很多的手法。诸如利用地势筑斜廊以联结高低差的建筑，利用正面、背面、侧面不同标高以处理入口，利用高脚木框架合理布置建筑的标高，或做成台阶式以争取户外空间（图6）。真是千变万化，而不是千篇一律。当然，我们在解决建筑与地形的关系时，一方面要巧于因借，另一方面，工程地质、排水、管网，绿化等问题也切不可忽视。

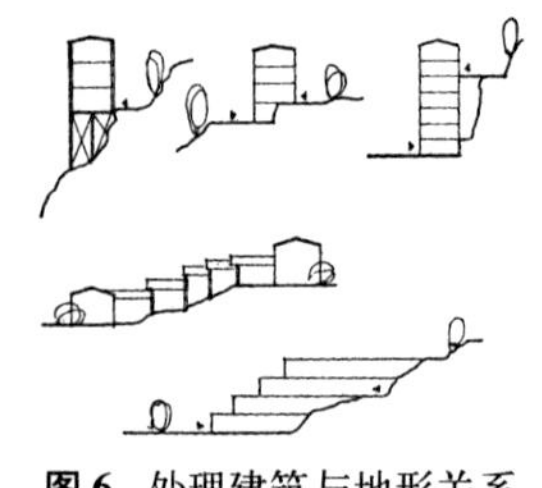

图6 处理建筑与地形关系的几种手法

结合地形的建筑处理不只是指外部的建筑空间，而且包括内部的建筑空间。例如，在一个公共大厅中有几步台阶，或同一空间中地坪有错落等。这也会丰富建筑的空间艺术。再如几个空间不等高的处理方法也是常用的。这些处理手法你也不妨研究一下。

建筑环境对于人们的生活、工作都很重要。自然坡地构成了特定的建筑环境，有利于构成具有特征性的建筑艺术形象，给人们以很深的印象。你把建筑布置在地形突出的地方如山峰、山腰、山麓；或将成群的建筑散成扇形，曲折有致，环绕着坡地；或使建筑的造型与地形的特点紧密结合，互相呼应；甚至用大片树丛间隔布置，都能取得使人难忘的景象。

我讲了这些，你会理解我想“废除”丁字尺和三角板的真正含意和心情。当然，搞建筑设计，画设计图，还是需要使用丁字尺、三角板这一绘图工具的。施工现场有时也离不开推土机，我这里强调的只是要人们重视建筑环境——大自然的地形。你再看看其他一些农村规划（实例和方案）（图7），你就会体会到丁字尺、三角板加推土机会给我们带来一种什么样的感受。

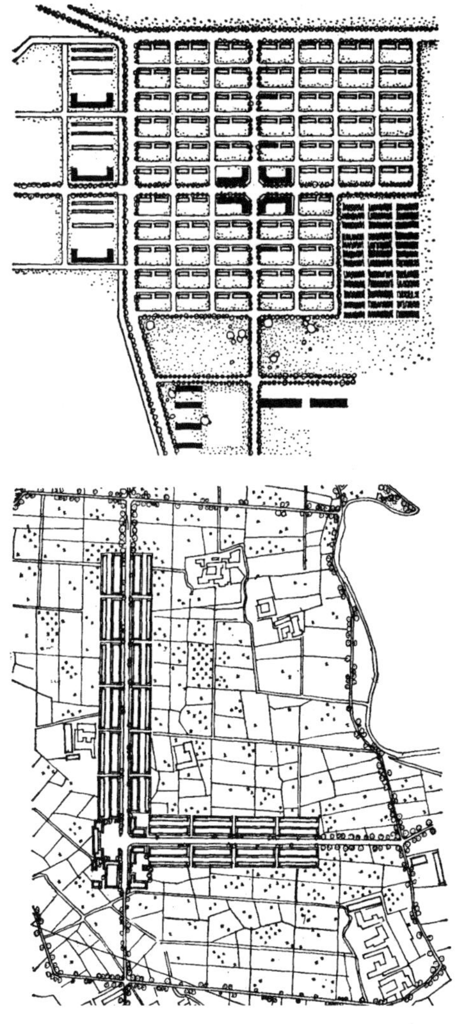

图7 用丁字板、三角板“打”出来的农村规划

我说："我看到也还有一些设计得较好的例子。"杨老说：

唉！人类历史上，从散居到聚居经历了一个历史过程，从聚居到懂得用方格网来规划城市和居民点又是一个历史过程。方格网随着城市交通、住宅类型和聚居形式的不断改变而改变着它的内容和形式。但久而久之就被规划者作为一种模式，不管自然条件、环境、地形、地质的变化，不加思索地采用它。人们创造了方格网的规划形式，而方格网的形式却束缚了人们的思想。好在人们的认识必然要经过实践去发展。那种套用固定形式的时期是会过去的，随着时间的推进，会有更新的发展。

（项秉仁、李芳芳绘插图，
原文载于《建筑师》杂志第5期。）

——看，我也会做规划设计
（池兴）

童寯

外中分割

童　寯

几何学中的正方形，由四等边四直角组成，具有肯定和明确的面貌。改变其中任何一边或一角，就破坏了正方。

正方形如向左或向右展宽，就变成长方形。但如仅仅放宽少许，乍看起来还不易判定是正方或长方，非驴非马，使观者费解。因此，必须展宽到一定限度，使其具有充分长方形面貌而又不太狭长以致近似条形；这样，看起来才够惬意。

最耐看的长方形，高宽的短长比是1∶1.618……，即所称“黄金节”[1](Golden Section)（图1）。数学名词称“外中分割”(Medial Section)。稍逊一筹的如1∶1.5（短长比是2∶3)，但至少也要1∶1.4（短长比是正方形边比对角线）（图2)。

[1] 这词是达·芬奇所创。日本译为“黄金截”。

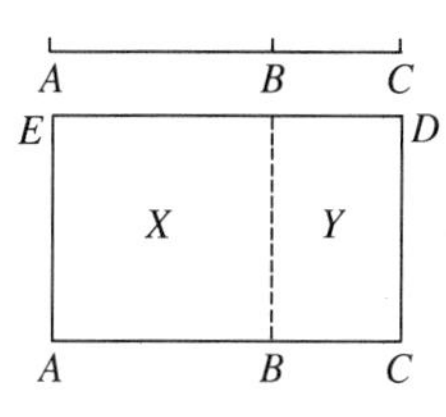

$AB : AC = BC : AB$

$\dfrac{AC}{AB} = \dfrac{AB}{BC} = 1.618$

$X : Y = X+Y : X$

图1　黄金节图解

公元前6世纪，希腊数学家毕达哥拉斯（Pythagoras，公元前约580—前500年）为推敲节奏，试把一条有限的直线分为长短两段，反复加以改变比较，最后满意地得出短比长相等于长比全；而且长短相乘，得出的面积也具同样比例。柏拉图（Plato，公元前427—前347年）把这悦目的比例称为“黄金分割”，并发现这比例和音乐节奏密切关连甚至蕴藏着创世秘密。亚里士多德

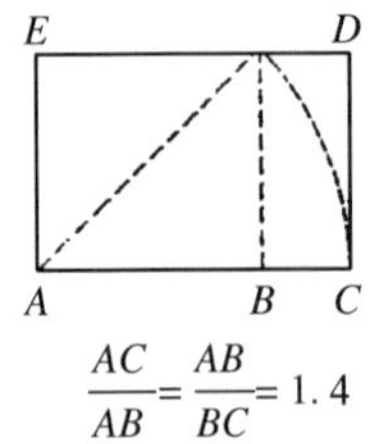

$$\frac{AC}{AB}=\frac{AB}{BC}=1.4$$

图 2 矩形短长比为正方形一边比对角线的图解

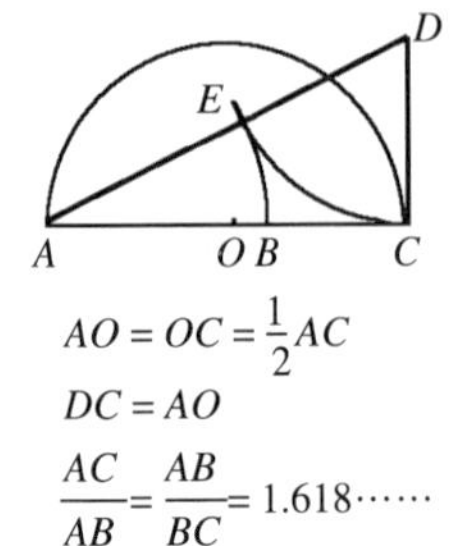

$$AO=OC=\frac{1}{2}AC$$
$$DC=AO$$
$$\frac{AC}{AB}=\frac{AB}{BC}=1.618\cdots\cdots$$

图 3 用几何作图法求黄金节

(Aristotle，公元前384—前322年）在这长短关系中窥见矛盾与斗争而想要谋求处世不偏不倚的“中庸”作风。稍后，欧几里德（Euclid，公元前约330—前275年）用几何制图法求出“黄金节”（图3），并于所著《几何原本》[2]书中称为“理分中末线”。希腊数学知识源出自西亚与埃及。考古学家推测，埃及金字塔和神庙如卢克索(Luxor)的体形说明，公元前3000年埃及已掌握黄金节规律，但由于祭司抱着知识私有的观念，加以保密，因而石刻象形文字中不见记载。

15世纪欧洲文艺复兴时期，艺术家们重温黄金节。达·芬奇（Leonardo da Vinci，1452—1519）认为黄金节不独见于数字与量度，即音响、权秤甚至地点、时间也存在类似比例。与达·芬奇同时的巴乔里（Luca Pacioli，1450—1510）称这种比例为“神分线”(Sectio Divin）或“神妙比例”（Divina Proportione）[3]，含有“中和”(Golden Mean）意义。16世纪意大利建筑家帕拉第奥(Andrea Palladio，1518—1580）设计厅、室，常用2∶3黄金节决定长宽比。17世纪欧洲唯心主义哲学与数学的发展，对黄金节有一定影响，到19世纪再由德国学者加以探索。

现代法国建筑家柯布西耶（Le Corbusier，1887—1965）作为科学研究结果，把黄金节应用于工程设计。1946年他根据探讨所得，把人体理想高度定为1.83m（相等于6英尺即72英寸）。很早的罗马建筑家维特鲁威(Marcus Vitruvius Pollio）在公元前1世纪所著《建筑十书》中第三章论神庙与人体，首次把六脚[4]长度之和定为人体高度也就是6尺。意大利建筑家阿尔伯蒂(Leone Batti sta Alberti，1404—1472）制定人体尺寸表，身长仍合6英尺。柯布西耶进而指出，动物如昆虫、马的前腿、贝壳（图4），其形体构造都含有黄金节规律。早在13世纪，意大利数学家斐波纳契（Leonardo Fibo-

[2]《几何原本》即欧几里德原理译本，中文十五卷由明末徐光启、利玛窦合译，后九卷由清末李善兰、伟雅力（英人）合译。
[3]《神妙比例》巴乔里所著书名，1509年印于威尼斯。
[4]“脚”英语foot与“尺”同义。

nacci，1170—1250）证明，在植物领域内，如葵花朵（图5）花籽交叉式螺旋排列，也是按1.61……法则；后来被称为“斐波纳契级数”即“序列级数”[5]。

[5] 序列级数（斐波纳契级数）即一个数字相等于前两数字之和，如1+1+2+3+5+8……

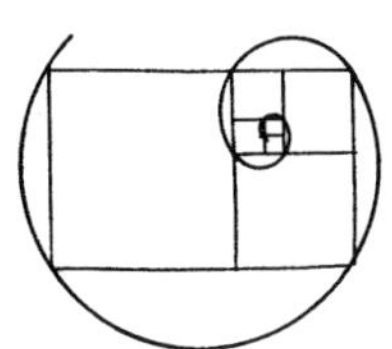

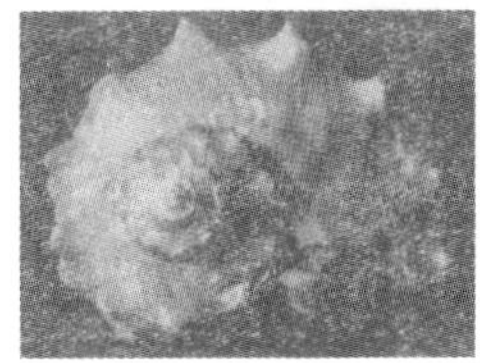

图4 贝壳形体构造中的黄金节规律

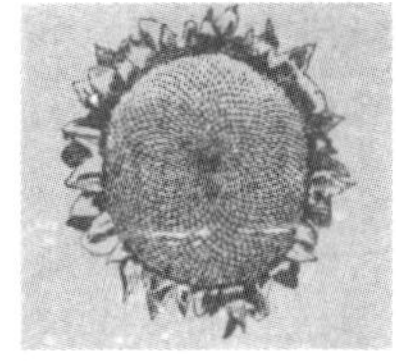

图5 葵花朵花籽螺旋排列

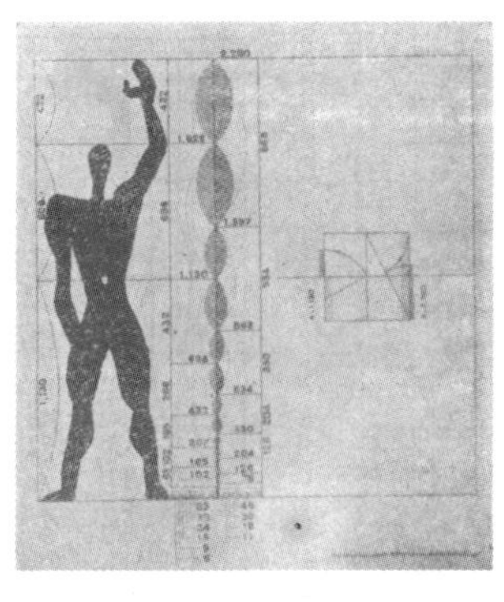

图6

柯布西耶把高举左手的人体，用图解分作三段（图6）。由左手指尖到头顶高432cm，由头顶到腹腔节698cm，相除是698 ÷ 432 = 1.615……再由腹腔节到脚底高1130cm，除以698是1.618……两个商数都接近黄金节。柯布西耶1946年称之为“模度”（Modulor），即把人体变数学定为基本尺度，包括长短、面积与体积；最初称“比例格”（Proportioning Grid），使无法调和的米制与英制[6]两种量度取得贯通；这样，为建筑工程推行标准化，尤其在预制构件领域，创造了方便条件。巴黎大学科学部长看见这个比例格时，认为它带有数学中函数5的方根$\sqrt{5}$，可引起许多黄金节涌现。

[6] 英国于1965年加入欧洲共同市场后，为与大陆协调一致，英国已改英制为米制，不再存在所谓“贯通”问题。但在美国以及其他沿用英尺地区，这问题仍然存在。

在建筑设计工作中，1927年柯布西耶用模度处理巴黎加歇住宅（Villa Garche）的立面（图7），又在1952年完成的马赛公寓立面（图8），楼板、平面、顶棚、隔墙等处用模度控制而取得协调。他也在工厂车间、城规设计上采用同样手法。1951年在意大利米兰举办了国际艺术展览会，陈列了柯布西耶的模度图解，同时召开国

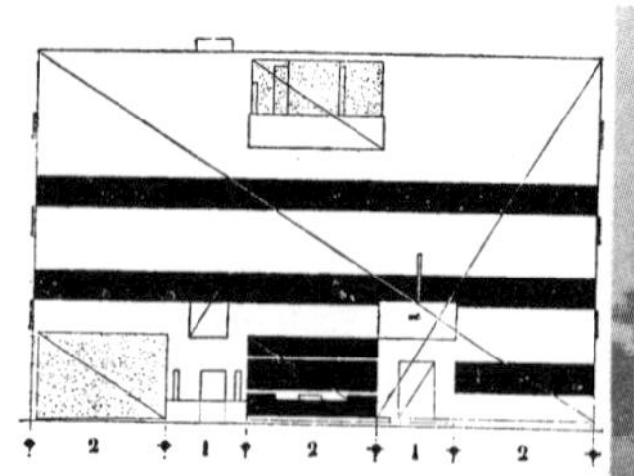

图7 史太因家庭住宅立面

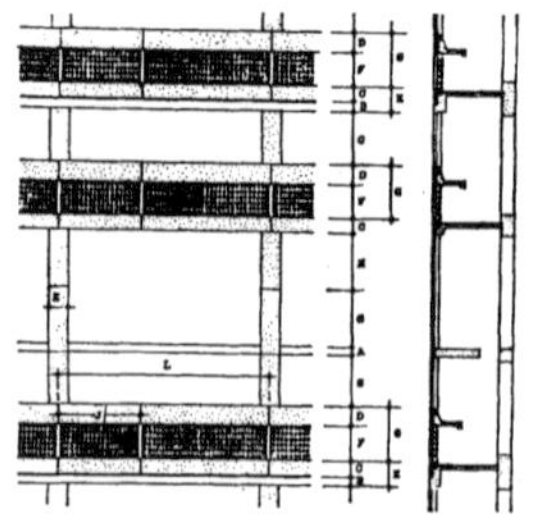

图8 马赛公寓立面分划

际黄金节讨论会，成立永久组织，推柯布西耶为主持人。

柯布西耶认为用模度处理预制构件，会有多种装配变化的可能性。模度是无穷尽的互相关连的数字，而不是如“模数”（Module）那样单一的数字（如20cm），因此可以避免设计图纸出现呆板单调、千篇一律的缺点。但模度仅仅是帮助创作思考的工具。柯布西耶指出，模度不能赋予人们创作能力，也无助于提高想像力，意即如孟子所称“能与人以规矩，不能使人巧”。模度至少可提供一种设计媒介。爱因斯坦赠送柯布西耶的评语说，模度“有助于更容易做好而不容易做坏”。

图9 佛像比例格

[7]《佛说造像量度经》规定一指为四足八麦（一麦为一小分，二麦并布为一足，四足为指）。一麦约合34毫米，一指合272毫米。

黄金节一向被视为西方的历史文化遗产。至于中国艺术领域如建筑、雕塑等，虽然在黄金节规律上未曾发现有关文献，也从来没有这类名词，但出于生理与心理的共性，在创作工作的实践中，人们还是采用了相同的处理手法。清乾隆十三年（1748）刊印的《造像量度》，总结了劳动人民的创作经验。塑工把受神权统治者所膜拜的佛像划分成很多比例格（图9），以利塑像工作规律化，并附歌诀。方法是以手指[7]作量度单位，由佛髻顶到肚脐（相当于柯布西耶所指腹腔节）为49指，由肚脐到莲座底80指；两高度之比是80 / 49 = 1.632，与黄金节大致符合。佛像比例格与柯布西耶的模度方格切划（图10）近似。“量度”与“模度”的问世，先后隔两百多年，而同样通过划格向黄金节靠拢，两者合拍之巧，实可惊异。西安大雁塔（唐永徽三年即公元652年始建）西门楣

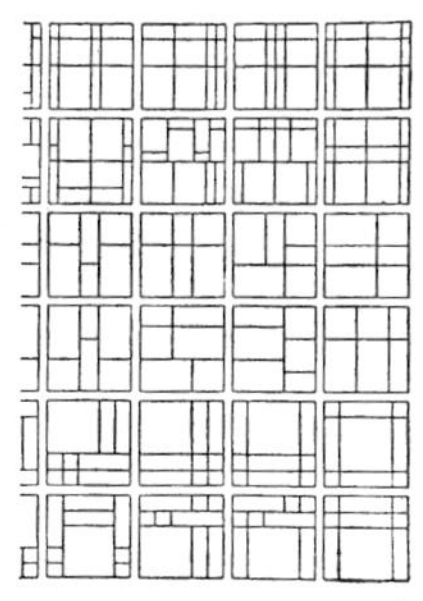
图10　模度方格切划

图11　西安大雁塔门楣石刻

石刻“说法图”（图11）所画佛殿正立面高宽比[8]是1.58，佛像趺坐也与（图9）立像上身比例一致，都接近黄金节。《佛像量度》与柯布西耶的人体模度，都符合毕达哥拉斯“人体是量万物的标尺”的说法。

[8] 佛殿五开间，总宽度与檐下阶上之间高度之比接近黄金节。

黄金节不过是十全十美比例中一种最典型的范例。但其他比例的美观性也不容否定。希腊很多神庙立面就不属黄金节类型。由于黄金节是横幅构图，再加视觉的关系，最适合两眼左右转动并平看，这就包含空间、时间两种因素。再如，把横幅改为立幅竖看，则图的高度会感受“歪曲”而要求观者后退几步，增加观看距离以纠正视觉的“歪曲”。

近似黄金节比例的如各国国旗，一般横长形的两边比约1∶1.5；我国国旗也按这比例，而旗上五角星则更是典型的黄金节（图12）。这种星即被称为毕达哥拉斯的星。各国明信片比例约为1∶1.5，中国人民邮政明信片两边比在1.47~1.5之间。西装书和线装书版式是 1∶1.4与1∶1.6之间，属上述立幅竖看范畴，需加“纠正”。

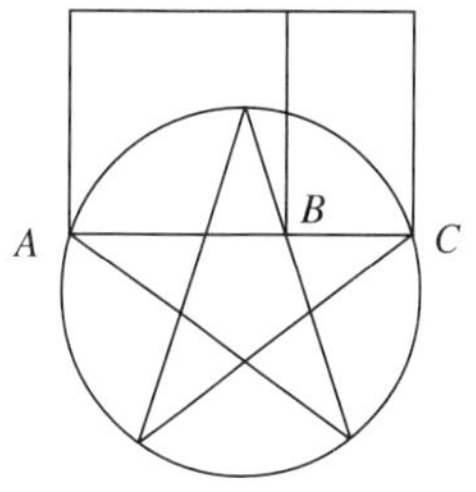

图12　五角星的黄金节

我国的科学工作者和工人用公式$\frac{-1+\sqrt{5}}{2}$反复改变生产原料的配合比，最后得出最佳成分，促进了生产的发展。这被称为“优选法”。这是创造性地运用黄金分割法，使之古为今用、洋为中用，促进社会主义建设的范例。（1974年5月定稿）

（原文载于《建筑师》杂志第1期。）

北京长春园西洋建筑

童 寯

中国建筑艺术自从汉魏六朝受佛教影响以后，到唐朝开始受西域影响，元朝又受欧洲影响。欧洲影响最早见于元初（13世纪末）建在北京的耶稣教堂[1]，再见于明末澳门葡萄牙宗教[2]与民用建筑，以至清初广州“十三行”[3]西洋工商业建筑；随后就波及园林营造；清初扬州私园厅堂，有的采用西式平面布置并安装玻璃窗[4]。

乾隆初年在北京长春园起造的“西洋楼”建筑群，标志了欧洲建筑与造园艺术于18世纪首次引入中国皇居领域。同时，在欧洲如英、法等国也出现中国亭园风格。在相互影响下，东西方交流，欧亚两地鲜花次第盛开，而以长春园的花朵更为圆满灿烂，可惜在两方都是昙花一现，成为历史陈迹。

今天，在北京西直门外圆明园东邻长春园遗址最北狭长的一条，仍然可以看到清高宗经营的在当时曾经完美的西洋建筑群的断垣残壁。几乎两百年前，耶稣会法国修士晁俊秀[5]在乾隆五十一年（1786年）从北京函告巴黎图书馆印刷部主任[6]，说已绘成园图20幅并刻铜版，就是指这群洋楼图样。铜版印本原大0.64m × 1.10m，分藏于北京、沈阳两地皇宫与热河行宫[7]，并散见于德、法、日本各大图书馆。目前容易看到的印刷品是沈阳故宫旧

[1] 罗马教皇尼古拉四世(Nicholas Ⅳ) 于1921年派意大利人约翰孟德高维奴(Giovanni di Monte Corvino)(1247—1328年) 来中国传教，1299年在北京建教堂一所，有钟楼。1305年又建一堂“屋宇奂新，红十字架高立房顶”，原址在今东长安街，肇西洋建筑在华出现之始（见张星烺《中西交通史料汇编》第二册，辅仁大学丛书第一种，1928年刊印）。

[2] 葡萄牙人1586年侵占澳门，1602年筑“三巴”教堂(1greja Sao Paulo)，1835年火灾，现余残壁。原设计人耶稣会士Carlo Spinola，是我国现存最古西洋建筑遗迹。

[3] 袁枚（1716—1799年）于乾隆49年（1784年）到广州，有诗咏“十三行”洋楼，见《随园诗话》。沈复(1763—1818年)于所著《浮生六记》中，称“十三行结构与洋画同”。

[4] 见《扬州画舫录》有关怡性堂、澄碧堂，九峰园各段。

藏铜版20幅印本缩影[8]。

经过的事实应是：(一) 20幅铜版图乃西洋楼全部完成后郎世宁[9]所绘，是竣工透视图，不是施工图；(二) 建筑形式是法国洛可可式；(三) 建筑群主旨是水法；(四) 建筑年代始自乾隆十二年（1747年）迄乾隆二十五年（1760年）告成，共13年。

清高宗在位60年（1736—1795年）正当太平无事时期，六次南巡。高宗对江南文物的倾倒，在园林表现上最为显著。他曾在北京、热河各御园中仿造一些江南名园，如清漪园（光绪十四年重建时改称颐和园）中的谐趣园是仿建无锡寄畅园，避暑山庄的烟雨楼仿建嘉兴烟雨楼等。他自然也欣赏欧洲文化。耶稣会教士自明末东来，天主教在中国开始打下根基；传教士以天文历算甚至艺术为饵，作文化渗透先锋。乾隆十二年，当高宗偶见西洋画中喷泉而感兴趣时，问郎世宁谁可仿制，郎即推荐教士蒋友仁[10]，帝随命蒋在长春园督造水法，建筑由郎世宁、王致诚[11]、艾启蒙[12]等负责，并由汤执中[13]主持绿化。

喷泉在欧洲始见于希腊罗马，文艺复兴时期（14到16世纪）开始发展；到17世纪达最盛阶段，以法国、意大利的品类为多而又美。在18世纪的中国，来自法、意的传教士夙昔对喷泉耳濡目染，遇有仿造机会，既可以供中国统治者赏玩，博其欢心，又借以夸耀西方文化，是求之不得的。于是作为传教的辅助手段，宣扬异国风光的西洋建筑与水法，就在京郊出现。

高宗对西洋“奇珍异宝，并无贵重”[14]，独于天文数理，沿袭其祖父康熙帝从传教士研习前例，时加奖掖，而属于机械范畴的自鸣钟、喷泉之类，虽引起他的好奇，但仍有鉴于玩物丧志之诫，除历算以外，都视为消遣末艺，不俾自由发展机会，因而也扼杀了中国科技萌芽。

明末徐光启（1562—1633年）所著《农政全书》，其中有一段引述耶稣会士熊三拔[15]于万历四十年（1612年）

[5] 晁俊秀（P.Michael Bourgeois，?—1792）即赵进修。

[6] 指法国人L.F.Delatour（1728—1807年），著有《关于中国建筑园林论述》(Essais Sur L'architecture des Chinois，Sur Leurs Jardin-setc)，巴黎1803年出版。

[7] 解放后，中央文化部与北京大学各收得一套。

[8] 1931年沈阳东北大学工厂影印东三省博物馆所藏《圆明园东长春园图》。卷首有馆长金梁撰“长春园铜版图考”与卞鸿儒撰“长春园图叙记”。

[9] 郎世宁（F.Giussepe Castiglione，1688—1766年），意大利人，耶稣会士，清如意馆画师。

[10] 蒋友仁（P.Michael Benoist，1715—1774年），法国人，字德翊，耶稣会士，1744年来澳门，旋至北京，助修历法。他除富有机械知识外，在古典经书方面，也为侪辈所不及，曾将中国《书经》、《孟子》两书译成拉丁文。

[11] 王致诚（Jean.Denis Attiret，1702—1768年），法国人，耶稣会士。

[12] 艾启蒙（P.lgnace Sichelbarth，1708—1780年），波希米（捷克）人，耶稣会士，1745年来华，清宫画师。

[13] 汤执中（F.Pierre D'lncarville，?—1757年），法国人，耶稣会士，巴黎科学院驻华通讯员，研究中国蚕桑、油漆、染料与花卉，著有关中国植物学书籍，并采

图 1 龙尾车，择自《远西奇器图说》卷三（木刻）

所译关于泰西水法。耶稣会士邓玉函[16]于天启七年（1627年）著《远西奇器图说》。两书都印有龙尾车[17]由低向高输水的插画（图 1）。18 世纪初期，法国也有专书[18]详述喷泉类别与制造方法。蒋友仁设计喷泉机械安装，自然要参考这些刊物。这是传教士结合自身利益，投帝王之所好。尽管封建近臣由于对远方新奇事物的疑惧，出面阻挠，又有经费开支与物色施工熟手等难题，但蒋友仁终于还是捞到这千载难逢的机会，利用他的技术知识，取得了成功。

“谐奇趣”（图 2A、B、C）是园中最早的西洋楼，造于乾隆十二年。南面弧形石阶前有喷泉及水池，北面双跑石阶前也有喷泉与水池，楼高 3 层，南面从左右两边曲廊伸出六角楼厅，是演奏蒙、回、西域音乐的地点。同时又建“蓄水楼”，高两层，在“谐奇趣”西北，专供“谐奇趣”南北两面喷泉用水。还有花园（图 3）与“养雀笼”（图 4A、B），也是这时完成的[19]。

集北京一带植物260种标本寄欧。

[14] 见刘复译《乾隆英使觐见记》载高宗致英国王书。

[15] 熊三拔（P.Sabbathinus de Ursis，1575—1620 年），意大利人，耶稣会士，1606 年来华。

[16] 邓玉函（P.Joannes Terrenz，1576—1630 年），瑞士人，耶稣会士，1621 年来华。熊三拔译《泰西水法》的龙尾车图编入《农政全书》，又由这书汇归乾隆七年（1742）刊印的《授时通考》。本文龙尾车木刻版画取自邓玉函所著《远西奇器图说》卷三。笔者于 20 世纪 70 年代初曾为长春园水法原委就正清华大学机械系教授刘仙洲同志。他肯定了所提的“龙尾车”与《远西奇器图说》论点。

[17] 希腊数学物理学家阿基米德（Archimedes，公元前 287—212 年）发明龙尾车，动转螺纹扭水上升，名 Archimedes’Screw。

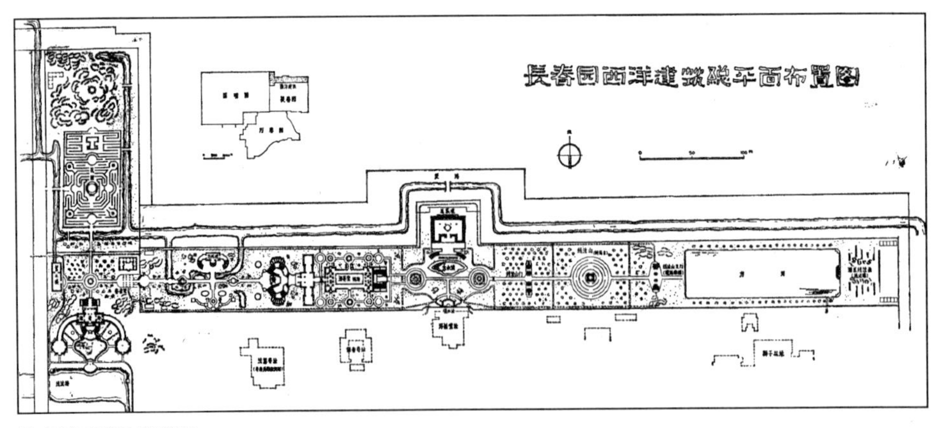

长春园西洋建筑总图

图2A 谐奇趣南面（铜版画）

图2B 谐奇趣南面1870年前后状况（奥末尔摄）

图2C 谐奇趣南面1923年情况（笔者当时写生）

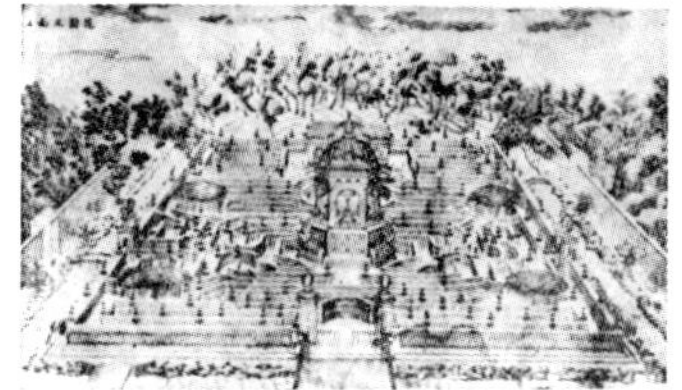

图3 花园正面（铜版画）内容主要是“迷阵”

图4A 养雀笼东南（铜版画）

图4B 养雀笼东面1880年实况（门洞向西望蓄水楼，引自亚乐园所著书）

其次是第三座洋楼“方外观”，乾隆二十五年（1760年）完工，一向传说这年清军征服新疆当时的回部，叛首小和卓木战死，“香妃”作为战俘被送到北京，高宗把方外观划归她作礼拜用地。但最近发现有关香妃的史料[20]，说明她的家族由于起兵配合清军平定大、小和卓之变有功，进京领受封爵，她也入宫并于8年后进封为“容妃”，乾隆五十三年（1788年）去世。方外观用大理石贴面，加刻回纹装饰（图5A、B），显示与维吾尔族的联系。

方外观完成后，继建“海晏堂”、“远瀛观”、“大水法”。巧妙喷泉水戏，都在这区，集全国水法精华。乾隆九年（1744年）刊《御制圆明园图咏》下卷“水木明瑟”一景，题云“用泰西水法，引入室中，以转风扇……”乾隆六十年（1795年）《扬州画舫录》问世，载“水竹居”园中作水法[21]。两园都利用西洋机械引水。同样，海晏堂也是为安装泰西水法机械设备而起造的，并且是园中最大的洋楼（图6A、B）。主要立面西向，两层十一开间，中间设门，门外平台左右对称布置弧形石阶及水扶梯形式[22]扶手墙，可沿石阶下达地面水池；池两侧各排6只铜

[18] 法国造园家勒诺脱尔（Le Nôtre）的门徒勒布朗（Alexandre le Blond，1679—1719年）用笔名Antoine Joseph Dezalliers d’Argenville著《造园理论与实践》（La Therie et Piatique du Jardinage），1709年在巴黎出版，英国有John James 1812年译本。

[19] 本体富丽多姿的“谐奇趣”组合，既有喷泉专用的“蓄水楼”聚水池，再辅以花园绿化养鸟设施兼服务用房，实已具轴线对称的完整欧式布局，足使高宗踌躇满志，适可而止。但过了十余年后，便感范围局促，久而生厌，因此可能为迎合帝王奢望而再东展，上升到海晏堂大水法高潮。

[20] 见《文物》1979年2月份肖之兴撰《“香妃”史料的新发现》。

[21]《扬州画舫录》卷十四“徐履安……丁丑间（乾隆

图5A 方外观正面（铜版画）

图5B 方外观正面1923年情况（笔者当时写生）

图6A 海晏堂西面（铜版画）

图6B 海晏堂西面1870年前后状况（奥末尔摄）

二十二年即1757年）为园，……作水法，以锡为筒一百四十有二，伏地下，上置木桶，高三尺，以罗罩之，水由锡筒中行至口，口七孔，孔中细丝盘转千余层，其户轴织具枯槔辘轳关捩努牙诸法，由机而坐，使水出高与檐齐，如趵突泉，即今之水竹居也”。“水木明瑟”、“水竹居”、“西洋楼”水法都用同一方式即龙尾车操纵水源。欧洲于17世纪中叶发明水泵以后，法国1682年就在巴黎西郊装置100匹马力水泵。凡尔赛大部分喷泉就是利用水泵供水。此后维也纳御园又利用蒸汽机运转水泵供喷泉水源。西洋楼建造时，蒸汽机尚未发明，蒋友仁即使已知水泵的存在，当时当地工业条件也无法制造。

[22] 水扶梯样本来自罗马庄

铸喷水动物，组成封建迷信时代规定的地支“十二属”，代表十二时辰[23]，每隔一个时辰（相当现在两小时）依次按时喷水，正午由十二铸体同时喷水。艾儒略[24]在所著《职方外纪》书中，载罗马有一名苑，铜铸禽鸟，遇机一发，自能鼓翼尔鸣，又有“编箫，但置水中，机动则鸣”。蒋友仁不特习闻或竟目睹这些奇迹，得到启发，参照有关水法诸书[25]，运其匠心，成此杰作。中国当时制造业，虽尚未接触欧洲新兴的工业革命，尽管与传教士教育的知识有很大差距，但竟然能按照他的意图，完成机械制造安装任务，使人叹服。和这十一间楼用扶梯连接的是安放水车水库的十一开间工字楼，中段有砖砌高台，上置“养水池”，盛水180吨。池周包满锡板，防止渗漏，池中又养游鱼，称为“锡海”，工字楼两翼是东、西两水车房，地面有下冲流水石槽（图7），借以激动机轮，带动龙尾车，扭水旋转上升，达到锡海，再利用地心引力经过铜管流向喷泉。工字楼东翼门前有四折石阶下达地面，通向东院“大水法”。

海晏堂以东是石龛式“大水法”（图8A、B、C）。大水法正北，筑在台上，是“远瀛观”（图9A、B）。乾隆三十二年（1767年）为陈列法王路易十六世所赠挂毯而改造过内部，此前一度是香妃住所。远瀛观大平台下面水库，供“大水法”喷泉水源。

再东是“线法山”，介于两牌坊之间，山上有八角亭；这区也称“转马台”，是清帝环山跑马之所。最东隔“方河”望“湖东线法画”（图10），又名“线法墙”，南北两边分砌平行砖墙五列，可张挂油画，绘香妃故乡阿克苏回教建筑十景，随时变换。最后障以远山轮廓，孤山萧寺，作为天幕，意境无尽；方河倒影，既提供衬托，又增加透视距离，强化幻觉，作为园景结尾，是工程最终阶段，时当乾隆二十五年。布景画面由郎世宁主持，艾启

图7 海晏堂流水下坡石槽（引自亚乐园所著书）

图8A 大水法正面（铜版画）

图8B 大水法（奥末尔1870年前后摄）

图8C 大水法1936年实况（笔者摄）

图9A 远瀛观正面（铜版画）

图9B 远瀛观1870年前后状况（奥末尔摄）

园，水流由石阶侧面或由扶手墙顶分级下泻，形成折叠瀑布。

[23] 我国计时方式在西洋钟表通行以前，用十二时辰，即十二地支：子丑寅卯辰巳午未申酉戌亥。十二属按年排列，由子年到亥年是鼠牛虎兔龙蛇马羊猴鸡狗猪。

[24] 艾儒略(P.Julius Aleni，1582—1649年)，意大利人，耶稣会士，1613年来华，所著《职方外纪》于天启三年（1623年）刊于杭州。罗马西郊有庄园 Villa D'Este，造于1550年，以水法著称；最闻名的水琴，由水流鼓风奏乐，即书中所指“编箫”，早已失灵。

[25] 除前述有关水法书籍，欧洲文艺复兴时期水工学著作如1619年在德国出版的《流体动力法则》(Les Raisons des Forces Mouvantes)，提到用水力正午报时和开动音乐车。

[26] 见《乾隆英使觐见记》，原书著者马戛尔尼（George Macartney，1737—1806年）是聘华使团长。

[27] 修剪（Topiary）一词早在公元1世纪已见于罗马文人函述别庄景况，当时用灌木修剪成禽兽体形。

[28] 花坛或花毯（Parterre）与修剪同出于古罗马；15世纪传入法国和英国。

[29] 透视学(Perspective)创始自文艺复兴初期意大利画家伍切娄（Paolo Uccello，1397—1475年），郎世宁将透视学传授与年希尧。雍正年间年希尧刊印《视学》，纯以数学原理为依据，因而未

图 10 湖东线法画（铜版画）

蒙、何国忠、沈源、孙祜协助。

玉泉山水被引入圆明园再东流入长春园，具有充足水源，是水法的先决条件，也是蒋友仁规划水法的生命线。他于乾隆三十九年（1774年）病殁以后，无人能操纵龙尾车，因之每逢高宗游园，就只能由人工拱桶上楼输水，供应喷泉，帝去水息。乾隆五十八年（1793年），英使马戛尔尼聘华来京，奉旨观圆明园等处水法[26]。帝意本期借此夸耀外邦，美化印象，岂知英使全未在意，日记中他只描述圆明园宫室亭馆之胜，对长春园水法一字未提，这是因为：喷泉在英国作为拉丁规则式园庭的一种装饰，16世纪下半叶是极盛时期，到18世纪由于受中国影响而兴起的自然作风弥漫英国之后，矫情人造的水法已过时而不遭重视，而英使所垂意的倒是桥亭山石、花木台榭的曲折入画，胜境天成。他对水法漠然置之，不足为怪，对中国观赏植物，则尽力收罗。他来聘时带英国园丁两名，嗣后英国庭园就多加中国花木点缀。

全园总平面规划一反中国传统，突出地表现西方轴线对称特点，东西方向的主轴长800m，和主轴垂直的有南北向三条次轴。从最西开始，由“谐奇趣”与“花园门”组成第一条次轴，再和靠西墙的“蓄水楼”面对“养雀笼”构成四合院。第二条次轴由北面的“方外观”对南面“竹亭”，再与东西相对的“海晏堂”和“养雀笼”东面构成又一四合院。再东，坐南的“观水法”宝座加靠壁，北对“大水法”、“远瀛观”，与西面的“海晏堂”和东面的“线法山门”组成最后的四合院。“线法山门”与“线法山东门”之间的“线法山”，自成一院。再东是“方河”，隔河望“线法墙”，就到了主轴东尽端。主轴全部

并不似西方庭园一眼望到底的直线，而是被建筑物有节奏地分作三段，就如北京故宫由前门到景山南北3km长的主轴，多次被宫门殿宇隔断，从而缩短视距。西洋楼建筑群同样地把一长条园景分成几个院落，避免拉丁庭园一望无际之感。

全部建筑用承重墙，平面布置、立面柱式、檐板、玻璃门、窗，以及栏杆扶手等，都是西洋做法。屋顶有硬山、庑殿、卷棚、攒尖各式，用筒瓦、鱼鳞瓦、花屋脊及鱼鸟宝瓶装饰，只是不起翘。雕刻装饰细部夹杂中国式花纹，太湖石、竹亭等点缀更具中国特色。喷水塔、喷泉与喷水池也带华化装饰。海晏堂西面水戏避用西方裸体雕像，而代以铜铸鸟兽畜虫十二属，都是善于结合中国艺术习惯的巧妙手法。

园中纯西方作风在绿化方面如：（一）修剪[27]，有绿篱或塔状两种；（二）花坛[28]，用花草铺成锦地花边，有如绒毡；（三）迷阵（Maze），用绿篱矮树曲折为垣，遮挡视线，划出无数来复夹道，游入者迷失方向，绕进绕退，或忽面撞冲来急觅出口的人，以为笑乐。西洋楼“花园”不用绿篱而改用1.5m青砖刻花矮墙，墙顶植塔形剪树，名“万花阵”，讹为“万花灯”（图3）；（四）某些西方建筑术语已被习用，如《圆明园工程做法》所称“西洋拨浪”，“拨浪”（plan）辞意在英、法、德语都可解作“方案”“计划”或“平面图”。乾隆间刊印的李斗所著《工段营造录》，也有“西洋拨浪”这词，可见通行之广；（五）“线法”，当时是新事物，今称“透视学”[29]。欧洲艺术家自从15世纪起掌握这种制图方法，不但用之于绘画，而且推广到舞台布景。长春园内“线法山”，“线法桥”（图2A池上左侧靠边墙一段），尤其“湖东线法画”，都给人以立体与深度幻觉，这在意大利舞台布景中早有先例[30]，通过绘画或浮雕使平行线都朝向消失点，产生远近感。铜版图20幅本身都是透视画，不过亦未严格遵守透视法则[31]，这与当时欧洲

被文人画家重视。视学又称“远近法”，当时天津杨柳青年画与太平天国后上海吴友如所绘点石齐石印画报都遵用透视原理。

[30] 意大利Vicenza城有歌剧院，舞台背景是石墙，用雕刻形成三道斜拱建筑，由帕拉第奥（Andrea Palladio，1518—1580年）按透视原理设计后，1584年斯卡茂奇（Scamozzi）负责完成。长春园“湖东线法画”，“谐奇趣”前水池西墙“线法桥”（图2A）等，都是得自意大利舞台布景启示。

[31] 当时还未严格遵守透视学规律。意大利人法勒达（Giovanni Battista Falda，1646—1678年）于1665年刊行有关透视学著作，其中所画建筑物面样有些被歪曲变形以迁就平面。17到18世纪欧洲园林版画透视也有加以扭挣甚至平面参杂立面。美国期刊《园景建筑》（Lands cape Architecture）1964年7月—9月份载有马奎尔（Diane Kostial Mcguire）撰《不被重视的园庭旧版画艺术（Old Garden Prints，a Neglec'ced Art Form）》，有图例说明很多不合法则的透视版画。

[32] 圣克陆（Saint Cloud）在巴黎西郊塞纳河畔，是16世纪建造的皇家别墅，有宫堡，园中布置喷泉水池。

[33] 彼得夏宫（Peterhof），彼得大帝既游凡尔赛，急思仿建，以致夜不能寐；回俄京后，延致前述法国造园理论兼实践家勒布朗（Le Blond）在彼得堡（今列宁格

园林版画作风有关，另一原因是有意迁就中国传统界画山水画惯例，使观者不致感到生疏甚至怪诞。

耶稣会传教士模仿巴黎凡尔赛与圣克陆[32]而完成的长春园欧式宫苑，可称为东方凡尔赛。法王路易十四（1638—1715年）于17世纪60年代开始经营凡尔赛宫园，到路易十五王朝才全部告成，历时百年。随即出现一些仿建宫园，主要如俄京彼得夏宫[33]与柏林无愁宫[34]，都效法凡尔赛宫殿绿化喷泉，具体而微。凡尔赛属17世纪巴洛克（Baroque）建筑风格。清高宗在位年代（1715—1774年），正逢18世纪50年代法国开始出现洛可可（Rococo）建筑形式；长春园西洋楼就在这期间动工，自属洛可可风格范畴[35]。本来由耶稣会教士把中国宫苑佳话传入法国，又由他们把法国造园风格搬到北京。应该指出的是，受中国文化款式丝绸陶瓷花纹装饰影响的洛可可娇俏细巧体裁，又和中国园林营造手法默契；这同英国风景园林在18世纪受中国影响而趋向自然形式，如出一辙。法国也热衷于由英国传入的东方园林作风。勒鲁治（Georges L.Le Rouge）1774年把所著关于中国宫室园林并附有版画的书，命名为《英华园庭》（Jardin Anglo-Chinois），这就将当时中、英、法园林营造捻成一根绳了。

英法联军1860年攻入北京[36]，焚圆明园，东邻长春园西洋建筑也同时沦为废墟。本来由传教士被宠信而兴建的西洋楼，又以借口传教士被东害而遭毁灭，经欧洲人构思督造，再经欧洲人用武力夷平，岂非西洋文明一大污点，岂非历史一大讽刺！这场暴行以后，再过一年，法国一汉学家[37]来园地游视，并发表著作；1870年前后，又有德国人[38]到废墟残迹摄影。未几，北京天主教一主教也来摄影并将图片附入所著书[39]。1909年法国人孔尔巴（Gisbery Combar）著《中国皇宫》（Les Palais lmperiaux de la Chine）提到长春园的西洋建筑。辛亥革命后，法国人亚乐园著有关西洋楼论述并插印1880

勒）郊区兴建夏宫，有喷泉花木，1711年完成。

[34] 无愁宫（Sans Souci）在今东柏林波茨坦，普鲁士腓特烈（Frederick）大帝（1740—1786年）御苑，水法绿化由克诺白斯多夫（Knobelsdorff）规划，1747年竣工。

[35] 肯定“西洋楼”建筑属洛可可风格的，例如以下刊物：美国人旦贝（E·Danby）1926年著《圆明园》（The Garden Of Perfect Brightness），指西洋楼是洛可可式；法国人德茂兰（Georges Soulie de Morant）于所著《中国历代艺术史》（Histoire de L'art Chinois）（1928年巴黎版）称之为洛可可风格；向达在“圆明园遗物文献之展览”（见《中国营造学社汇刊》第二卷第一册，1931年）一文中，也指出为“西洋美术上之洛可可主义”。

[36] 英国人乘鸦片战争割据香港，后又进扰广州，再启战端。这时，法皇拿破仑第三以广西法国传教士被害为口实，与英联合，攻入广州。1860年英法联军又乘中国不备攻陷大沽炮台，占据天津北京，焚圆明园一带御园。

[37] 这位汉学家是包提埃（Guillaume Pauthier，1801—1873年），他于1862年著《乾隆宫苑圆明园游记》（Une Visiteà YouenMing-youen，Palais de L'Empereur Khien-loung）。

[38] 德国人奥末尔（Ernst Ohlmet）曾任天津海关监

年间照片数幅[40]。1911年后，北洋军阀当政，不再过问皇室遗产，长春园残存大量石料被拆散外运，无人禁阻。笔者1921年起在清华学校就读，课余有时到校西咫尺长春园遗址闲游。洋楼或仅剩地基，或仍留残壁，荒烟蔓草，寂无一人。1923年瑞典中国建筑学家曾来游摄影，并著有关中国园林的书[41]，1930年觉明撰《圆明园罹劫70年纪念述闻》[42]。解放后，1959年《文物》第9期印陈庆华撰《圆明园》一文。

应该提到与“西洋楼”有关系的两个北京人：一是陆纯元，陈文波《圆明园残毁考》[43]载“得老人日陆纯元者，于海源（晏之误）堂之下，今年七十七矣，老人在咸丰十年时故为园之清道夫而服役于海源（晏）堂。……追述其目击英法联军纵火焚园情形”。又有金勋，他的先辈曾承担海晏堂建筑施工，家中或有旧日工程图样，他1924年绘制圆明园和长春园西洋建筑总平面布置复原图与其他图样，由亚乐园择载于所著书中。本文所附总平面布置图，就是根据实地部分测量，参考金勋所绘，与北京市工务局1933年实测圆明园、长春园、万春园总平面[44]（1：2000）画成的。

（原文载于《建筑师》杂志第2期。）

督，摄园景14幅，1932年由滕固将底片付交商务印书馆出版，称《圆明园欧式宫殿残迹》。

[39] 这位主教是A.Favier，著有《北京（P é kin）》，1879年出版。

[40] 亚乐园（Marice Adam，1889—1932年），任职中国海关，著有《18世纪耶稣会士所做圆明园工程考》（Yuen Ming Yuen，L'oeuvre Architecturlle des Anciens Jesuites an XV Ⅲ C Siecle），1936年刊于北京。

[41] 瑞典人奚仑（Osvald Sieren）著《中国园庭》（Garden Of China），1927年初版。

[42] 觉明（向达）撰文见天津《大公报》文学副刊151—152期。

[43] 陈文见《清华周刊》十五周年纪念增刊，1926年。

[44] 北平工务局实测三园总平面印本，承北京清华大学莫宗江教授提供。1963年本文总平面附图画成后，现在由南京工学院建筑系教师晏隆余同志描绘制版。

随园考

童寯

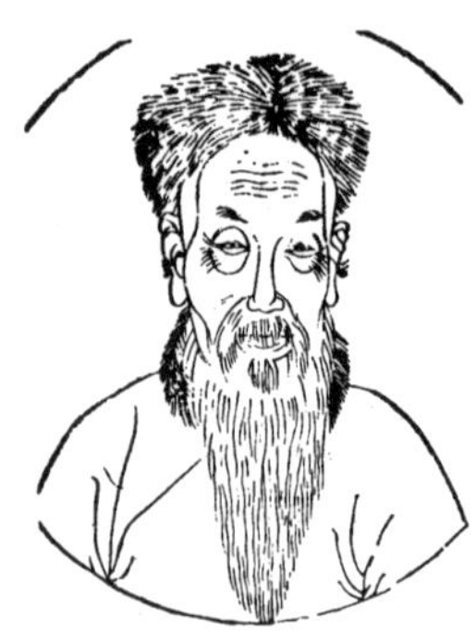

图1 袁枚像（引自《随园琐记》版画）

[1]《随园文选》刻袁枚文百余篇，中有“随园记”（乾隆十四年即1749年），“随园后记”（1753年），“随园三记”（1757年），“随园四记”（1766年），“随园五记”（1768年），“随园六记”（1770年）共六篇，历述以官易园，经营改作，度材构思有弃有让，藏修息游，筑毁如意，以至台成树拱，松梅墓道，随地心安，作之居之，永矢入山勿谖之志。

[2]“康熙时”误。曹家最后一任织造曹頫于雍正六年（1728年）免官，隋赫德继任织造。

清末顾云于同治八年（1869年）所著《盋山志》说，江宁随园是“天下所称名园者也”。随园乃清初袁枚（图1）所经营。袁枚著述甚多，如人所熟知的《小仓山房全集》、《随园诗话》、《随园文选》等。当时远近无有不知随园的。今天，随园早已不存，但仍是南京有名的历史胜迹之一。

袁枚字子才，号简斋，清康熙五十三年（1714年）生于杭州，嘉庆二年（1797年）殁于江宁，享年八十二岁。乾隆四年（1739年）成进士，曾任溧水、江浦、溧阳、江宁各地方知县，是记载上称为“有政声”的官吏。他在江宁县任内，购得南京隋织造园，加以改建。在所著《随园记》[1]中，说“金陵自北门桥西行二里，得小仓山……康熙时[2]，织造隋公，当山之北麓构堂皇，缭墙牖，……号曰隋园，因其姓也，后三十余年，余宰江宁，园倾且颓，弛其室为酒肆……问其值，曰三百金，购以月俸……随其高为置江楼，随其下为置溪亭，随……或扶而起之，或挤而止之，皆随其丰杂繁瘠，就势取景而莫之夭阏（编注）者，故仍名为随园，同其音，异其义”。随园由乾隆十四年（1749年）开始经营。园居第四年，子才作《随园后记》说：“伐恶草，剪虬枝，惟吾所为，未尝有制而掣肘者也，孰若余昔时之仰息崇辕，请命大胥者乎？”子才绝意仕进，聚书论文，就从此开始。

南京清凉山东脉名小仓山，分南北两支，中间低洼，是今天的广州路，路中段即随园故址。本来有起伏的小仓山，现已不见峰岭，是因太平天国建都金陵时，为增产军粮，削平成梯田。随园布局，因山谷高下分为东西三条平行体系：主要建筑全在北条山脊，南山只有亭阁两座，中间一条是溪流，乃今广州路面；南北高，中间低，形成两山夹一水的格调。园门设东北隅，在今上海路广州路口，街道牌仍名“随园”（图2）。园东南角靠近五台山永庆寺[3]（图3）。园北紧临今东瓜寺合群新村一带，是随园当时居室、书斋、台、阁等建筑群所在（20世纪70年代兴建五台旅社）。园西北角伸至今宁海路南口，是随园“小香雪海”边缘。西南角为袁氏祖茔[4]。南山今称百步坡，当年随园有山半亭、天风阁（坡下于20世纪50至70年代建造五台山体育建筑群）。广州路是随园最低处，乃昔日荷池、闸、堤、桥、亭原址。

《随园诗话》曰：“随园四面无墙，以山势高低、难加砖石故也。每至春秋佳日，仕女如云，主人亦听其往来，全无遮阑，惟‘绿净轩’环房二十三间非相识不能遽到。”随园主室“小仓山房”可以宴客。子才观书、握管起坐之处，则在“夏凉冬燠所”，位于“山房”左侧；其上有楼名“绿晓阁”，亦称“南楼”，可远望台城（今鸡鸣寺）、孝陵风景。“书仓”藏三十万卷。又有室名“诗世界”，藏当代名贤投赠诗稿，也是入园后观览胜境之始。

在《随园二十四咏》中，子才就园中二十四景[5]分别系以七言古体诗。二十四景重点在“南台”，居全园中心，台上银杏，老树粗达十围，依干构架，称“因树为屋”。其他楼阁有的结合地势高低，因山坡盘旋上下，不需扶梯踏步。南山古柏六株，互盘成偃盖，因之缚茅，呼为“柏亭”。又有“六松亭”，也是利用松树枝干结成，《随

图2 南京市今上海路广州路口街道牌名

图3 永庆寺庙门近貌

（编注）夭阏：摧折。《庄子·逍遥游》：“背负青天，而莫之夭阏者。”陆德明释文引司马彪云：“夭，折也；阏，止也。”

[3] 永庆寺在今峨眉岭，梁天监中永庆公主建，又名白塔寺。塔与大殿南楼毁于咸丰年间，光绪二十年（1895年）寺又重建。

[4] 袁氏茔地现存坟墓九座，中有子才墓，附近树“清故袁随园先生墓道”石坊。

[5] 随园二十四景：仓山云舍，书仓，金石藏，小眠斋，绿晓阁，柳谷，群玉山头，竹请客，因树为屋，双湖，柏亭，奇礓石，回波闸，澄碧泉，小栖霞，南台，水精域，渡鹤桥，泛航，香界，盘之中，兼山红雪，蔚蓝天，凉室。

园琐记》称“其枝干之披拂，俨然绿瓦之参差”。这一切都是善于利用自然条件，减少工料，增加天趣。“小仓山房”有七尺方镜三块，“树石写影，别有天地”，子才诗谓“望去空堂疑有路”，是扩大空间感的一种手段。轩、堂、廊、簃之装折，多嵌蓝、紫、白、绿或五色玻璃，以代窗纸。当时玻璃仍属稀有，但已渐次推销使用，在广州、扬州各地，可看到玻璃窗[6]。

水源发自西山，向东流至随园，聚为荷池，然后流出园外，到北门桥，再东行绕秦淮出西水关赴江。子才在《随园五记》中说：“余离西湖三十年，不能无首丘(编注)之思，每治园戏仿其意，为堤为井为里外湖为花港为六桥为南峰北峰。”“小香雪海”居北山西段，种梅五百本，摹拟罗浮邓蔚。园中四时皆花，益以虫写之音，雨雪之景，因之游人不断，最多达到一年有十余万人，以致户限为穿，每年更易一、二次。从来私人园墅，或扃钥为常，或闭门不纳，似子才之与人共之，是极少数开明园主的可取作风。随园土木建筑工程主要出自梓人龙武台之手。龙死无家，葬于园侧。

随园本子才终年所寓，园宅兼具，生产菜蔬，又有水田，鱼米足以自给，合田园庐墓为一整体，总面积达百亩左右，是城市中的一座庄园。历史上有很多文人园，但少有如子才之得享大年，优游林下，由于不屑仰承上官鼻息，看破宦场虚伪谄媚，毅然引退，诗酒宾客中，园居五十年，广收女弟子多至三十余人，破除封建束缚，开风气之先，甘冒流俗非议，可谓为一位富有反抗精神的人物。他也常离家出游。陈子壮《庸闲斋笔记》载海宁隅园（即安谰园）断壁遗有子才题诗“百亩池方十亩花，擎天老树绿槎枒，调羹梅亦如松古，想见三朝宰相家”。子才又访如皋冒辟疆水绘园，“已荒草废池，一无陈迹”。苏州距金陵不远，拙政园是当时蒋氏复园，子才为蒋姻家，因而屡来游息。苏州逸园、水南园、渔隐园，也都有子才

[6] 乾隆十六年（1751年），高宗南巡，有咏玻璃窗诗。《扬州画舫录》述黄氏澄碧堂云，“西洋人好碧（碧，琉璃番音，译为玻璃），广州十三行有碧堂……是堂效其制”。乾隆四十九年（1784年）子才曾到广州，有咏十三行诗。扬州九峰园、水明楼也装玻璃窗，《红楼梦》第十七回说大观园中有玻璃镜，都是乾隆年间情况。

(编注) 首丘：故乡。《礼记·檀弓上》：“古之人有言曰：‘狐死正首丘’，仁也。”《淮南子·说林训》：“鸟飞返乡，兔走归窟，狐死首丘。”后因称人死后归葬故乡为“归正首丘”，也用为怀念故乡之意。

游踪，并曾为渔隐园作记。子才游天台时绕道松江，两至张氏塔射园，足征其游兴之高。

金陵公私园墅甚多，子才在世时，文酒嘉会无虚日。两江督署西园（明初沐英宅园）有石舫，子才为作《不系舟赋》。布政使署瞻园（明初中山王徐达府园），每年花开，必往游赏，并曾移植牡丹于随园。清末朴学家俞曲园称“子才以文人而享山林之福者数十年，古今罕有”。子才文名籍甚，著作等身，四方从风，来者踵接，甚至有先梦游随园，然后登门造访[7]。这帮文人既出自好奇，渴望结识名士，互相标榜，又企图把吟稿选入子才所编《诗话》，附骥扬名。“梦游”之说，或出伪托。随园门外东行不远，有“红土桥”，江宁达官访子才者，仪仗不过此桥，以示雅慕[8]，说明子才之名重当时，负有声望。

[7]《随园诗话》载：岳澣，鲍之钟，严小秋，都在未到随园之前梦中曾游。

[8] 并见《金陵园墅志》与《随园琐记》。

金陵园墅始自元朝，到明、清两代而臻极盛。子才七十以后，忽于文献中发现，他认为离所居不远，曾有明朝焦润生别业，也称随园，并意测其遗址当在小仓山左右。但胡祥翰1926年所著《金陵胜迹志》与陈诒绂1933年著《金陵园墅志》都指应在东冶亭附近，即今东水关。

随园既名闻远近，访者也多有记载。《随园诗话批本》作者伍舒坤说他在乾隆四十七年（1782年）初访随园，明年再访，记园中生活情况，如因四周无墙而多贼盗，鸟兽夜号，干扰睡眠，远离人家，买物不便。乾隆五十六年（1791年）三访，嘉庆二十四年（1819年）四访，时距子才殁后二十二年，园已沦为茶肆。《履园丛话》著者钱泳乾隆五十六年（1791年）访游随园，子才尚在人间。道光二年（1822年）再访，子才已故，二十五年（1845年）三访，园已荒圮。麟见亭于所著《鸿雪因缘图记》说，道光三年（1823年）他游随园，见其“虽无奇伟之观，自得曲折之妙，正与小仓山房诗文体格相仿”。《随园琐记》中有一条：“某年中秋，忽传林则徐制府来游，切嘱不可惊动主人，只需清茶一瓯。”黄钧宰于《金壶七墨》中描述道光晚年随园颓败情状。子才自命达观，临终语二子说“身后随园得保三十年，于愿已足”。咸丰三年（1853年）太平天国奠都金陵，夏官丞相曾居随园。后来丞相迁出。当清军围攻天京时，随园无人照管，日就倾圮，距子才殁后五十六年，即建园后一百零四年，殆非子才始料所及。

子才曾谓“大观园余之随园也”。《红楼梦》著者曹沾（雪芹）先世三辈任江宁织造，宦居金陵。雍正六年（1728年）免官，迁居北京，时雪芹年约五岁到十五岁，在随园始营之前二十年左右，曹家寓京；再过二十多年，雪芹下世，四十余年间，他只在乾隆二十四年秋（1759年）至二十五年重阳，这一年间到南京两江总督府作江督尹继善幕宾，子才是尹门生，当与雪芹相识，甚至可能邀他称为“雪芹公子”者赴随园文酒之会，这时随园正完成十年，当然，督署西园更是雪芹习见的了。其他时间，雪芹住在北京，这就使他既熟悉京师世家人情习惯，加上家人传述和自身经历，更兼晓南中风物与生活方式，而将南北方联到一起。《红楼梦》第二回述石头城宁国府荣国府东西两家相连，后边一带并有花园；第三回写黛玉到京师，又述东面宁国府与西面荣国府的花园，而大观园就是第十六回所说拆除荣府东边下房并入宁府会芳园扩建成的，因此大观园址只能在北京，证之书中所用东北、河北省一带方言与室中火炕等，也应肯定北京是全书背景。但园中有些建筑风格植物品种又只在江南方可见到，有些语言也掺杂江南习用的，所以大观园乃“天上人间诸景备”[9]，由著书人想像出来的意境。否则某些情节就令人费解，如：胡适认为甄府始终在江南，贾府则在长安（京师）。但贾母有时又用南京土话[10]。评者指出《红楼梦》全是梦境，其中矛盾疏漏，有欠斗笋熨贴，是故意制造太虚幻境，子虚乌有，将“真”事隐去，作“贾”语村言。书中或由翻刻致误，或因作者欠细，或

[9] 见《红楼梦》第十八回咏大观园绝句。

[10]《红楼梦》第三回：“贾母笑道，你不认得他，他是我们这里有名的一个泼辣货，南京所谓辣子”。

经续者改纂，甚至存心罅漏避免碍语涉嫌或触犯忌讳，引读者误入迷途，以假当真，把大观园联系到当代实物，如富明义题[11]《红楼梦》诗小引说，“曹子雪芹出所撰《红楼梦》一部，备记风月繁华之胜，盖其先人为江宁织府，其所谓大观园者，即今随园故址”。子才在《八十寿言诗选》中收明义祝子才寿诗十首，第七首起句是“随园旧址即红楼”。这和子才自称“大观园余之随园”异口同声混两园为一家，时间地点都不考虑；事实上是，大观园与随园只有间接联系，那就是，隋家把曹家的小仓山花园接收后，再归子才，然后由雪芹写《红楼梦》时，把在北京所见贵族私园与南京作幕宾时随园印象在大观园中再现，并夸大增华，随园是真，大观园是假。读者不察，出于好奇，甚至迷人考古，误为捕风捉影之谈，这在文苑中并非孤例。

[11] 见吴恩裕1959年著《有关曹雪芹八种》。明义是满族，他所居环溪别墅为乐善园旧址，辛亥革命后称三贝子花园，即今北京动物园。《八种》说《红楼梦》属稿于乾隆十三、四年间（1748—1749年），时曹雪芹住北京城内，南京随园经营方始。

图4 袁起绘随园图（南京博物院摄赠）

子才族孙袁起，工于绘事，是画家钱杜（叔美）门徒，本有随园图景画稿，于同治四年（1865年）重摹（图4），距园毁已十二年，与他所写《随园图记》对证，颇为吻合，征之子才《随园二十四咏》所述，在图中可寻见三分之二。《鸿雪因缘图记》（清道光二十七年即1847年刊）中“随园访胜”（图5）一幅是著者麟见亭幕客汪英福1823年所绘，与袁起所作都由南北望，两图繁简不同，但基本真实，有艺术价值。清末柴萼所著《梵天庐丛录》载：随园图有四种，最初由沈补萝作图，又有罗两峰及他人所作三图，然后袁香亭（子才堂弟）绘坐北南望图，柴门在下角，亦极“逼真”。以上各图皆不存，最后袁起所作图“虽毫厘不差，而失之嫩滞”。若按山水画标准评园图风格，毫厘不差者虽难人品，但正因如此，反可以窥见随园当时真面。本文所附随园总平面布置图（图6），就是根据袁起所绘园景制成。袁起图附跋语，是子才嫡孙袁祖志所书。祖志字翔甫，曾任上海《申报》主笔，著有《随园琐记》上下两卷，光绪五年（1879年），木刻再

图5 随园1823年景（引自《鸿雪因缘图记》版画）

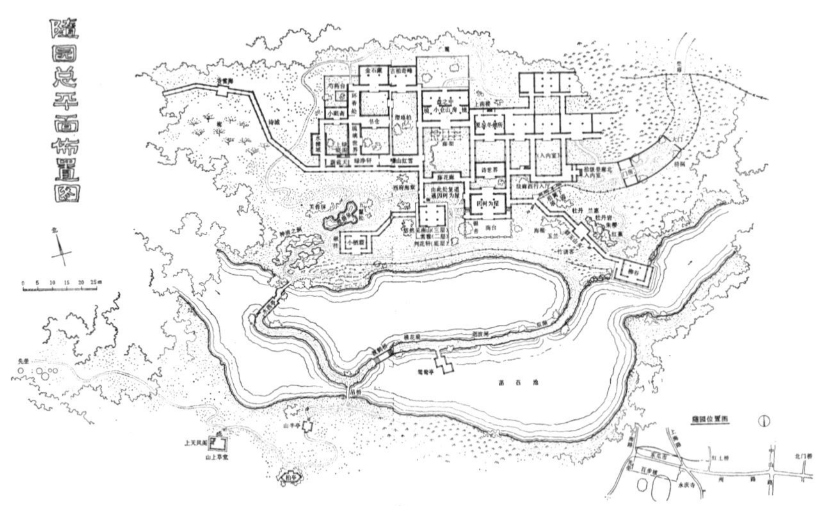

图6 随园总平面图（晏隆余绘）

版；书中述有关袁起同治四年绘园图一段，图由当时上海五岳堂铜版刻印。图跋语云："……迨咸丰癸丑（咸丰三年，1853年）……园亦被毁，溯距先大父以嘉庆丁巳年弃养，阅时几一甲子……从兄竹畦，曾写园图，颇不失庐山真面，兹将原稿付之手民（即刻铜），既借以留当年之陈迹，且足为异日工师之粉本，夫岂仅卧游已耶?丙戌（光绪十二年，1886年）暮春祖志识于海上。"

袁起随园图印本藏南京博物院，1958年承该院摄制照片惠赠。文稿经与郭湖生同志商讨，作些修改。随园总平面布置图由晏隆余同志描绘。

（原文载于《建筑师》杂志第3期。）

悉尼歌剧院兴建始末

童寯

1973年在澳大利亚建成的悉尼歌剧院（Sydney Opera House），其工程进行始末，极尽波折坎坷，旷日持久，加上造价屡增，当事双方摩擦，成为现代建筑史中一段创闻；但终于完成（图1）。尽管这座剧院在使用上不尽如人意，艺术造型与结构原理互不协调，但在悉尼港内所起激奋惹人的外观效果，在全世界今天几乎无与伦比。

图1 歌剧院竣工后夜景

澳洲悉尼交响乐团指挥古申斯（Eugene Goosens）是工党政府总理凯希尔（Joseph Cahill）的挚友，满心希望享有一座新建演奏大厅，这导致1956年由政府筹建悉尼歌剧院，选址在悉尼港有目共睹的奔内浪岬（Bennelong Point），公开向各国征求建筑方案。1957年的设计任务书规定，剧院内要有一座多用途大厅，容3500席，主要供音乐演奏或歌剧使用；另外一小厅容1200席，专演话剧。

参加竞赛的有来自30个国家的共223件方案。评选成员[1]之一，美国建筑师沙里宁（Eero Saarinen，1910—

[1] 评选成员包括澳大利亚建筑师阿什沃斯（Harry Ashworth）与巴肯斯（Cobbden Parkens）、英国建筑师马丁（Leslie Martin）、美国建筑师沙里宁等四人。

1961年）迟到，时当评选工作早已开始并初步肯定十份候选方案。他不甚满意，遂翻阅被剔下来的图纸，从中提取丹麦建筑师伍重（Joern Utzon）[2]的一份（图2），建议列为首奖。这方案的立面根本不按几何规则制图，只不过是一张由示意草样放大的素描照片。其最引人注目的特点是由一群薄壳作为屋顶，下面是石墙底座，遥望有如滨海扬帆，景物生动，富含诗意。但这歌剧院的建成，却绝非如方案素描那样一帆风顺。本来，之所以被剔下，就是因为最初评选者意识到只凭几笔素描不能保证设计方案实现的可靠性。而沙里宁偏爱这方案则或许由于这群屋顶薄壳与他自己1955年设计的麻省理工学院薄壳礼堂与1960年的纽约肯尼迪机场环球航空公司（TWA）鸟形薄壳候机厅，在造型手法上有相似之处而引起共鸣。但他低估了这方案薄壳顶施工的困难和费时，以及因之而带来如脱缰野马的飞腾造价（当时预估为350万英磅）。他随口猜算薄壳的顶部约厚10cm，底部厚到50cm就够了，估计没什么问题，并终于说服评选者们采纳这方案，取得一致推荐意见。结论指出这个方案简单明了具有图解性，在反复观摩这独特造型后，深感必将成为伟大非凡的创作；结论既承认这是可能引起争议的方案（事实上，在悉尼有不少反面意见），但仍坚信其超群创造特点必能产生意外效果。

[2] 伍重1918年生于哥本哈根，在皇家美术学院毕业后，1945年到瑞典、芬兰各地建筑事务所工作，翌年自设事务所，1948年在巴黎会见过柯布西耶，再过一年，用奖学金去美国考察，参观赖特学塾并见过密斯。他在丹麦设计过一些居住建筑，又在瑞士与阿拉伯国家设计过一些民用建筑。1978年获英国皇家建筑师学会金奖章。在受奖答词中，他提到悉尼歌剧院壳顶，说是他企图安放起精神作用的上层结构，并说奖章治愈了“悉尼悲剧”的创伤。

[3] 赖特显然忘记8年前伍重的访问（见前注）。

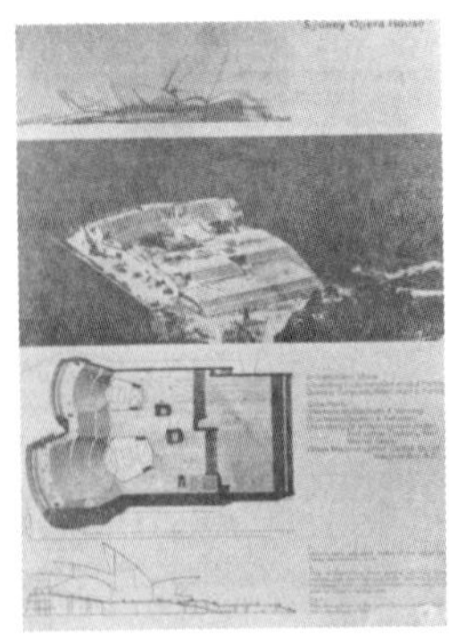

图2 自上至下：方案立面素描；底座工程完成实况；两厅并列平面方案；方案剖面

伍重本人则是在绞尽脑汁，反复探索；提出这个方案时，已来不及绘制竞赛正规图纸，几乎不想干下去了。不期在绝望挣扎中，竟中头奖，时仅37岁。他用万余美元奖金周游世界，曾到中国并来南京。如此年轻就露头角的伍重，一举轰动整个建筑界，当美国87岁的著名建筑师赖特听到这新闻并看见伍重的照相片时，带讽刺口气说：“呀，不过是个毛娃吆！”[3]这老人只说对了一半。尽管伍重富有创作才华，但的确也有其少不更事的一面。事实证明，他后来在处理业务，应付复杂的社会关系，以至政治斗争中，还是书生气十足，缺乏经验，甚至据说不具备主持事务所的保存文件记录和管理图纸的能力。在歌剧院工程进行早期，他尚能借公卖彩票筹款而自由支配造价，并掌握设计施工主动权，但1960年议会开始要求确定工程预算以及随后政局更迭和环境演变，他就吃尽苦头，终于被迫让出工程主持人地位，成了一场悲剧的主角。

在歌剧院平面布置上，伍重把1957年设计任务书要求的大小两厅并肩排列。因基地狭窄，面积仅三公顷，这就难免有一边跨出有限岬宽而须外展筑地，发生基础问题。影响所及，也挤掉了后来的歌舞侧台，置之台下。主要人群露天步登宽91m、高20余级的石阶走上平台（台下是汽车入口，但停车场又远离剧院）进入门厅。门厅不直通演奏大厅而临靠舞台后墙，使观众从舞台一侧入场就座。设计思想据说是只有通过这样布置才可以使薄壳排列形成的剧院外观具有理想的韵律。由于歌剧院位置十分显露，不但要求建筑物四面壮观，并且要求从上空以及由悉尼大铁桥远望也须显得堂皇出众，这就使屋顶成为第五个“立面”甚至是主要立面[4](图3)。

作为第五个立面的这群薄壳，在筹备施工阶段，一开始就遇到极大困难。壳顶离地面67m，主要由四对八只薄壳覆盖大小两厅上部，每厅四壳，另有两小薄壳置于餐厅屋顶。两厅八只薄壳下面吊挂钢桁架附天花板。每一对薄壳彼此对称互靠。各壳都作三角形，一角向下作为支点。壳的倾斜姿势产生力矩问题，这就使壳群造型违背结构原理；壳形各异也不利于预制。艺术与技术不相协调；如稍微变动壳剖面以减轻自重所产生的弯矩，壳体就完全失去了明快飘扬的特点，这都为工程的进行造成极大的障碍。早在评选阶段，已存在对伍重这幅方案草图变为实体的可能性的怀疑。带有讽刺意味的是，如评选成员中包括一名结构学权威，很可能就把这方案否

[4] 文艺复兴时期欧洲大教堂圆顶，也是第五个立面。同样，中国和日本宫殿庙宇大屋顶也是第五个立面，尤其是北京天坛三层琉璃瓦圆形尖顶，是突出一例。伍重就是受日本佛殿屋顶启发而在悉尼的方案中采用壳顶的。

图3 歌剧院鸟瞰

决掉因而失去一件杰作。其时，施工详图尚待制就，而且还未考虑如何完成薄壳施工，工党政府为抢先造成既成事实以对抗批评或否定这方案的集团，尽管乐团剧团尚在争论优先使用，剧院功能安排举棋不定，还是决计早日兴工，使改建的基础与底座工程终于1963年完成(图2)。底座内部供化装排演和三间小剧场使用，造价已比原估高出三倍，结束了工程第一期。这时，港内四望无阻的歌剧院工地，众目睽睽，迫切需要按步就班，井然有序，开始在底座上建厅，以进入工程第二期而抵消被反对党指控举措无能的压力，但下一步进度毫无着落。

本来，伍重1957年得奖以后，曾携方案求教于伦敦结构工程名宿丹麦裔结构师阿鲁普[5]。阿鲁普一见就感到方案的不寻常，但又指出这群薄壳体形不适合结构施工。伍重失望之余，还是坚信自己一向是致力于建筑艺术与工学原理的结合，现在是如何解决薄壳施工的问题。伍重面对严酷的考验，谋与阿鲁普共寻出路。阿鲁普开始结构计算布置，抱怨说，他接到的不是一笔生意而是一场战役；他着手探索多样解决方式，如采用抛物线形薄壳或用肋骨加固薄壳以至中隔1.2m的双层薄壳等，并进行各种模型试验，结果虚耗三年光阴，一无所成；这才不得不放弃薄壳观念，1963年决定代之以预制预应力Y形、T形水泥肋骨拼接的壳体（图4）。这种最后的折中妥协方式，是根据前两年伍重把壳型作为在直径75m圆球面割划一个三角瓣的设想（图5）。至此才使各壳面达到统一，并使肋骨曲线适合预制而顺利开工。但这并非依靠自身造型支撑的薄壳，而不过是由挺立的肋骨拼成的壳体与因之而带来的厚笨边沿，犹如古代哥特式穹券；其区别只在于古代用石砌，而现在用钢筋水泥骨架。决定这壳体做法的过程耗时六年。这过程，全依靠建筑家与结构工程家合作无间，失败沮丧与惊喜过望心情交织，如果不利用电子计算机，还不知拖到何时。不料，出

[5] 阿鲁普（Ove Arup）1895年生于丹麦，1922年毕业于哥本哈根工业大学土木系，又去德国进修，1923年由丹麦一建筑事务所派往伦敦。后来他与新派建筑集团“泰克敦”（Tecton）合作。1938年自设事务所，承担结构计算工作，也接受建筑设计任务，事业不断扩展，继意大利的奈尔维成为欧洲结构学权威。

图4 Y形和T形顶制拱肋吊装

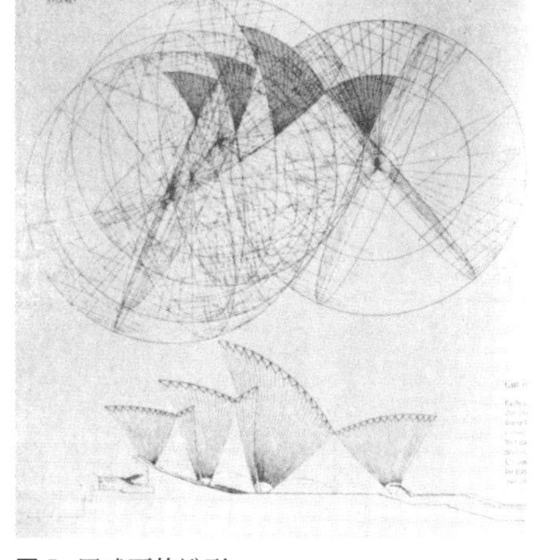

图5 圆球面的瓣形

乎意外的是伍重的惟一信任与支持者凯希尔总理猝然病殁，政局突变，歌剧院成为竞争选票的话题。1965年自由党上台，面对罢工、涨价，加之图纸拖拉积欠，新任工程部长借口工程造价已比原估增到五倍，要厉行节约，把工程停顿原因委之于伍重，拒付所欠设计费。伍重坚持只有掌握建筑师全部职权，他才肯负责任。僵局迫使伍重于1966年不得不让出主要角色地位，不再负工程全责。政府随即成立三人工作小组，委任澳洲建筑师[6]重新按使用要求进行两厅内部布置与装饰，作为第二期工程的开始。出于应付好几家使用单位所施影响，只得乞灵于使剧院多用化。大厅供交响乐团或演歌剧使用，容2800席；小厅是话剧或芭蕾舞演出场，容1500席（图6）。结果是两厅都难以发挥各自特长，而且舞台[7]与设备欠缺，场内座位因争取更多席数而太挤。此外，剧院内还有展览、电影、录音、酒吧等室，确实做到多用化。第三期工程大小十只壳屋顶，接着陆续完成就位，开始铺壳面白磁砖。1973年全部工程告竣，耗时17年[8]，造价结算合5000万英镑，超出原估14倍多。

有关悉尼歌剧院的一般评论，毁誉参半。反面意见

[6] 1965年起，新任工程部长休斯（David Hughes）设三人小组主管歌剧院工程的进度、考核与督理，另请六名顾问，伍重是其中之一，兼挂设计建筑师名义。当伍重被迫退出主持工程职位时，澳洲建筑师会同专业学生三百多人对议会示威抗议，伍重听之任之，未曾表态。

[7] 悉尼歌剧院舞台只有莫斯科大剧院舞台的1/6。

[8] 罗马圣彼得大教堂圆顶施工耗时26年，在三位建筑家相继主持下完成，教皇又不计较造价，结果还由八道铁链箍紧底圈以抵消推力。这也是艺术与科学未能协调的一例。

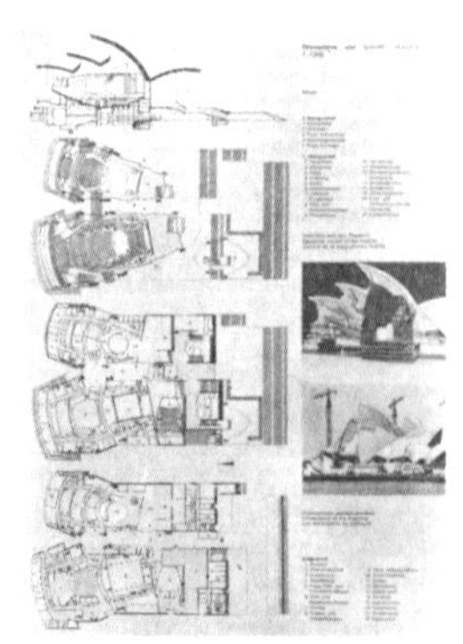

图6 各层平面、剖面、壳体拼制与盖面外观

如工期拖延，造价屡增，而最突出的抨击则集中在壳体屋顶，认为造型是异想天开，玩弄技巧，外壳与厅内无合理联系，失去功能含义，甚至讽为如搁浅的鲸鱼、桔皮的裂瓣。但总的来说，这设计如不是极端荒唐，就是非凡杰作。伟大的创新是不能用一般标准衡量的。如着眼于艺术与科技论争，则这方案应作为最完美的造型与最合理的结构背道而驰的典型。但最重要的倒是精神价值；犹如铁塔象征巴黎，这歌剧院将作为悉尼的突出标志而存在下去。建筑的位置也是奇特的，立于暴露无遗的岬上，四面八方，眺望无阻。作为第五立面的十只壳顶，成了最吸引人的历久不朽的雕塑性建筑，并以其独特的面貌，为港内另辟崭新的环境。

悉尼歌剧院是在不平常的条件下产生的：奔内浪岬形限于宽度，两厅并列，舞台位置使门厅接连后台，产生不平常的入场路线；不平常的壳型屋顶，造成施工困难，终于用极不平常的做法完工；归咎于工程拖延加价，迫使伍重退居次要角色，另换主持班子，加上政治倾轧与使用要求欠明，所产生的新问题多于解决掉的问题；一连串不平常的事态已足使这重要工程变质甚至下马，但悉尼歌剧院最后仍基本照原方案出色地竣工，这是在不平常的条件下最不平常的成就；1963年以前，这工程几乎全由伍重单枪匹马主持，只靠模型与试验逐步摸索，跑在图纸前面，这种建筑职业中不平常的作法，终于演变为悲剧因素。

早期设想的悉尼歌剧院，一旦完工，实际上是一座文化中心，但虽然功能变了，而形式不但未变且取代功能[9]，使美观而不是适用变为主要因素，这就是悉尼歌剧院艺术造型的永恒价值；这也是为什么历史上许多建筑名迹，虽然早已空闲或用途不大，仍被珍视保存下去的原因。

（原文载于《建筑师》杂志第 4 期。）

[9] 阿鲁普说过，“在功能主义时代，认为满意的功能可生出满意的建筑，殊不知生出来的并不算建筑。”可见这位结构计算家比建筑设计专业者对建筑艺术有更深的体会与修养。

外国纪念建筑史话

童寯

纪念建筑（Monument, Memorial），在欧美，广义讲还包括雕刻、喷泉甚至绘画以及其他。顾名思义，其使命是联系历史上某人某事，把消息传到群众，俾铭刻于心，永矢勿忘；要有简明主题，只带一个含义；有高度思想性艺术性，易于维持整洁的肃穆环境；通过物质手段，满足精神要求；体形不在庞大或布满装饰；难能的是看起来稳定但不笨重，优雅而不脆弱，有力却不粗暴；以尽人皆知的语言，打通民族国界局限；用冥顽不灵的金石，取得动人的情感效果，把材料功能与精神功能的要求结成一体。

公元前1世纪，罗马的维特鲁威著《建筑十书》，尚未把纪念建筑列为专题，尽管当时埃及、希腊已有金字塔、陵墓、庙宇、雕像、碑、柱，作为永垂不朽颂扬激励的形象与手段。到公元15世纪，意大利人阿尔伯蒂（Leone Battista Alberti，1404—1472年）始在所著《厦经》（De Re Aedificatoria）的第七章第十六节提到纪念建筑，举金字塔、方尖塔、祭坛、雕像为例。他还指出战争胜利者不特树碑自表其功，甚至有时反而纪念英勇抵抗的敌人，诉诸形象，作为鼓励本土士气榜样；又或嘲弄那些忍辱投降、贪生怕死的败兵，为树丑诋之碑，举例说公元前

图 1 雅典卫城伊瑞克提翁神庙女像廊柱

图 2 雅典街心诗人莱锡克雷提斯纪念石塔

14世纪埃及一王朝就有这一史实；正如维特鲁威早已在所著书中一开始就强调设计者应了解建筑史，他说把战败国妇女俘归使跟随凯旋行列，事后再刻成石柱作为女俘化身，头顶庙檐，蒙负重之羞，垂为国人鉴戒，就如雅典卫城公元前5世纪所建伊瑞克提翁（Erechtheion）女像廊柱（图1）；他指出六根像柱名为Caryatides是由于希腊人认为卡利亚邦（Caryae）帮助波斯入侵希腊而遭败北，罪有应得，须加以丑化。

以建筑雕刻作纪念品，自古就广泛应用，类型也极丰富，如公元前1330年完成的埃及阿布辛波（Abu-Simbel）石窟庙，门前四尊座像与门内殿堂都是由整块石山雕凿出来；作为当时已够惊人的巨制，现在被视为宝贵遗产。这庙由于1970年竣工的阿斯旺大坝将使尼罗河水位上升而有被淹没的危险，已提前全部迁移到高地新址。希腊也用建筑雕刻祭神，如公元前5世纪所建雅典卫城山门（Propylaea）两侧骑像与广场上用战利兵器铸成高9m的护邦女神阿提那铜像，以及卫城其他庙中雕像。雅典街心公元前4世纪所建方座圆身六柱石塔（图2），是纪念诗人莱锡克雷提斯的建筑，用以鼓励希腊乐师们节日演奏竞赛。公元前4世纪末，地中海罗得岛（Rhodes）击败入侵的马其顿大军，用战利品铸成高32米的太阳神像以纪念胜利，曾被称为世界七奇之一。

罗马纪念建筑规模之大，远超希腊，都是夸耀颂扬性质，主要有凯旋门、纪功柱与雕像。有些皇帝雕像大量生产，发送帝国全境，象征统治权威。凯旋门造在胜利班师必经之路，先搭木构，事后石砌，有单券和三券两种。纪功柱都高达35m以上。图拉真柱方座圆身，顶端有皇帝站像，柱身雕皇帝远征多瑙河边民族的史迹。

拿破仑为炫耀武功，在巴黎瓦窑宫园地东端树建三洞券凯旋门，又在爱丽舍林荫大道高地星形广场十二条放射大街中心，造单洞券大凯旋门，都以罗马先例为蓝本。1805年海战中，英提督纳尔逊摧毁拿破仑舰队，1830年伦敦特拉法加广场中央起造50m高纪功柱，柱顶置5m高纳尔逊铜像。此前1813年拿破仑被奥、普、俄联军击败于莱比锡。联军为表扬战功，在莱比锡郊区建胜利纪念塔（图3），造型臃肿沉重，为历来所少见。

图3 德国莱比锡联军胜利纪念塔

欧洲中古时代，有把名人死后葬于教堂内的惯例。石棺上置死者仰卧雕像；因袭到文艺复兴早期，有时在教堂中另辟一区，作为墓殿，装修雅洁精炼，石像生动多姿。米开朗琪罗为教皇朱利亚斯二世在罗马一教堂中设计墓殿像群中的摩西坐像和奴隶像，以及为梅迪西家族在佛罗伦萨一教堂中所雕这家族主人壁龛坐像，都是绝代神品。这传统沿袭到19世纪。1840年拿破仑遗体被法政府由流放荒岛迎归巴黎，石棺陈于伤兵医院大教堂圆顶之下。滑铁卢之战，英将威灵顿击溃拿破仑大军，也于1852年死后葬于伦敦圣保罗大教堂地下墓穴。

15世纪威尼斯塑造武人考里奥尼（Bartolomeo Colleoni）骑像（图4），被英国文学家拉斯金誉之为全世界最完美的雕刻。17世纪在亚洲，有与欧洲相媲美的纪念建筑，即印度阿加拉的泰姬陵（图5），这是印度统治者耶汗1630年为悼念亡妃而修建的。大理石圆顶方殿

图4 威尼斯考里奥尼骑像

图5 印度阿加拉泰姬陵

坐于方台之上，台四角有回教尖塔，配以水池绿化，月光下最富神秘浪漫的迷人气氛。泰姬陵有文艺复兴的佛罗伦萨石工参与营造，其体型典丽不是偶然的。

1885年为颂扬统一意大利的国王维克托·伊曼纽二世而在罗马兴造的纪念堂，高达60m以上，坐落在山坡上，用长排柱廊构图，中央高台之上有国王骑像，底层是展览馆，纪念堂宽广石阶正对通衢大道，作为尽端对景（图6）。这座超级折中主义平凡风格的建筑，与古罗马残迹尺度极不协调，终于博得“罗马一排假牙”之诮；它与莱比锡高塔一样带有毫无生气的巴洛克末期作风。这年，德国为纪念“七年战争”胜利而在柏林菩提树大街筑勃兰登堡凯旋门，采用希腊罗马混合形式，它今天是东西柏林分界的标志。也在这年，美国为纪念开国元勋华盛顿，完成了首都草坪大道（Mall）中段白大理石方尖塔，高169m，顶尖包铝板防蚀，塔内砌有来自各地（包括中国）的赠石，有900级石阶（另加电梯）直达塔顶，可向窗外远眺。草坪大道西尽端是1919—1922年间所筑林肯纪念堂（图7），其周边36根希腊式白大理石柱，象征林肯时代全国36州。纪念堂西面临波托马克河，东有长池，映出华盛顿方尖塔倒影。堂内设林肯坐像。方尖塔西南，波托马克河岸边，是1943年完工的杰弗逊总统白大理石圆顶纪念堂，内设总统铜像。在距杰弗逊、林肯两纪念堂等距离处，也位于河滨，有起建罗斯福总统

图6 罗马维克托·伊曼纽二世纪念堂

图7 华盛顿林肯纪念堂

（后任）纪念物计划，方案尚待落实（见本文末段）。南北战争结束后，美国政府在首都隔河西南地区，划定阿灵顿国葬墓地，作为自开国以来历次战争阵亡将士埋骨之区，排成行列的墓碑标志英雄葬地。又有露天围廊圆场，容五千人，供节日举行仪式。全部规划利用起伏地形，结合林荫，辟成幽静环境，供回游凭吊。

19世纪欧洲革命运动风起云涌。1871年巴黎公社死难社员从葬于拉谢斯神甫墓园第97区墙下，墙面有纪念浮雕。1883年马克思病殁伦敦，葬于“高门”墓园（Highgate Cemetary），后人刻纪念头像，置于墓前。第一次世界大战后，德国魏玛城塑造1921—1922年内战死事者纪念雕刻（图8），这是格罗皮乌斯采用表现派艺术手法的造型作品。另一表现主义作品是密斯1926年设计的用普通砖砌清水无饰的柏林卢森堡与李卜克内西（Rosa Luxemburg and Liebk-necht）就义纪念墙（图9）。两纪念物是闯出羁绊，锐意创新，赋与纪念作品以新生命。莫斯科红场列宁墓本是临时木构，外涂红漆，1930年改砌红色花岗石（图10），也是摒弃传统形式，采用当时苏联新兴的构成主义建筑风格。

图8 德国魏玛纪念雕刻

图9 柏林卢森堡与李卜克内西就义纪念墙

图10 莫斯科红场列宁墓

第一次世界大战后，胜败两方都有纪念建筑。伦敦方形石砌纪功碑（Cenotaph，图11）尺度匀称，造型简洁，介于建筑与雕刻之间，留有插旗竿挂花圈的槽和柄。碑在宽路一侧，立于政府办公大厦白厅窗外，这是利用背景而不依赖广场衬托形象，是处理纪念建筑的另一方式。法国纪念第一次大战胜利建筑特多，其中包括美军1918年在法战场阵亡者纪念建筑，如阿岗战场的瓦伦（Varennes）墓地（图12），石廊祭坛用新古典手法，在法国的别处美军墓地建筑也采用类似风格。在巴黎大凯旋门圆券之下，地面置有金属祭坛，终年香烟缭绕，纪念第一次世界大战法军无名英雄。战败的德国，多用纪念雕刻，如法兰克福市内一石座铜像，座面刻字意为“奉献”，塑慈母悼念爱子牺牲的悲痛心情（图13），给人以深刻印象。德国纳粹猖獗时期，纪念受害者方式充满阴沉恐怖又带抗争气氛，如1937年柯布西耶设计的被纳粹分子暗杀的库特利埃（Vaillant Couturier，法共机关报《人道报》创始人）纪念碑方案（图14），张口头像与伸出的手掌象征反暴恣态，这方案未被采纳。也有用墓穴

图11 伦敦第一次世界大战胜利纪念碑

图12 法国瓦伦纪念美军阵亡墓地建筑（设计人美国费城宾夕法尼亚大学建筑系教授克瑞特，1914年回法国度假，正逢第一次世界大战开始，作为法国公民被征入伍，直到1918年复员。瓦伦是纪念宾州远征美军墓地所在。克瑞特在宾州工作，后来又是美国公民，由他负责建筑设计是最适合不过了。他充分发挥巴黎美院影响，作品具有新古典风格。）

图13 德国法兰克福第一次世界大战纪念雕像

图 14 巴黎郊区库特利埃纪念碑方案

纪念受政治迫害者，如罗马近郊有被纳粹分子杀害的300多名死难者纪念墓穴；又如巴黎圣母大教堂后院的墓穴，纪念纳粹集中营 20 万死难者。

第二次世界大战后，胜败两方对纪念建筑的认识都不同于往昔，而有很大转变。战胜者不再夸耀武功（柏林苏军纪念墓地持剑雕刻例外），只悼念死伤；战败者摒弃复仇主义，只祈祷和平。纪念建筑追求实用化、大众化，提供集体聚会、文化活动场所。日本 1950 年在广岛原子弹爆炸地点起造“和平中心”，有钢筋混凝土结构纪念券门与两层楼纪念馆；楼上陈列战灾模型、惨像实况，楼下是空廊，四年后又添建儿童图书馆。另一“原爆”城市长崎的五层楼“国际文化会馆”于1955年落成，首层有战灾纪念大厅，楼上全作办公与活动用房，有实用价值，馆外长方水池置母子雕像，宣扬和平。美国也兴造有实用价值的战后纪念建筑。1957 年密尔沃基市（Milwaukee）的“活纪念馆”（Living Memorial）是地道的文化中心，仅有的纪念形象是馆屋顶层十字形平面与石墙所刻的两次世界大战阵亡将士的一些姓名。楼上有办公室与会堂，下层是艺术陈列厅（图 15）。战后纪念物的时代意义则只通过新材料

图15 美国密尔沃基市第二次世界大战纪念馆

新技术表达出来。美国圣路易市（St.Louis）“西向之门”更是进一步显示现代工程技术的作品，于1966年完成。历史上，1804年路易斯与克拉克（Lewis and Clark）两人奉杰弗逊总统之命由圣路易市出发西行作国土探测，经过落基山直达西海岸，两年后返回原地。为表彰开疆拓土，圣路易市征求纪念方案。沙里宁设计一座抛物线形式不锈钢拱券门，门框是三角形空壳，壳内悬挂吊车可达券门顶部，远眺全市，地下设展览厅。这券门迅即成为今天圣路易市的标志。约翰逊1977年设计了得克萨斯州达拉斯市纪念肯尼迪总统的建筑（图16）。肯尼迪于1963年在这里遇刺丧生。纪念物是水泥板壁围成15米方形露天小院，一面板壁留有开口供人进出。院内壁上嵌有灰黑色花岗石纪念碑。

图16 美国得克萨斯州达拉斯市纪念肯尼迪遇难建筑

纪念物造形也有些变格，如以动物象征而不用人像纪念死难者的瑞士琉森（Lucern）1821年所雕卧狮像，是从砂石山脚挖塑出来的猛狮负伤待毙惨状（图17），用以纪念法国大革命时王宫的瑞士卫队。美国南达科他州拉什慕尔（Rushmore）“黑山”花岗石顶端雕出四总统高20m之半身像（图18），大小与开罗郊区纪念埃及法

图17 瑞士琉森城纪念法国大革命王宫瑞士卫队死难狮像雕刻

图18 美国南达科他州山顶四总统［华盛顿、杰弗逊、罗斯福（前任）、林肯］半身雕像［雕刻家是古特章（Gutzon）与包格鲁(Lincoln Borglum)两人，在远处由电话指导刻工雕塑。］

老狮身人面石像近似；在大自然辽阔高远的环境中，展开视野，无广弗届，是别开生面的纪念雕刻。

纪念油画的一例是，1870 年普法战争中普鲁士获胜，法国自绘败状，置博物馆中公开展览，用以激发民心，意存报复。

有些纪念物由原地迁到另一新址，就失去地理联系，因而不再具纪念意义，而只起装饰作用。埃及许多远古方尖石碑，几乎全被移往欧陆。最显著的一座是无字碑，公元 1 世纪就运到罗马，1586 年改立于圣彼得大教堂前椭圆广场中心；又一是有字碑，1831 年由埃及作为赠品送往巴黎，五年后迁到协和广场中心作为点缀。

1957年为纪念于1942年在芝加哥试验核能连锁反应获得成功的科学家费米（Enrico Fermi，1901—1954年），举行了纪念建筑设计国际竞赛。头奖为美国建筑师奈特（R. C. Knight）所得。他的方案不用建筑物，而只在被高层建筑环围的广场中，比地面高一层的透明地坪上树立着 48 根播放音乐声的金属管，管分纵横三列，组成小空间，与外围大广场相呼应，纪念堂则设在地坪之下（图 19）。这是首次不赖视觉而靠听觉扣人心弦，通过新技术新材料，突破有限可见空间，不受视觉束缚而跨入更远的听觉领域，开辟纪念性措施的一种新境界。

完全用造园作纪念手段，也是新做法。在华盛顿，选定罗斯福总统（后任）纪念物地址之后（见前述），1946 年就设筹备委员会并征求方案，先后收到五百余项建议。1960 年中选方案采用了大小高低不同的预制水泥碑板，最高 51m，每个碑刻有罗斯福平生嘉言。对这方案罗氏家族不甚满意，又被首都美术委员会否决。后来有以玫瑰园作为纪念的建议，也未成功。最近首都美术委员会批准采用条形园地方案，这是 1978 年造园家哈尔普林（Lawrence Halprin）的构思。方案仍在原定地点，构筑曲折多变长 300m 的休息公园，两侧有 4m 左右高、参

图19 芝加哥纪念费米方案模型

差不齐的岩壁落瀑作围护（图20、图21）。行人入园，前进时步移景异，经过各段，积累环境印象，最终到达罗斯福半身浮雕像石壁前，作为高潮。全部规划以水为主题，垂瀑之外，还有池沼小溪，夜间并提供照明，也是完全从实用出发的设想。

还有以集体方式纪念各代名人，如伦敦西敏寺大教堂中始自18世纪辟出一角为“诗隅”（The Poet’s Corner），用群像纪念英国历史上主要的文学名家，雕像随时代推移而逐渐增加，整个环境极富诗意（图22）。也有利用名人诞生与生活故居作为纪念建筑。法兰克福的歌德住宅，有他降生的房间以及写作与生活各室，都保存完好，供人观览。紧邻是歌德陈列馆，展出幼年生活片断以及书籍画片。他从26岁起居住在魏玛的住宅也已辟为纪念建筑。波恩是贝多芬的故乡，住房早经修复原状作为陈列馆，展出画像、乐器、乐谱、信札；作曲家出生的房间，

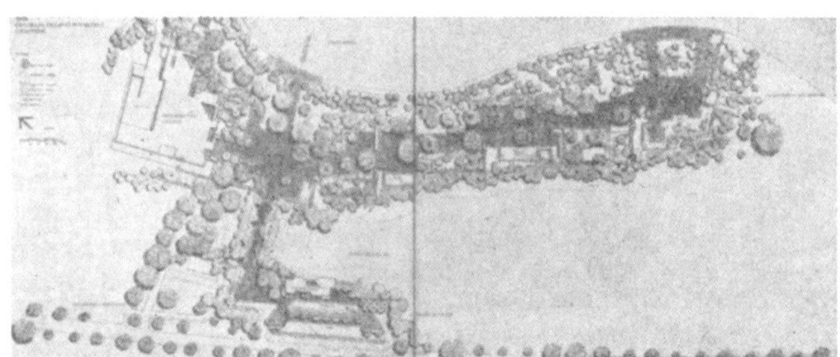

图20 华盛顿罗斯福（后任）纪念园地平面方案

图21 华盛顿罗斯福（后任）纪念园地模型

图22 伦敦西敏寺大教堂“诗隅”

也原封未动。德国这两个地方，都留有两个伟大人物的生活史实，古色古香，较之为纪念而兴建纪念馆，更富有真实性，更具有吸引力。

图23 英国莎士比亚故乡住宅

但以整个城镇作为一大纪念馆，在全世界只有莎士比亚故乡，英国阿旺河畔的斯特拉福(Stratford on Avon)。作为莎氏出生与埋骨之处，有这位伟大剧作家的住宅（图23），包括他呱呱坠地的房间，另有小学幼读的书桌，以及受洗与下葬的教堂。再加上后来所建莎剧节日演出戏院（火灾后1932年重建，节日每年3月到10月），还有莎氏岳家旧居，一切都由“莎士比亚故居保管会”负责维护管理。这都有助于英国文艺复兴时期气氛的再现，使游者动思古之幽情，低回流连，重温莎剧某些情节，联系到莎氏献身戏剧的一生，久而难忘。

（原文载于《建筑师》第5期。）

新建筑世系谱

童 寯

西方在工业革命以后，19 世纪钢铁水泥大量生产，基本解决了建筑物大跨度大空间的结构问题，又能增加强度，放大采光面积，兼利于防火和减轻自重。这些进步与优点都是以往砖石木料所不能达到的，它引起了建筑技术和艺术的根本变化，出现了前所未见的建筑面貌，即人所习称的“新建筑”。

早在五百年前的意大利，就已有“新（Moderha）建筑”这词。这是感到 15 世纪以后希腊罗马古典传统建筑形式已不再合时代需要而应代之以“新”型建筑的呼声。今天所称“新建筑”指百年来近、现代西方建筑。

19世纪30年代西方开始出现许多后来被发展改进成为科技理论的土建工程成就。1822 年在莱比锡首次召开科学会议。1825 年英国始建铁路，火车以高于寻常速度奔驰，引起对时间空间观念激化。在城市建设领域，芝加哥由于人口骤增，迫切需要住房，导致1833年出现“编篮式”（Basket frame）木架住宅，特点是细长木枋，装配成架，任何不熟练工人的都能胜任，不施枘榫，只用洋钉，而洋钉就是蒙工业进步之赐才大量廉价制造，这使木构住房由工艺变成工业。造价的锐减使住宅大众化成为可能，也同时对设计施加影响。尤其在英国，开始讲求经济实惠，简捷适用，不再强调严谨对称与历史风格。这建筑哲学逐渐发展到居住以外其他建筑类型。

1. 在公共建筑设计方面，德国人辛克尔（Karl Fredrich Schinkel，1781—1840年）是19世纪第一位具时代觉悟的建筑家。1825年他设计波罗的海灯塔方案，1827年又设计柏林一座两层楼商店（图1），都摒弃传统古典柱式，并简化檐板，放大采光面积，改用平屋顶。这在当时堪称大胆革新；但究由曲高和寡，少有被接受的可能，以至他后来设计的柏林博物馆和其他建筑，都回到新古典风格旧调。

图1 辛克尔设计的柏林一商店

2. 比辛克尔小22岁的德国人森佩尔（Gottfried Semper，1803—1879年），是受古典教育而又反对古典的急先锋，革新觉悟远超前辈。在教学岗位上他反对学院派行政当局，最后作为参加1848年巴黎革命的激进分子而被逐到伦敦，在1851年万国博览会场水晶宫担任修建工作的助理。他深受水晶宫技术性与工业化施工的感召，通过刊物把水晶宫作为建筑介绍给欧陆德语读者。

3. 英国水晶宫出现后，引起居住建筑设计的变化。手工艺运动倡始人莫里斯1859年邀请观点相同的建筑家韦伯（Philip Webb，1831—1915年）设计自用住宅“红屋”，把居住建筑设计由传统束缚中解放出来。

4. 芝加哥学派创始人詹尼（William Le Baron Jenney，1822—1907年）1885年完成10层钢铁框架结构办公楼（图2），作为高层建筑的创始。他的事务所培训的杰出后进中，有沙利文（Louis Henry Sullivan，1856—1924年）；沙利文又培训赖特（Frank Lloyd

图2 芝加哥家庭保险公司办公楼

Wright，1869—1959年）。

5．继伦敦博览会之后，法国举办几次博览会，展览厅也采用铁架玻璃做法。到1889年巴黎万国博览会时出现了埃菲尔（Gustave Eiffel，1832—1923年）设计的300米高的铁塔与杜特尔（Ch.L.F.Dutert，1845—1906年）设计的115米跨度的钢架玻璃机械馆。结构造型都前所未见。

6．比利时人霍塔（Victor Horta，1861—1947年）1893年设计布鲁塞尔一所住宅，背离古典规范，使用钢铁材料，是新艺术运动的早期作品。他1897年完成的布鲁塞尔"人民宫"（图3），外貌轻灵流畅，是由新艺术跨进现代化风格的开端。

图3 布鲁塞尔人民宫

7．奥地利的瓦格纳（Otto Wagner，1841—1918年）是森佩尔门徒，受过古典训练，50岁时主管维也纳学院建筑专业，思想突起变化，开始迎合时代精神，1895年刊行《新建筑》（Moderne Architektur），把"新"这词再次继意大利之后肯定下来。在这本书中他主张，艺术创造只能来自生活。新材料新结构必然产生新的建筑形式，并和时代要求取得协调。他于1906年完成的维也纳邮政储蓄银行营业厅（图4），钢架玻璃顶棚构图风格与伦敦水晶宫呼应。受过他设计思想影响的一些后进组成集团，被称为"维也纳"学派，标志着新建筑流派起源。到1897年学派骨干奥布里奇（Joseph Maria Olbrich，1867—1908年），作为瓦格纳的得意门徒，突然间加入一些背叛维也纳学派的艺术家行列而另创"分离派"。他去德国达姆施塔特城展开设计才华，探索新建筑的组合面貌。

图4 维也纳邮政储蓄银行营业厅

8．瓦格纳另一门徒霍夫曼（Joseph Hoffmann，1870—1956年），也是由维也纳学派中分裂出来改附分离派的。他的设计风格冲不出新艺术运动余波，他所主办的维也纳工艺厂日用制品样式也是如此。瓦格纳死后，他成为了奥地利新建筑的代表人物。

9.英国人麦金托什(Charles Rennie Mackintosh，1868—1928年)，新艺术运动成员，1906年完成一所初具新建筑风格的校舍，是格拉斯哥学派代表。

10.比霍夫曼大两岁的德国人贝仑斯(Peter Behrens，1868—1940年)，1908年为德国通用电器公司设计汽轮机制造车间,通过民用建筑艺术手法处理工业厂房设计。他在柏林事务所内培训一些助手，如1907年开始参加工作的格罗皮乌斯（Walter Gropius，1883—1969年），次年又来了密斯（Ludwig Mies van der Rohe，1886—1970年），接着就是柯布西耶（Le Corbusier，1887—1965年），他只逗留几个月。他们都受到贝仑斯新观点新作风的影响，然后各自展开特长而成为新建筑风格的宗匠。

图5 拉金肥皂公司办公楼

11. 奥地利人路斯（Adolf Loos，1870—1933年）1908年著文反对建筑装饰，把实用与美观看成对立。新建筑的性格正是无装饰，路斯设计的住宅突出地显示了这一点。

图6 流水别墅

12. 美国的赖特1905年在布法罗城设计拉金肥皂公司办公楼（图5），建筑风格具有独立于欧洲人构思的特点（有人竟认为他带些新艺术观点倾向），但也不可避免地和欧洲人引起共鸣。他设计的草原式住宅平面错落与空间交织，比英国的“红屋”迈进一大步。1936年他为一富豪在宾夕法尼亚设计乡居“流水别墅”（图6），室前挑出大片钢筋水泥阳台；1955年他设计的普赖斯19层公寓办公混合楼（图7），用悬臂钢筋水泥楼板预制装配施工，都充分表现他勇于发挥钢筋水泥特长而创独具风格；他设计的纽约古根海姆美术馆钢筋水泥6层螺旋形圆塔（1958年完工），是最引起争论的奇特造型。他将建筑哲学发挥在所著的十多种书刊中并灌输给一批门徒。作为土生土长自负自信的美国人，他从不接受欧洲人观点，倒是

图7 普赖斯公寓办公混合楼

欧洲人首先“发现”了他，然后才引起美国人对他的重视。

格罗皮乌斯1910年设计的法古斯鞋楦厂车间（图8），为钢架结构大面积玻璃窗连带转角窗，是前所未见的新面貌，也是辛克尔1827年首次试辟新风格之后的第二次创新。1919年他在魏玛城把原属于新艺术流派的美术学院改组为“包豪斯”(Bauhaus)（建筑学舍），旨在艺术结合工业，聘请当时进步艺术家教学，提供独创课目与教法。迁校到德绍城后，他于1926年完成新校舍（图9），既作为成熟的新建筑的代表作，又是他在所著《国际建筑》(Internationale Architektur)一书中首次提出世界性风格的前奏。

图8 法古斯鞋楦厂

密斯的建筑哲学是功能可变，空间不变，这导致他提出“万用空间”方案。构造细部，尤其节点，力求严整精确，是他的另一特点。早在1920年前后，他就致力于高层建筑的幕墙处理，首次设想在框架外围满包玻璃（图10），借以反照环境景物，这美梦迟至30年后始在美国逐步实现。

图9 “包豪斯”新校舍

柯布西耶1923年著《走向新建筑》(Vers Une Architecture)，列举他所认为是新建筑的一些特点。1947—1952年在马赛兴造的“居住单位”公寓楼（图11），是

图10 密斯的玻璃幕墙高层建筑方案

图11 马赛“居住单元”公寓楼

他推荐解决居住问题的经济而又紧凑的一种方式，称立体花园“光明城市”。1928—1929年间他的巴黎事务所培训了日本的前川国男和坂仓準三。这两人带着他的影响返回日本再加以传播，前川又培训了丹下健三。

赖特、格罗皮乌斯、密斯、柯布西耶四人同时出现，活动于本世纪的一大半时间内，又在十年以内先后去世，业绩水平与活动范围高超广阔，蔚成西方建筑史上最光辉的一章。

俄罗斯在1913年由抽象派艺术家设想通过建筑性雕刻探索立方体相互关系，导致1920年构成主义出现于苏联。它着重在建筑结构和空间的创新，对新建筑起启示与推进作用。出于意识形态的原因，构成派于1932年后在苏联本土受到批判并被打入冷宫，但从第二次世界大战后却又以西方新建筑面貌重返故乡而独步全国。

1928年柯布西耶纠合一些具有现代思潮的建筑家在瑞士集会，讨论科技影响，培训后进，抗衡学院派，为新建筑确定方向，并发表宣言，即“国际新建筑会议”（CIAM）。会议迄1959年共开11次；30年活动，对新建筑与城规的推进和发展，扩大思想交流，有其历史性作用。

芬兰人阿尔托（Alvar Aalto，1898—1976年），年岁比前述四巨匠最老者几乎小一代，声望也次于他们。其余如门德尔松（Erich Mendelsohn，1887—1953年），夏隆（Hahs Scharoun，1893—1972年），布劳耶（Marcel Breur，1902— ），尼迈耶（Oscar Niemeyer，1907— ）等人，主要活动时期由20世纪20年代直至第二次世界大战。期间经过“国际”风格，到50年代由一批年纪较轻的建筑家继续活动而进入“新建筑后期”，出现了另一番气象。不过，这已经不是本文讨论的范围了。

（原文载于《建筑师》第6期。）

建筑设计方案竞赛述闻

童　寯

在建筑工程进行之前，如由一家以上设计单位提供设计方案，在一般情况下，都属于竞赛性质。任何有成就的建筑家对自己的方案都认为是具有独到概念、无懈可击的得意之作，并在竞赛中有中选希望。事实是，这类竞赛犹如赌博，是对既无规律又无把握的投机。何况，中选方案很难完全合乎理想，也不能赢得尽人赞同；有的设计甚至置任务书规定于不顾。竞赛只使评选者能作一比较，多数通过，避免独断罢了。但每一次竞赛都可引起概念交流，看到解决问题的不同手法，有助于扩展设计思路，有其积极作用。

凡是有限竞赛，就约请少数人参加，另一方式是公开征求方案，把范围扩大到全国或各国。竞赛程序，有的在初审阶段选出几份概念草案，再于第二阶段要求在原案基础上加以发展，择优定选。一般则要求照任务书规定把设计一次画全，定期评审。方案有时匿名密封。评选人应为单数，如有必要，请专家作顾问参加，评选结果须公开报告，并展出所有方案。有时中选方案作者未必负责施工，这要预先声明。此外，专业院校学生设计课评图也属竞赛方案领域，只不过命题照例是虚构的。

历史上，最早的方案竞赛始自公元前448年，希腊执政元老决定在雅典卫城兴建战役纪念物，约集一批建筑专业者提供设计方案，连制图比例尺都规定了。中古时代，意大利佛罗伦萨城1355年为规划市内议政广场（Piazza della Signoria）举行方案竞赛。1420年，该市大教堂圆顶急待施工，由教堂总管与施主和公民代表出面，约来西班牙、意大利、英、法、德各地建筑专家群聚一堂，讨论如何在这史无前例的八角形平面上，跨42米，在高空不用模板而能完成穹顶施工。专家们各抒己见。提出的方案有些是海阔天空不切实际的想法。在座的伯鲁涅列斯基（Filippo Brunelleschi，1377—1446年）作为市民兼建筑专业者，从24岁起就朝夕致力于建造这大教堂穹顶的探索，并且早已胸有成竹，在辩论中逞其口才，辅以模型及文字说明，再加上顽强自信，终于说服大教堂工程主管小组，委以建筑任务，但这小组同时又约请一杰出雕刻家与他合作；岂料这不懂建筑的雕刻家只不过尸位素餐，毫无贡献，不久便被甩掉。瓦萨利（Georgio Vasari，1511—1574年）在1551年他编印的《绘画雕刻建筑名家列传》书中对这番人事钩心斗角，唇枪舌战以及大教堂穹顶工程有详尽描述。

罗马圣彼得大教堂1506年奠基，经建筑师11人前后承替，方案反复，历时150年，方始竣工。尽管不是诸人同时竞赛，但每阶段多少都有改变甚至翻新，以致完成的教堂形象与最初设想大异其趣，甚至存在难以改正的缺点。时当教皇数更，人事纷杂，异族入侵，经费不继，导致谋出多门，功成众手的结局，成为建筑史上空前异闻。

西班牙马德里郊区“烤架”离宫（Escural，宫的平面象征圣徒劳伦斯烤架上殉难）1584年完工。设计方案是由22位建筑家竞赛结果决定的。法王路易十四在1665年为完成卢佛尔宫东立面设计举行有限方案竞赛，但由中选图样完工的柱廊和廊后内室毫无联系，只起一片屏障作用，竞赛结果是令人不满意的。英国1768年为爱尔兰都柏林皇家交易所建筑设计举办了由64家建筑事务所参加的方案竞赛。1788年英伦银行建筑设计由建筑师13人参加了竞赛；中选方案外墙无窗，建筑高度也未超过近邻，后来在这背面又造银行新楼，才补救了这缺点。英国有鉴于交易所以及其他方案竞赛中，时有丑闻，皇家建筑师协会遂于1872年制定竞赛规章，以后又加修改，作为约束，使竞赛免于脱离正轨。美国总统官邸白宫于1792年经过竞赛决定照霍班（J. Hoban）方案施工。

1850年英国为筹建伦敦国际博览会场，向各国征求建筑方案，参加竞赛人共提245件设计，评选委员用一个月工夫研究这些方案，未得结论。距博览会开幕日期只余9个月。如照传统做法，仅仅烧制1500万块砖都来不及。就在这时，园艺家派克斯登（Joseph Paxton，1803—1865年）闻讯，立即日夜赶绘图样，10天内画成，作为博览会场工程方案，投稿《伦敦新闻画报》（Illustrated London News），于7月6日刊登。这方案采用铁梁铁柱，幕墙屋顶满镶玻璃，预制装配，机械施工。评选者事到如今，别无他策，毅然采纳这方案，7月底开工，1851年5月1日告成，博览会如期开幕。

1909年澳大利亚定都堪培拉（Canberra），1911年为进行首都建设，向各地征求规划方案。全世界送来137件设计，中选人是美国芝加哥学派建筑家格里芬（Walter Griffin，1876—1937年）。1913年开始进行建设，格里芬由美迁澳定居堪培拉，主持规划实施。“德意志制造联盟”1914年在科隆举行展览会。会场建筑群也是通过方案竞赛决定的。

图1 《芝加哥论坛报》办公楼建筑方案之一

《芝加哥论坛报》1922年征求办公楼建筑方案，是声势浩大的全世界性竞赛，共收到257份图纸，有98份来自欧洲。评选结果，美国建筑师胡德（R. Hood），照抄法国鲁昂13世纪大教堂钟塔造型作为办公楼收顶方案（图1）中首奖。第二奖是芬兰建筑家沙里宁（Eliel Saarinen）

的新建筑早期风格方案（图2）。而德国格罗皮乌斯方案（图3），既响应芝加哥地方传统，又具有成熟的新建筑风格，反而落选，甚至被讥为“鼠夹”。

日内瓦国际联盟总部为建筑方案于1927年举办竞赛，收到世界各地377件图纸。来自英、法、比、奥、荷、瑞士六评选人包括新旧建筑流派成员，各有偏爱，争论不休，难作决定。柯布西耶的方案，对建筑群功能分析、技术艺术处理，都有独到之处（图4），但还是被胆怯的评选人认为缺乏象征与肃穆气氛加以否定，而代之以把9个方案（内有柯氏的方案）并列为首奖，后又减到4个。四人小组设计最后以新古典面貌出现（图5），落得折中主义评委采纳折中主义设计形成折中主义风格的结局。柯布西耶不甘失败，控诉于海牙国际法庭，未蒙受理。

1931年莫斯科举办苏维埃宫建筑方案竞赛，正逢古

图2 《芝加哥论坛报》办公楼建筑方案之二

图3 《芝加哥论坛报》办公楼建筑方案之三

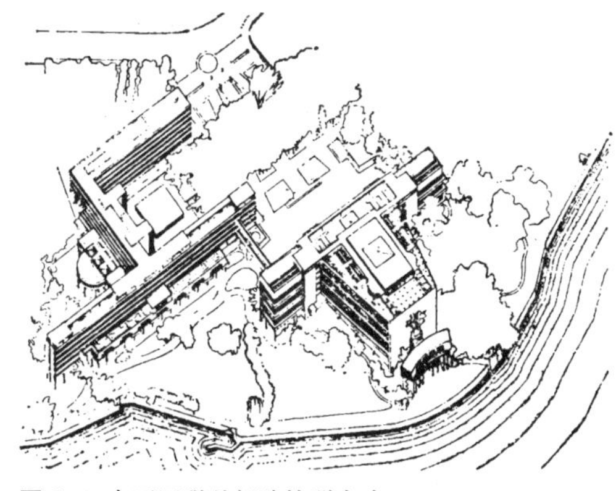

图4 日内瓦国联总部建筑群方案

图5 日内瓦国联总部最后面貌

图 6 莫斯科苏维埃宫建筑方案

典主义在苏联重新抬头时期。参与竞赛的柯布西耶强调新时代工程技术方案（图6），由于缺乏庄严庙堂气氛而遭否决。他太不服气了，致函莫洛托夫，表示抗议，未被理睬。

为决定莫斯科规划总图，1933年举行国际方案竞赛，从不参加任何竞赛的美国赖特，与从不放弃任何参加机会的柯布西耶，都交了卷。但两人把莫斯科变成一张白纸，代之以富有革命精神的自己得意之作，而苏联当局则强调莫斯科历史因素，议而不决。迟至1935年改由国内各类专家设立工作组，完成莫斯科总图，作为社会主义典型示范城市。

澳大利亚为筹建悉尼歌剧院于1956年向全世界征求设计方案。参加的有来自30个国家的223件图纸，只是由于评选人不照常规，反复审议，终于使丹麦年轻建筑师伍重（Jorn Utzon）本来被否定的方案而后被提为首奖（图7），这已够戏剧性的了，但在施工过程中又发展为悲剧性，如壳顶结构，工期拖延，造价飞升；其结果是人事摩擦，伍重被排除出工程主持班子之外。

1957年巴西为规划新都巴西利亚举行方案竞赛，由巴西建筑家科斯达（Lucio Costa）中头奖。首都平面犹如纸鸢（图8），类似线形城。四年工夫完成建设，当时人口30万。

图 7 悉尼歌剧院建筑方案

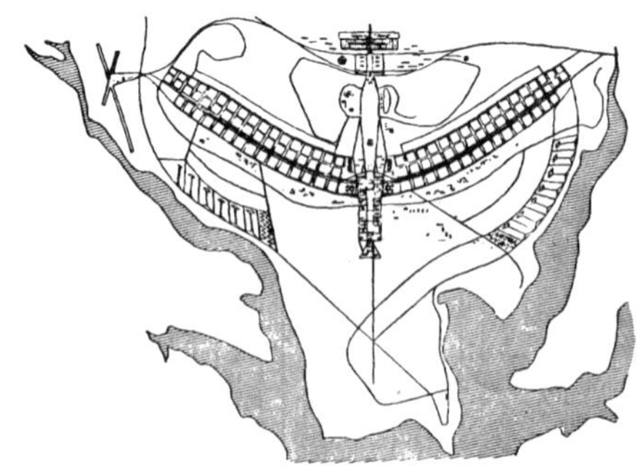

图 8 巴西利亚规划方案

1977年巴黎出现“国立蓬皮杜艺术文化中心”（Centre National d'Art et de Culture Georges Pompidou，图9）。1969年法国总理蓬皮杜设想在巴黎市中心建成一座富有生气的新闻艺术宝库，作为弹性容器，随需要而变换内容，供文化消费、社会消遣活动。1971年举办建筑方案国际竞赛。681件图纸来自71国；由英国、丹麦、巴西诸国建筑师组成评选委员会，并由法国建筑师充主任委员，结果是意大利人皮亚诺（Renzo Piano）与英国人罗杰斯（Richard Rogers）合作方案得头奖。1972年兴工，5年后完成。结构构造建材施工以及机电设备信息传递都是世界最先进的。

图9 巴黎蓬皮杜中心

规模可与蓬皮杜中心相抗衡的德黑兰国立巴列维图书馆建筑方案的国际竞赛，于1977年决定中选图样。由于伊朗政变，国王出走，工程迄未落实。1980年澳大利亚堪培拉议会大厦建筑方案竞赛由美国费城建筑师圭高拉（Romaldo Guirgola）的事务所得首奖，这座新建筑后期风格工程预计1987年完成。在中国，北京图书馆文津街新厦1926年由建筑方案竞赛得首奖的丹麦籍建筑师负责施工。1927年南京中山陵建筑工程通过方案竞赛由吕彦直得首奖，工程进行由他负责。

综观历次方案竞赛，论其成果，满意与失望各半。夙负盛名的建筑家未必中选，而初出茅庐者或竟后来居上。忠实地照任务书作合理布置也许被置任务书规定于不顾者所击败。偏锋直入比循规蹈矩的方案，其诱惑力有时大多了。这说明竞赛做法并不是使人满意的理想方式。佛罗伦萨大教堂工程是历史上十全十美不朽杰作。但那并非出于严格方案竞赛而是主要由一位专家排除众议，掌握力学分析，布置施工程序，预谋解决难题，积年累月，踵事增华而卒抵于成。如此个人际遇和不朽成就在建筑史上实不多见。

伦敦水晶宫方案的决定，只是出于无奈，非此莫属，但却获异常满意的结局。若不是由一园艺家偶作尝试与评选者孤注一掷，博览会场的着落，实难臆测。方案不出于建筑家而出于园艺家之手，是构筑物而非建筑，但也就是在这异乎正统的现象中，蕴藏未来的新建筑精神，如采用陈列架模数安排柱间尺寸，预制装配机械施工等，作为这竞赛的杰出成就，为20世纪建筑革新打下基础。

澳大利亚首都堪培拉规划逐步实施并取得如此美满效果，以致堪培拉人工湖改称格里芬湖，1975年堪培拉为格里芬纪念碑而举办设计方案竞赛，表明首都不忽视不忘却规划者的功绩。

《芝加哥论坛报》办公楼令人失望的方案竞赛，是典型的一例。最能体现“芝加哥学派”作风的格罗皮乌斯方案，响应沙利文晚期作品如卡森百货楼格架立面以及“芝加哥窗”；但这地方色彩与时代精神被评选者完全否定。这些人的落后观念和当时社会怀旧与浪漫思潮是分不开的，因此新建筑不在芝加哥而是再迟十年在费城首次出现（指费城储蓄社团银行1932年完工的办公楼）。值得一提的是，1922年的方案竞赛结果是如此令人泄气，以致1980年西欧有些建筑期刊登载《芝加哥论坛报》办公楼建筑第二次（假）方案竞赛设计图，表示为1922年竞赛结果翻案。

悉尼歌剧院方案竞赛以及工程进行经过，充满曲折坎坷。正是由于一系列出人意料的干扰与失望，最终才出现悉尼港内剧院壳顶清新活跃，生动惹人的效果。这压倒一切的成就，把缺点和反常现象都抵消了，若不是通过方案竞赛，也许得不到这意外收获。

至于巴黎蓬皮杜中心，则是文化艺术性建筑与设备的风格问题，也有不可避免的习惯势力。充满古典与折中主义石砌建筑的巴黎市区，突然出现钢架、玻璃、塑料与露天管网，这就引起与环境协调的问题。时代潮流逐渐促进市容的改变，是任何人力所阻挡不住的。这“中心”最初是由当时的总理（后又任总统）的蓬皮杜设想在巴黎市区建成一座展出现代艺术及图书阅览馆屋而开始的，这是为什么？他说，“因为我爱艺术，我爱巴黎，我爱法国。”这位教师出身的政治家，是现代艺术爱好者，1973 年访华时竟于百忙中抽空去山西大同看云冈石窟，说明他又欣赏古代美术。正是出于这原因，他才对即将出现于巴黎的大张旗鼓的现代钢架玻璃建筑处之泰然。但在他身后完工的这座“中心”，由继任总统德斯坦主持开幕，德斯坦是旧秩序的维护者，对传统巴黎美院一脉相传的石砌街景有深厚感情，两人的不同爱好，前后对市民的欣赏力施加影响，其结局只有让时间来提供证明。

（原文载于《建筑师》杂志第 7 期。）

巴洛克与洛可可

童　寯

巴洛克（Baroque）与洛可可（Rococo）同属西方建筑艺术流派。两派特点、时代和地区易被混淆。试为解说如次。

西方文艺复兴建筑始自公元15世纪20年代的意大利，到16世纪达鼎盛时期。但盛极必衰，到16世纪中叶就埋下巴洛克种子。巴洛克字义是“肉瘤”、“畸形”；西班牙文Barrueco指不正规的珍珠。16世纪初期的意大利是欧洲政治文化艺术蓬勃发展的地区，以罗马为中心。新大陆的发现，早已引起国际殖民通商的角逐，宗教改革有助于破除保守观念，科学数理发展，促进探索发明。另一方面，社会生活活动对比强烈，教会禁欲主义和统治阶层荒淫放纵同时并行，知识扩散但迷信犯罪仍未消除，豪贵和苦难势同水火，这就使受文化政治影响的建筑领域也失去了平衡。由维特鲁威（Marcus Vititruvius Pollio，公元前1世纪罗马建筑家，所奉行的严谨的古典建筑规律，到文艺复兴已令人望而生厌，遂在摸索新形式中，试图由呆板改趋活泼，由整齐变为参差，由平静感走向戏剧性。这就使建筑和结构脱节，公然藐视地心引力，把设计者诱进叛逆边缘。但巴洛克气魄还是魁伟堂皇，传统的直线改成曲线，富有刺激鼓舞作用甚至反抗精神；建筑造型发生明暗对比，加以罗马强烈的阳光照耀，更显得生动有力。在另一方面，巴洛克也被认为丑恶反常，尺度夸大，怪诞放肆，荒谬背理，形象构图往往造成不协调而成为嘲弄对象。但巴洛克却善于表现时代的扰攘错乱，独具兴奋紧张气氛，这是其特点。

巴洛克突出表现在天主堂建筑，因此又称耶稣会风格(Jesuit style)。外墙有时作波浪形，赋石料以弹性感，甚至被视为玄想与幻觉的实现（图1）。山花尖顶轮廓或被冲破，两脚弯成蜗卷，线脚粗重，柱身甚至扭为绳状，内部装璜多用雕像壁画，辅以绚丽粉饰；空间互相穿插，光线发生明暗变化，做法灵活新颖，打破清规戒律，横溢充沛活力，比呆板的文艺复兴式样新奇多了。但巴洛克使假象隐盖真实，用虚弱支承重负，究竟不能视为健全，更不用说是严谨正规的建筑形式，因而也遭遇讽嘲。

巴洛克风格多见于意大利豪华府第、园林别庄的亭馆喷泉，以至舞台布景；最主要还是宗教建筑。城市规划中一些特点，称为秩序空间，如环形广场、三合院广场、长方形及椭圆形广场，三条放射直线大道具有流动感和无限感，以及对景与空间变化，这些都是早期巴洛克特有的风格。但在平面布置上无视功能，漠视交通秩序，缺少私生活与服务房室，以及房间穿过一室到另一室，都是巴洛克的缺点。

图1 罗马圣卡罗教堂

巴洛克式首创于1568年。这年耶稣会在罗马建造了第一座教堂（图2），由文纽拉（Ciacomo-Vignola，1507—1573年）任主要设计工作并奠基施工，后又被他人接替。该教堂作为了耶稣会后来各教堂的蓝本。巴洛克风格从罗马波及意大利南北再到中欧北欧。17世纪欧洲雕刻绘画也沾染巴洛克作风。巴洛克被丘拉圭拉（Jose de Churriguera）由意大利引入西班牙后，又吸收由公元8世纪开始涌入的繁琐富丽的回教装饰，再和16世纪盛行的银匠式纹样Plateresque合流而放异彩。在西班牙美

图2 罗马第一座耶酥会教堂

洲殖民地如秘鲁、巴拉圭及哥伦比亚等地18世纪所建教堂因充满金碧装饰而演变为超巴洛克(Ultra- Baroque)。墨西哥更由于进行远东贸易，受进口磁器彩绘影响，在装饰上掺杂中国小品而滑到洛可可范畴。邻邦葡萄牙同时也自然巴洛克化，并把巴洛克传到中土，如明嘉靖末年(1565年)被葡所侵占的澳门，就有巴洛克建筑遗迹，即1602年完成的“大三巴”[1]教堂，经1835年火灾后，残壁依然屹立(图3)。这是西洋建筑在我国仅存最早遗迹。南京太平南路1913年所建石坊[2](图4)，是另一座巴洛克建筑。

17世纪的意大利是巴洛克的鼎盛时期，以伯尼尼(Giovanni Bernini，1598—1680年)与波洛米尼(Francesco Borromini，1599—1667年)为代表。巴洛克风格始自16世纪中叶。在法国由17世纪初到18世纪初一百年间最为流行。巴黎凡尔赛宫是其典型。但也正是在路易十四王朝期间，由于学院派清规戒律与专制宫廷严格朝仪，巴洛克气氛已被克制而变的平淡起来，只用为细部装饰，到18世纪50年代，就被路易十五（1715—1774年）王朝的洛可可式[3]所承替。

路易十四（1643—1715年）王朝肃穆的外表下暗藏着骄奢淫佚。王死以后，巴洛克迅即变为邪恶和反自然代词，嗣君稍较自由放任，以致路易十五王朝贵族久已

[1] 澳门“大三巴”教堂由耶稣会士神甫Carlo Spinola设计，工程全部于1687年完成。

[2] 南京太平南路蒋家节孝石坊，1967年拆毁，设计人不详。建前先由木工陈姓制成木模型。蒋家在沪宁一带有大量地产，与上海外商通和洋行常有来往。牌坊施工图样可能存于这家洋行地产部。

[3] 洛可可式创始人是勒包特尔(Pierre Lepautre)。其父名简（Jean Lepautre，1618—1682年）是巴洛克图案刻板家。

图3 澳门“大三巴”教堂

图4 南京太平南路石牌坊（1967年拆毁）

不问政治之后，专心致力美化生活，玩花弄鸟。自从17世纪中叶东方影响浸入欧洲，通过传教士介绍，法国王公尽情揣摸中国封建纨袴贵游起居习尚，饱经陶醉而生向往之情。因此洛可可在欧洲又称“中华装饰”(Chinese Decoration)。凡模仿中国文玩款式的装璜陈设，都呼为“中国小品”(Chinoiserie)，一时风气崇尚娇俏，以细巧取胜。洛可可字义是“石品”(Rocaille)或贝壳形装饰，犹如西方园庭假山洞所嵌贝壳，而这也正与中国湖石假山近似。东方浮糜奢华风气使欧洲时尚趋向谀媚圆滑。上层社会鄙视劳动，和群众隔离，与实际脱节，举止柔顺轻浮，陈设装璜妖娇回旋，风格有如陶瓷的脆薄，丝绸的闪耀。中国当时的工艺美术，也恰与法国洛可可式形成默契。东西对照，相映成趣。统治阶级终日委顿无聊，纵情闲荡，鼻烟窥镜，香水铅华，花边绉领，伪发假辫，因此洛可可也称假辫式，德国人则呼为“法兰西畸形”(Frenchgrotesque)。直条变为曲柳，室内墙面不分布古典柱式，而只用纤细线脚划隔池子（图5)，用平淡和谐色调代替形彩对比鲜明的装饰。在绘画方面，英、法画家也喜用细巧曲线；甚至奥地利的莫扎特音乐与德国的巴赫复音乐曲也富有洛可可情调。洛可可还泛滥到欧洲别墅亭馆建筑，尽量仿效中国风格，避用尖角，崇尚螺旋形，杂以花果贝壳，委曲婉蜒，毫无拘束。次要成为主流，重点降为从属，已超越合理规范。这就同样不能作为独立建筑形式看待，因而也无永恒价值。只能当作巴洛克变格或与之平行的副产品而列入细部装饰并最适合园林点缀。这也正是在意大利庄园中，巴洛克与洛可可竟能混成一体，相得益彰，甚至难以分辨的原因。

图5 巴黎一公馆室内装饰

17世纪初期，巴洛克已在英国盛行。至于洛可可，虽然在18世纪中叶流入英国，但并未广泛风行，而仅仅局限于糊墙纸与家具设计以及肯特经营的不规则庭园。糊墙纸本来就是中国货或模仿进口的产品，家具之称为“奇本特尔”[4]式，则是中国、法国作风与哥特式的混合体。

16世纪后期巴洛克流传到德国，尤其在南部天主教地区，用巴洛克掺入仍然流行的哥特式建筑当作装饰手段而产生一种独特风格。邻近的奥、匈两国也属于这一范畴。洛可可还伸展到捷克、波兰甚至沙俄。在中国则出现清乾隆间（1736—1795年）北京长春园洛可可式西洋楼[5]（图6）。东西方建筑本来具有基本差别，但在18世纪由于偶然巧合，加以中国造园艺术与洛可可装饰存在某种共同手法，欧、亚两建筑体系就共结姻缘，相互转化，形成世界建筑造园的一段奇观。洛可可式主要用在装饰方面，是富有表现力的抽像艺术。但由于材料细薄，易致损毁，并且历史时期很短，在建筑领域遗迹不如巴洛克式那么多。值得一提的是法国南锡城王宫广场[6]，这是建筑、绿化、雕刻、喷泉与金墨漆色的铁栅综合的洛可可形式，其中以铁栅（图7）最为人所艳称。

在时间上，巴洛克于文艺复兴末期出现，直到18世纪中叶（1570—1750年）衰落，风行不到二百年。洛可可只在路易十五王朝一现，到路易十六世就被新古典主义取代，为时不过40年左右。合计巴洛克、洛可可两期（1570—1780年）也只有二百年。就地区而言巴洛克起于罗马，洛可可源自巴黎，再由法国传到意大利和英、德诸国。吉迪翁（S.Giedion，《空间、时间与建筑》一书的著者）认为巴洛克只标志一个时代而不是风格。英国

[4]“奇本特尔”是伦敦一家具商店主人（Thomas Chippendale，1718—1779年）。

[5]北京长春园西洋建筑群以水法为主，由耶稣会士蒋友仁（P.Michael Benoist，1715—1774年，法国人）设计水法。建筑由意大利传教士郎世宁（F.Giussepe Castiglione，1688—1766年，如意馆画师）负责，辅以法国传教士王致诚（JeanDenis Attiret，1702—1768年）与波希米亚（今捷克）人耶稣会士艾启蒙（P.Schelbarth 1708—1782年）。

[6]法国南锡城（Nancy）广场1751—1755年建成。设计规划者是拉姆尔（Jean Lamour）。

图6 北京长春园西洋建筑谐奇趣水法

图7 法国南锡城王宫广场铁栅

人则把洛可可当作一种较活泼而自由的建筑形式，但不具时代意义。因此所有18世纪末晚期文艺复兴甚至新古典建筑都被划入巴洛克范畴。广义的巴洛克由18世纪末开始，包括文学、哲学、思想作风，甚至人格与道德规律。19世纪初，历史学家将德国巴洛克与德国洛可可混为一谈，迟至1840年在德国仍有被称为巴洛克的作品出现。事实上，巴洛克与洛可可两词都是19世纪历史学家所拟订，时代已失决定涵义。

图8 西柏林会议厅

图9 法国朗香教堂

自从意大利庞贝罗马古城在18世纪中叶开始发掘，继以有关雅典遗迹诸著作出版以后，人们对古希腊罗马文化产生新认识，遂掀起欣赏与研究热潮，再加对建筑功能逐渐重视，巴洛克余波洛可可就在本来并不稳重的基础上坠毁了。但巴洛克与洛可可仍然在19世纪折中主义建筑中偶然出现；甚至在今天浪漫作风的薄壳和抽象造型（图8、图9、图10）还被称为“现代巴洛克”，在西方新造小型园林中，也可看到洛可可形式。巴西画师造园家马尔克斯（Roberto Burle Marx，1909—　）于1934年首次尝试用不同色调植物组成抽象图案，作为富有曲线流动感的立体绘画式花园（图11），称为现代洛可可。

图10 纽约环球航空公司薄壳候机厅

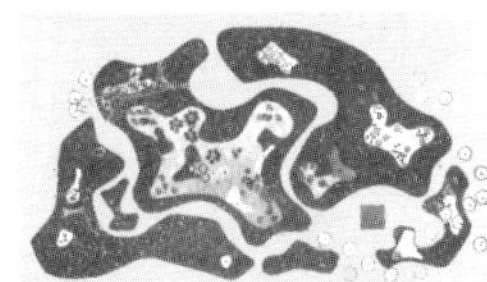

图11 马尔克斯抽象造园平面

（原文载于《建筑师》杂志第9期。）

·名人语录·

任何国家，只要看他的建筑，就可以评估其真实价值(Respecting any nation,show me its architecture, and I shall be able to appreciate it at its true worth)。

——勒杜克（V.Le Duc）

建筑科技沿革

童 寯

前言

1. 本文于建筑三要素中，主要在“坚固”上立论，叙述西方对这一目的追求的长远历史过程，以达到今天作为建筑工程结构计算专业的高度科学水平。但这科学还不是完美无缺，而尚待不断努力改进。某些结构类型仍然得不到精确计算法，例如有些薄壳，就有人宁愿靠模型试验或用“近似法”解决。

2. 建筑设计、结构、设备三专业今天在推陈出新和日益进展趋势中，早已不可能由一人全面掌握而只得各专一门；但专业之间还须彼此了解，互相重视并合作；相轻甚至敌视是错误的而只能对建设事业不利。

3. 对结构专业来说，并不要求在建筑设计上具有一定水平，主要是必须考虑承重系统稳定性和经济性，以及提出结构多方案比较，然后进行计算。至于设计专业者，最好在开始布置空间时就和结构计算人取得一致意见，以便在方案上标明承重构件的合理分布（西方学院派建筑设计把在图案上画出的承重墙厚薄和支柱粗细用以表达负荷重量的多少，称为 poché，作为结构基本概念的训练），为结构计算工作铺平道路；虽然并不要求自己也能作计算，但简单结构计算能力还是必需的，了解结构计算科学的历史发展过程也是有益的。

4. 近、现代发展的结构学纯属西方文化。中、西方建筑自古就分属两系统：西方的砖石承重结构和中国的木架（具有“墙倒屋不塌”的特点）结构，而中国木结构规格和造型且一直持续到现代而又很早就影响日本、朝鲜和越南。这富有保守性的东方文化，其中一些还有必要作为历史文物来保存。宋李明仲（诫，1064?—1160年）于1103年编印的《营造法式》，更是继公元前1世纪罗马维特鲁威所著《建筑十书》之后最早关于建筑的经典（公元前4世纪《周礼》的《考工记》是我国最早的工书，宋初喻皓《木经》失传）。西方建筑不断随时代而演变，形式丰富多彩，材料也较耐久；结构方式则由最初的承重墙演进为19世纪的钢铁框架和钢筋混凝土框架，最近更进而探索材料强度高和自重小，使其比值不断上升，而出现多样新型结构，这对节约资源也起到一定作用。西方社会尤其工业先进国家是历史上建筑材料最大的浪费者。人们终于开始用负责的态度正视资源节约的问题。

5. 关于安全使用建筑物，如防火、防人为破坏、噪声干扰和热工等问题，主要牵涉到法定规章制度和设计布置与工程用料，在科技计算中不占建筑学和结构学主要地位，因而从略。

（一）

作为物质存在，建筑和其他物体有根本的差别，因为：建筑与生活有密切联系又受工程法则制约，是科学结合社会学的产物；建筑是为迎合一定使用要求而兴造的，且受人力物力限制，而不可能由工程家、艺术家独立完成；自然和人为条件对建筑要求是严苛的，如地质、气候、材料、荷载等有关力学以及许多科技的问题，都须按照一定规律处理。西方建筑一系列历史实例都证明了这些论点。不然的话，人们就要接受不适用、不安全甚至更坏的后果。

公元前1世纪罗马建筑家维特鲁威（Marcus Vitruvius Pollio）在所著《建筑十书》一书中，把建筑三要素说成是“坚固、适用、美观”。坚固问题被提到首位，可见当时对安全的重视。远在4000年前，巴比伦就有建筑保固的法典[1]。这些切身利益问题迫使人们在谋求建筑的坚固可靠的不断努力中，积累经验，逐渐改进。埃及石庙（图1）柱距由于保证石梁安全，净跨仅有柱径一倍半，最多只长达7m。从公元前7世纪到2世纪，希腊神庙陶立克石柱逐步向细高发展，达到既能负重，又保持完善比例权衡的坚固美观效果[2]，以公元前483年完成的雅典神庙帕提农（Parthenon）为代表作（图2）。负责这项工程的是伊克提那斯（Ictinus）和卡里克拉特斯（Callicrates）两人，再加雕刻家菲迪雅斯（Pheidias公元前500—431年）。

[1]1902年发现的巴比伦王哈木拉比（Hammurabi，公元前2067—2025年）法典规定筑屋者如因工程不坚固而致主人于死地，应被处死刑；如致屋主人之子于死，则处其子死刑。

[2]但用现代标准衡量，希腊陶立克式石柱安全系数是30，比今天采用的大10倍。

图1 埃及卡纳克神庙

公元1世纪前后是罗马帝国的极盛时期，奥古斯都大帝（Octavius Augustus，公元前63年—公元14年）自夸要把砖筑的罗马变成大理石的罗马。这时罗马工程技术的先进水平，史无前例；公路桥梁以外，还出现了很多新型建筑如浴场和斗兽场（图3、图4），空间高大，

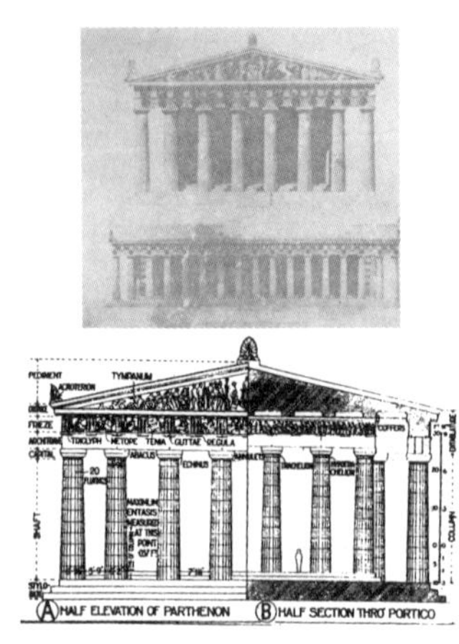

图2 希腊帕提农神庙

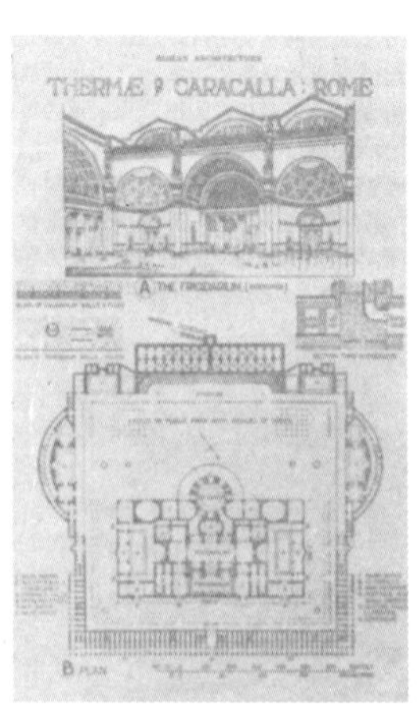

图3 罗马卡瑞卡拉大浴场

图4 罗马大斗兽场

交通线复杂，以致简单的梁、柱结构无法解决要求。善于处理实际问题的罗马劳动人民，创制混凝土[3]，捣在木模或砖范之内，用以填充大跨的厚券和穹窿，以达到节约石料和承受推力的目的。公庭（Basilica）屋顶木架跨度最长达24m[4]。罗马万神庙（Pantheon）于公元124年完工，大圆顶直径43.4m（图5），达到空前大跨，首次取得给人以空间感受手段，用卧砖圈砌分层上升到顶，不靠模板支撑，这说明罗马在建筑技术和艺术上首次攀登上历史高峰。为了适应缺乏技巧的奴隶操作水平，建筑的体型力求简化，以便于施工。大量生产的混凝土就成为经济又方便的材料。

主持建筑工程的人，在古埃及占据很高权位，号称“王家工程总管”，有的甚至死后封神。罗马帝国著名工程的监造人是政府委派的检查官，这些官吏并没有工程知识，所依赖的技术人员，是来自希腊或受过专业训练的奴隶。建筑物名称往往用倡议建筑的或负责筹款人某某姓名作为纪念，既不记载设计人是谁，也不用“建筑师”这一称号[5]，直到中古时代还应用所谓“师傅”（Magister）这词，作为管理工地和解决技术问题的负责人。他不但要考虑到建筑的使用要求，又要在施工过程中诸如在拱券或穹窿开始上升之前，指挥模板的安放，决定尺寸，甚至有时因穹券塌陷而须返工。他还要设法使建筑物显得宏伟壮观；再进一步美化，便要求文化水平高的希腊奴隶用大理石板或粉垩敷面，作为艺术处理。罗马建筑结构造型不仅是帝国全境典范，而且直到19世纪中叶仍被奉为西方建筑的正统形式；平面布置初次强调轴线对称，空间处理和结构造型是亘古未见的。遗憾的是有些细部不免粗糙；如果能进一步而达到希腊建筑审美标准，那就除20世纪以外，独一无二了。

东罗马帝国建都拜占廷［Byzantium，公元前7世纪希腊所拓殖，公元4世纪由罗马人建都称君士坦丁堡

图5 罗马万神庙

[3] 罗马帝国时代所用混凝土成分是石灰拌合碎石加火山灰粉，今天混凝土中的水泥是英国人于1824年发明的“波特兰”水泥（Portland Cement）。

[4] 指罗马图拉真集场（Forum of Trajan）中的乌尔比亚公庭（Basilica of Ulpia）人字木屋架跨度24米（石桥拱跨只大到18米）。广场上的图拉真纪功柱石刻多脑河木桥有人字架，说明劳动人民已认识到三角形在桥架上的力学作用。维特鲁威书中第4章第2节提到斜椽与系梁（Tiebeam）是桥梁萌芽，为大跨度提供基础，发展到文艺复兴时期由帕拉第奥（Ardrea Palladio，1518—1580年）改进完善促使解决了意大利各剧院大空间屋顶结构。到19世纪由于工业交通建设的需要，进一步加大屋架跨度，出现了多类型钢铁桁架。希腊和中国古典建筑都未曾利用三角形在屋架上的作用。中国屋顶木举架始终只发挥梁的效能，因而使木构件截面粗大浪费，且跨度有限。山西五台山佛光

(Constantinople)，1453年被回教徒攻占，作为帝国首都，1925年改名为伊斯坦布尔(Istanbul)]，在建筑上基本承袭西罗马。最著称的为圣智殿大教堂(Hagia Sophia[6]，图6)，负责建筑的是两名西亚人：安提莫（Anthemius di Tralles）和伊苏道录(Isodorus di Miletus)。直径32.6米大圆顶用西亚传统做法，是薄砖分圈砌升，不施模板，只用6年功夫，于公元537年完工。20年后圆顶塌下，重修时增加矢高以减推力，但到10世纪和14世纪再维修两次，终于在15世纪又部分塌陷而再次重建。鉴于建筑事故，东罗马帝国自从9世纪起，就制定法规：修建石墙、石穹顶应保固十年，如果塌陷，由承造人负责重建。圣智殿圆顶不用西罗马万神庙坐在一圈圆墙上的做法[7]，而仅仅由立在四角的方礅承重。由于无偿的奴隶劳动再也得不到，因此有节约人力物力的必要，采取这样的承重方式可以起到既节省石料、减轻自重，又解放空间的作用。圆顶前后又各由半圆顶扶靠，以抵挡推力，从圆顶落到四角，由圆变方，是通过新创的穹隅（Pendentives）作为过渡；礅的截面也缩到最小限度。虽然教堂面积大到5000m²，但只有12个支点，一扫西罗马庞大笨重的支承体系。仰望圆顶底周的四十个小天窗凌空闪耀，当时一史学家[8]目击这一绚丽气象而称之为有如由垂练悬自太空。尽管今天看来，局部尺寸有欠准确，又因年久而多处变形，但仍不失为艺术结合工程技术的圆满成功而被列为世界七奇之一[9]，这标志着建筑史上又一个高峰。无怪大教堂落成时，倡仪筑殿的东罗马皇帝贾斯堤尼（Justinian）入殿即跪地宣称，他胜过所

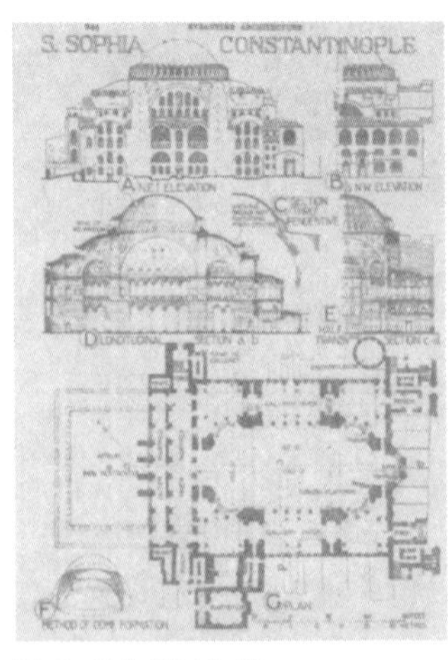

图6 拜占廷圣智殿

寺大殿和文殊殿屋顶举架，上半部由两叉手与平梁构成三角形，被认为“略如近代Truss”（《中国营造学社汇刊》七卷一、二期及《ASIA》1941年7月，兼参照《营造法式》“大木作”插图）。但须指出，这三角形“桁架”的三个节点未加固定措施，不是刚性，因而缺乏受拉受压分工，不能算作桁架结构。实际上仍由举架下半部“四椽栿”（大梁）支撑屋顶。

[5]“建筑师”希腊文为Architekton，拉丁文为Architectus。字分前后两半：前半意为“主持人”，后半是“木工”，即“木工主持者”，说明希腊石庙是由原先木结构演变来的。“建筑”这词在日本最早见于1862年《英和辞书》，以后被我国采用。

[6]公元1453年君士坦丁堡被回教徒攻陷后，大教堂改为礼拜寺，直到1935年才作为博物馆公开展览。

[7]也有这种说法：万神庙圆墙由八处凹室所挖空，因而实际上是八组支柱。但要指出，这些支柱不是各自独立，而是连成一气，由殿外墙看，是混然一体的圆墙。

[8]普罗科皮亚斯（Procopius，490？—562年?），拜占廷史学家。

[9]世界七奇有前后期两表。后期有中国长城和南京琉璃塔，意大利罗马圆形竞技场(Colosseum）和比萨斜塔，埃及亚历山大港的窖墓(Catacombs)，英国的石环廊（Stonehenge)，君士坦丁堡的圣智殿大教堂。

[10]所罗门王(Solomon)即

罗门王[10]，以表达其踌躇满志。

建筑的演变，随社会进步而改善提高。由于奴隶的消失而为了更有效节约材料和人工，石块逐渐改小，以便于搬运和操作而又在铺砌时富有伸缩性，还有更经济的做法是砌砖填缝，用石贴面[11]；砖用石灰砂浆粘着，砂浆厚度有时甚至超过砖厚。建筑体型也由沉重变为轻巧，被有弹性感和借助于平衡力[12]的灵活性结构所代替。结果是从12世纪开始的哥特式（Gothic）建筑[13]首先在法国出现。英国文学家拉斯金 （John Ruskin，1819—1900年）是哥特式的热爱者和吹捧者，说："罗马神庙是奴隶所造，而哥特教堂则是自由瓦匠所建成。"正是自由意志的表现，才使哥特式教堂脱离静止呆板的罗马造型而演变成一种富有活力的新颖生动结构。空间大了但用料减少，这在建筑史上又出现了一次高峰。哥特式一反埃及神庙在容积上实多于虚，而改为虚多于实[14]；既追求支柱间最大跨度，又使支柱数量减少。这些改进不是来自当时工作者的科学分析，而只不过根据直觉和经验，比如采用尖顶拱券以减少推力，靠穹面、肋拱加飞扶垛（Flying Buttress）构成大空间，把穹厚与飞扶垛通过12到14世纪的经验逐渐改薄改细，墙壁省无可省，把全部荷载集中于一些石柱，这和现代结构精神已经相似；由石壳和肋组成的穹顶重量，通过拱券和石礅下达基础；肋拱推力由露在教堂外侧的飞扶垛所吸收；飞扶垛上面再借尖塔的重压以增加垛的稳定。教堂外周几乎全是彩色玻璃窗（Stained Glass Windaws），光怪陆离，通过明亮的天空和阳光的透射，为宗教信徒提供无限神秘感。彩色玻璃画面描绘了圣经故事和雕刻的圣徒石像，都有助于向中古时代不识字群众宣传迷信，使教堂起到了图书馆和教室的作用，是极有实效的艺术装饰。

哥特式建筑在逐步摸索过程中，也常遇到挫折。在科学尚未发达时期，结构效果无法预先计算，因而在追

位于公元前974年，是宫殿庙宇城市有名的建设者，曾建造"所罗门庙"等。

[11] 君士坦丁堡圣智殿、威尼斯圣马可大教堂（1071年完成）、米兰大教堂（1485年完成），都是砖砌，外包大理石。

[12] 事实上，结构的平衡原则在后期"似罗马"（Romanesque）建筑（10—12世纪）已开始试用。

[13] 哥特式建筑字源来自"Goth"民族名称。这民族作为条顿族分支从公元3世纪起征服南欧大部分，并于5世纪推翻西罗马帝国而统治意大利一个时期，被当地居民看成是没有文化只会掠夺的民族，因而也是背叛罗马传统建筑的哥特式创始者的同路人。英国文艺复兴建筑家自封为帕拉第奥的正统继承者而对英法从12世纪以后风行的建筑讽以最初由拉斐尔（Raphael Sanzio，1483—1520年）提出的Gothic Architecture一词，十足表现出文化"沙文"思想。事实上哥特式建筑作为先进事物而遭轻蔑或反对是历史规律，和Goth民族无任何联系。最近，英籍德人裴弗斯诺尔（Nicolaus Pevsner）的说法是，哥特式建筑始自英国达拉谟城（Durham）大教堂，建筑年代是1128—1133年。而弗莱彻（Fletcher）的《建筑史比较法》指明这教堂正厅穹肋是1128—1133年间完成的，此前建成的石柱则是诺曼时代遗物，而不能算入哥特时代，因此纯哥特式应以巴黎北郊圣丹尼教

堂（1132—1144年）为最早，是天主教士苏杰（Abbe Suger，1081—1151年）所始创的建筑风格。

[14] 支柱截面总和与建筑物内部面积之比，埃及神庙为1∶3～1∶8，哥特式教堂为1∶10，伦敦水晶宫为1∶1000。

[15] 英国教堂钟塔如格洛斯特（Gloucester）在11世纪末，文契斯特（Winchester）在1107年，乌斯特（Worcester）在1175年，伊来（Ely）在1321年，都曾倒塌一次。

[16] 比萨斜塔（Leaning Tower）由皮沙诺（Bonnano Pisano）设计，白大理石造，8层高，圆形。

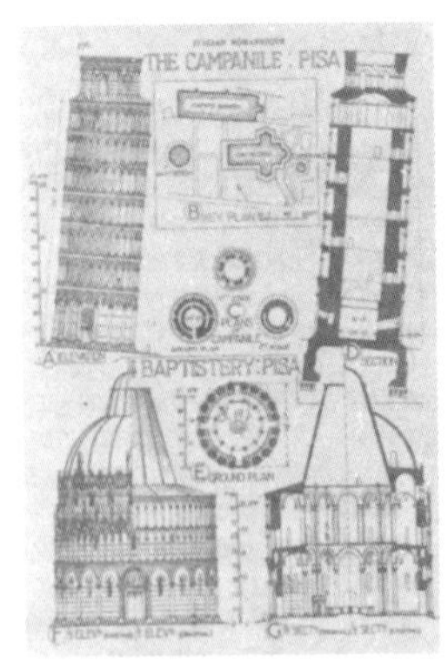

图7 比萨斜塔

求高广空间和轻灵体型愿望之下，构件失之过小或跨度太大，以致经常发生事故。最突出的一例是法国博威城（Beauvais）大教堂穹顶于1225年兴工后就塌陷两次，最后将承重石礅截面放大一倍，又将正厅跨度缩小，才保证了安全，这时距始建后已70多年。它是当时正厅最高大的教堂，但全部工程，仍有一半尚待完成，今天依然可以看到正厅有大量铁条横穿礅顶，连系拉紧以取得稳定。这教堂的尖塔也在16世纪倒塌，还有欧洲别处钟塔倒塌[15]。意大利比萨城（Pisa）的斜塔[16]（图7）于公元1174年兴工，上升到第三层就开始倾斜，1350年完工以后，每十年继续倾斜7厘米，1960年起倾斜率加倍，问题不是出自塔的结构，而是土壤含水量的差异，导致不均匀沉陷：含水量偏高的一边基础下降较少，而使塔向相对方向倾斜；这道理即使当时被认识到也是无法解决的难题。虽然由于倾斜而使这塔博得"世界七奇"之一的称号并吸引了无数好奇的旅游观众，但据推算，到今后二百年那时，将由于倾斜超过力学极限而致倒塌。今天有许多土壤力学（Soil Mechanics）专家推荐各种方案，不是将塔扶正而是使其稳定在目前的斜度。方案不外乎通过物理或化学方法处理土壤，控制含水量，使塔基停止不均匀沉陷而永远保持稳定。威尼斯圣马可广场图书馆，1536年兴工，设计人桑索维诺（Jacopo Sansovino，1486—1570年）由于穹顶在施工时塌下而被判徒刑；广场钟塔从9世纪建成后共重修4次，1902年第4次最后倒塌，1905年加固基础后照原样重建。中古时代的工程知识，全来自大胆探索，难免发生事故，在付出代价的同时，持续积累了劳动人民的实践经验，一步一步改进。

社会向前发展使建筑科学不停地提高。往昔的因袭前例，乞灵于迷信和教条，或借助于分析建筑画面比例以预卜安全都是不可靠的。直到12世纪中叶以后，主持教堂工程的僧侣，才感到再也不能自以为是，而被迫于开始建新教堂时把工程技术决定权交给工地劳动群众的主要负责人，因而“建筑师”这个词在文艺复兴时期初次被公认[17]。15世纪意大利建筑家阿尔伯蒂（Leon Battista Alberti，1404—1472年）著《厦经》（De Re Aedificatoria）十卷，在书中分述设计理论和结构构造。自15世纪建筑被当作纯艺术以后，把建筑艺术和技术当作两门专业，这是第一次。在实践中，阿尔伯蒂把结构从设计构图中分出来；他认为构图属于视觉领域因而属于形而上学，是精神性的，也就可以制约结构。结构虽然决定建筑骨架，但究竟属于物质而退居次要地位，甚至可以接受装饰的掩盖以及从事伪装。这种唯心观点给文艺复兴建筑哲学以致命危害。

西方人类思想自从由神权解放出来以后，开始追求客观真理，导致数理知识加速发展而日新月异。恩格斯说：“真正的自然科学从15世纪后半叶开始。”正是在这时，意大利的达·芬奇（Leonardo da Vinci，1452—1519年）首先作静力研究，在笔记本中留下了很多资料。一百多年后，伽利略（Galieleo Galilei，1564—1642年）通过直接观察和实验，从比萨斜塔投下坠体观察落体运动。还探讨梁弯曲率，并首创“弯矩”（Moment）一词，又研究材料力学，所著《力学》（Mechanics）一书于死后出版。早在希腊古代，就由亚里士多德（Aristotle，公元前384—322年）和以后一些哲学家提出杠杆理论和地心引力学说，作为力学研究发展的开始。意大利科学研究思潮不可避免地冲向北方。荷兰人史蒂文（Simon Stevin，1548—1620年）是图式力学创始者。“虎克定律”在1678年由一英国人所制定[18]。另一英国人牛顿（Isaac Newton，1642—1727年）发现“三定律”和微分数学以及物质变化规律，这些都关系到应力计算。工程科学从公元13世纪起，出现结构分析萌芽，至文艺复兴时期转到静力和弯曲问题，为材料力学提供理论根据，但这都不属于工程营造家所掌握

[17] 意大利人帕拉第奥在Vicenza城设计建造凉廊，于拱券下刻自己姓名并附加“建筑师”（Architetto）头衔，以后便惯用下来。

[18] 英国人虎克（Robert Hooke，1635—1703年）制定“虎克定律”（Hooke's Law）：“应力与应变成正比”（Ot Tensio Sic Vis）。

的领域，而只是自然科学界的研究项目。在16世纪，工程家和建筑家没什么区别。当时设计建筑的人并不研讨力学或材料性能，仅仅利用数学作为探索图案比例谐调的工具。力学理论的最后穷究以至计算还有待于18世纪的法国科学工作者来发展。

建筑师自从文艺复兴以后，变成了精神贵族，作品都具有个人的特殊风格，以至凡属驰名的建筑物其设计人都可被人辨认出来。这时期建筑师所最关心的是建筑外观权衡尺度；艺术性放在第一位，科学只用在处理构图法则。建筑工作者顽固地持艺术观点而不是科学观点。由哥特式时代到16世纪下半叶，主持工程技术的人是艺术家而不是科学家。有名的建筑师如伯拉孟特（Donato d'Angell Lazzari Bramante，1444—1514年），由于过分重视艺术而在结构上失败不止一次。最显著的一例是他督造的罗马圣彼得大教堂支承圆顶的石礅，不得不由他的继任者把尺寸放大并加固基础，因此他博得“事故大师”（Maestro Ruinantc）之诮。例外的倒是他的前辈布鲁诺赖斯基（Filippo Brunclleschi，1377—1446年），作为文艺复兴初期风格创始人，他既长于建筑理论和数学，使其为建筑工程服务，而又在技术上有独特贡献，佛罗伦萨大教堂八角形大圆顶是他的卓越成就[19]（图8a、b）。和他相比之下，以后的文艺复兴建筑家倒退了。

[19] 佛罗伦萨大教堂八角圆尖顶是布鲁乃列斯基杰作（施工时间为1420—1439年）。由于顶的42米跨度离地55米高，无法取得足够木材搭设模架，八角而非圆顶也史无前例，他独创用八根石肋镶嵌双层石壳，在升高过程中递减厚度，壳是楔形石块，接榫密合，底圈并由铁箍木楔连紧，以抵消支力。

1614年首次由英国人纳皮尔（John Napier，1550—

a.平、剖面

b.鸟瞰

图8 佛罗伦萨大教堂

1617年）刊印对数表。随后，材料试验工作逐渐在法国展开。1626年莫尔森（Marin Morsenne，1588—1648年）试验木材，金属、玻璃压力和拉力；1670年起，又由马里奥特（Edme Mariotte，1620—1684年）做同样试验，为材料强度理论树立基础，马里奥特还从事弯曲理论研究；1707年巴浪特（Parent，1666—1716年]发表《弯曲试验结果并列数表》；卜芳伯爵（Comte de Buffon，1707—1788年）作铁棒、木梁试验，首先发现木梁长度和截面高、宽尺寸对强度极限的比例。1729年荷兰物理学家莫森布鲁克（Musschenbrock，1692—1761年）刊行木材玻璃金属的拉力压力弯曲力试验强度极限表。

18世纪下半叶工程师们开始打下真正的工程科学和现代土木工程计算的根基。首次用科学态度处理建筑结构问题是在1742年。这年罗马教皇本笃十四世(Benedict XIV）下令检查圣彼得大教堂圆顶开裂原因并提供修理方案。奉派的三名科学家先测绘教堂尺寸，记录历次裂缝变化情况，然后计算圆顶重量和推力。由结构分析得出的结论是：开裂原因不是由于承重石礅或基础薄弱而是由于圆顶铁箍变形。原有的三道铁箍已经抵挡不住推力，因此建议再加铁箍五圈[20]。这项决定是根据安全系数为2的设想。但奇怪的是，对这样以数学力学为依据的处理方式，守旧习惯势力抱有反感。有的说："如果设计圣彼得大教堂圆顶时没援用数理，那么，修理时自然也同样用不着数学家。"不管怎样说，什么也抹煞不了这次处理大圆顶问题的方式具有土木工程界划时代意义。一个结构系统的稳固可靠再也不能专凭经验来判断，而必须根据科学研究下结论。从此以后，对工程技术从感性进入理性认识，唯物观点开始占重要地位，结构尺寸只能通过力学计算决定；这就扎下工程科学坚固的不拔之根并确立了土木工程工作者无可争论的地位，而在建筑结构方面迈进了一大步。

[20] 大教堂圆顶设计人米开朗琪罗（Michelangelo Buonaroti，1475—1564年）并没有考虑有加铁箍的必要。圆顶在他死后施工，由戴拉波塔（Giacomo della Porta，1537—1602年）和芳塔那(Domenico Fontana，1543—1607年）负责。圆顶完成后发生裂纹，加3圈铁箍补救。1743年由建筑师万威泰里(Luigo Vanvitelli，1700—1773）再加铁箍5圈，因此到今天先后共8圈。

（二）

16世纪欧洲科学家互通声气，官方也组成权威机构，树立标准，制定规章。1600年罗马成立学院院士会。英国1666年成立皇家学会。过一年法国成立科学院，1720年组成桥梁公路工程队，并于1747年设桥梁公路学院。这是都为了谋求工程学术的独立，也同时标志着培养结构计算教学部门而和建筑设计分立开来。“工程师”（Engineer）这词在英、法、意、德等国本来用作对战争武器和碉堡督造者的称号。15世纪以后其意义扩大。现代所称“土木工程师”（Civil Engineer）来自法语Genie，意即“巧人”[21]。他既和军事有牵连，也在民用工程范围内服务。但即使在这时，结构方式的制定者仍然不自认为是工程师而只是自然哲学家。

材料试验早在文艺复兴时期已由达·芬奇开端，系统材料力学试验到17世纪才展开，用足尺模型。18世纪的西方工业革命，促使科技飞快进步，引起人口激增和生活上大幅度变化，对建筑事业的要求也就更广泛更严格，并使建筑和科学的关系更加紧密。应时兴起的法国结构理论家库伦（Cbarles Augustin de Coulomb，1736—1806年）通过实验，完成比伽利略更精确的梁弯曲理论，再加上他1773年的圆拱理论，为19世纪结构学打下根基。他首次把静力当作一门科学来处理实际需要，又是土壤力学的创始人。比他晚一辈的奈维尔（Claude Louis Marie Henri Navier，1785—1836年），研究材料力学和结构分析，1820年发表梁应力公式，1825年作出门架分析。他在桥梁公路学院教课时所编的材料力学和结构分析讲稿已经具备现代工程的科学内容，而使他成为土木工程师的先驱人物。在英国，托马斯·杨，（Thomas Young，1773—1829年）于1807年发表“杨氏模量”（Young's Modulus）。1824年蔡得固（Thomas Tredgold，1788—1829年）作

[21] 我国东北地区在本世纪初称修理枪械、钟表的人为“巧匠”；西方从12世纪起把Genie一词用于掌握战争攻守技术的人。15世纪建桥梁和开运河的人自称为工程师。现代土木工程师（Ingenieur Civil）名称始自法王路易十四时代，主持军事城塞工程。我国战国时期，鲁公输般曾“为楚设机，将以攻宋”（《国策宋策》）。罗马维特鲁威在《建筑十书》最后一章中，几乎有一半是论述攻守器械，自古以来建筑工程家就为战争服务。日本于明治初年（1870前后），出现土木工程一词。我国1895年在北洋大学开始创办土木系。

生铁和其他金属强度试验。1830年后，由于架通铁路而须造铁桥，生铁和熟铁[22]性能的测定更加需要。英国根据实验结果于1842年公布对应力和安全系数的规定。1840年英国开始在大学设土木专业。18世纪末，1787年出现机轧铁条，1831年辗出角铁。英、法两国铁厂随即大量生产型铁供建设桥梁和工厂以及装配公共建筑大跨铁桁架使用。铁料价格在当时比木材低廉，又能防火，架设便捷，截面小，这些都是优点。首先在建设工程上用铁料的是英国。1779年达贝（Abrahm Darby）完成塞沃恩河（Severn）30米跨度生铁拱架桥；随之在英国本土与欧陆出现铁造桥梁与大跨屋架和穹顶。自古用石券做桥的方式到塞沃恩河铁桥而打破传统。1883年纽约建成布鲁克林钢制悬索吊桥，487米跨度占当时世界第一位。以后各地出现了一系列钢缆长跨吊桥，在造桥技术上开始了进一步的革命。1900年梅拉德（Robert Maillart，1872—1940年）在瑞士设计了一些桥梁，无梁无柱，专用钢筋混凝土做薄板拱与薄板礅（图9），既具有内在艺术特色又异常经济，只是跨度受一定限制。1978年美国出现更革命的桥梁设计。在加州奥伯恩镇（Auburn）即将于1981年完成的水坝附近石壁夹谷中建桥的15个方案中，于选址所处极不寻常条件下，如水深137米，跨度396米，使吊桥塔架做法被排除了。桥礅难以施工，使桁架结构成为不可能，拱架也不现实。这时得到一个破天荒的建议：无礅无梁无拱钢缆斜拉

[22] 西方在18、19两个世纪称熟铁为钢。我国宋朝沈括（1031—1095年）于所著《梦溪笔谈》中提到“锻精铁百余次便成为钢”，也把熟铁作为钢。我国学者对钢铁的认识比西方早六、七百年。

图9 梅拉德设计的瑞士莱因河钢筋混凝土拱桥

图10 美国加州奥伯恩钢缆斜拉桥

桥（图10）由于衔接两岸公路线，为避免凿洞耗资，又须配合转车半径，而把桥面弯成弧形。桥面可用钢结构或钢筋混凝土结构，由很多条组成四束的、生根在两岸石壁面上的高强度钢缆拉稳，石壁就是桥礅。摆成双曲面的钢缆产生一列拉力使桥面受压，缆的垂直力和桥重量平衡。桥面通双向车辆，还有人行路与走马小道。钢缆并采取抗震防火措施。这个经济而又不太干扰自然环境的方案是由预应力专家林同[23]与SOM建筑事务所成员高尔斯密（Myron Goldsmith）联合提出的。

披挂钢缆吊桥塔架，如布鲁克林吊桥还丢不掉石砌传统。1926年完成的费城德拉瓦河（Delaware）吊桥，就暴露着钢塔，为以后吊桥树立了榜样。在建筑上，由于惯用木、石的历史因素，即使面对铁制构塔，还是固守陈旧的构图观点而给包一层传统形式的外衣，掩盖了早已掌握新材料新技术的结构计算家所决定的体型，成为不是骨和肉的结合而是表面伪装的赝品。设计和结构的内外失调产生了矛盾，使自从16世纪就分立的两专业越发难于合拢，到巴黎桥梁公路学院成立便蓄意加以划分。1794年巴黎又开办工科大学，就更明显地肯定科技的独立性。而同时改组的巴黎国立高等艺术学院[24]，继1671年诞生的建筑学院同样过分强调艺术修养，完全忽视甚至鄙视力学和工程结构，以至进入19世纪而趋向极端。当重视新生事物工程技术的建筑家勒·杜克（Viollet Le-Duc，1814—1879年）被委派作为国立高等艺术学院院长时，学生竟罢课反对，充分暴露文艺复兴遗留下来的保守落后的建筑教育传统[25]。某些蔑视科技的人认为繁复数学计算、分数、方根等对建筑工程并非必需，英国的蔡得固甚至在他1822年出版的《关于生铁和其他金属的实用论述》一书中竟说："建筑物的坚固程度和构筑的科技水平成反比"，而他本人却是一个出色的科技工作者！这只能归咎于当时难以扭转的学术风气。尽管如此，

[23] 林同棪（T.Y.Lin，1912—）于20世纪30年代毕业于唐山交大，随去美国加州大学进修，回国后任成渝铁路、叙昆铁路总工程师，1945年再去美国定居，在加州大学任教。曾代表美国出席世界预应力协会会议。

[24] 1617年法国考勒伯尔创设王家建筑学院，1793年改为国立高等艺术学院[Ecole Nationale Superior des Beaux-Arts（ENSBA）]。1830年改组为一直到20世纪60年代的高等艺术学院，分建筑、雕刻、绘画、雕版四专业。

[25] 这场风波之后，20世纪初，当某一教师缺课而请一位巴黎地下铁道工程师代课时，宣布要讲授新事物钢筋混凝土，学生大哗，认为把他们当作工匠，是一种污辱；最后由这工程师改讲古建筑圆场。

在把建筑教育密封在象牙之塔的法国，究竟感到工业和科学发展的形势逼人，而设立工科大学，本来就是企图用科学协调艺术。无奈学院派势力如此强大，以至仅仅一所工科大学无法改变习惯趋势。建筑专业培养方向以及建筑设计和工程分立问题与相互关系，是这时期迫切需要解决的争论焦点。事实上，1716年法国所设桥路局的主管人本是建筑师，说明桥路属建筑领域。还有，桥梁公路学院成立时，负责人也是建筑专业者。

18世纪下半叶，巴黎兴建先贤祠（Pantheon），原设计人是苏弗劳（Jacques-Germain Soufflot，1709—1780年）。在施工过程中，由结构理论家朗德赖（Jean-Baptiste Rondelet，1743—1829年）负责检查安全问题。他通过石料加压的试验和计算而断定圆顶下面承重石礅强度不够，于是立即进行加固。朗德赖坚持建筑必须和结构合并考虑。认为工程技术应在很大程度上影响建筑风格。他于所著《营造术》一书中，就认为应把力学、艺术、建筑和工程作为一个整体而不是分开论述。经过先贤祠的经验教训，1811年巴黎麦仓铁板圆顶就由伯朗杰（Bellanger）负责设计而由布鲁奈（Brunet）作结构计算，由此前专凭观察实验改以理论、数学为依据，这是明确分工的第一次。但尽管分工，仍难避免彼此跨进对方领域以致有时发生争议。艺术是不易用尺衡量而科学则具有寸步不让的准确性。两者最有效的结合应该如心手相应。合作则共受其益，分裂则各有所损。科学家、工程家、艺术家三者应合而为一，把受科学制约的建筑材料合理地变成有艺术性的建筑造型。恰巧在这时出现了一理想人物拉布勒斯特（Henri Labrouste，1801—1875年）。他虽然受过巴黎高等艺术学院教育，又到罗马进修，但对古典遗迹却从工程结构观点去钻研。在19世纪中叶，他所设计的巴黎两座图书馆，都是用生铁和熟铁做书库支柱、楼板和屋架，而不加任何装饰；阅览室

[26] 水晶宫为1851年首次万国博览会展览厅。用陈列架长度24英尺（7.32米）作为柱距模数；全部窗玻璃尺寸划一，当时玻璃最长尺寸是1.83米。

[27] 铁塔的实际设计人是瑞士工程师高启林（M. Koechlin，1856—1946年），库勒曼门徒，巴黎埃菲尔公司设计部主任。他的劳动成果被“埃菲尔”招牌所掩盖，是剥削制度造成。

[28] 1860年柏塞麦（Henry Bessemer，1813—1898年）首次用转炉炼钢。1845年巴黎由于瓦匠罢工、木材昂贵，以及建筑防火与大跨要求，导致铸铁工人周瑞（Zores）辗出熟铁构件。

图11 伦敦水晶宫

图12 巴黎埃菲尔铁塔（1889年建，1930年状况）

和馆屋外墙只是为迎合习惯势力而点缀些古典纹样。同时，英国帕克斯登（Joseph Paxton，1803—1865年）所设计的伦敦水晶宫（Grystal Palace）[26]（图11），首次采用模数和生铁构件，现场装配，1851年用9个月时间完工，为21世纪建筑开一先例。英、法都是世界工业先进国，从18世纪起，就把铁料用于工业民用建筑。随后，法国的勒·杜克倡仪把铁制构架广泛用于商场、车站、博览会场等公共建筑物。自从哥特式教堂用砖、石做骨架装配彩色玻璃窗以后，这时又出现了铁制梁、柱，四壁甚至屋顶都装玻璃，几乎全部空间透明，这又比哥特时代进一大步而跨入现代建筑范畴。法国统治阶级也大力宣扬推广铁料。在改建巴黎市区时法皇拿破仑三世和市长奥斯曼（Eugene Georges Haussmann，1809—1891年）审核中央市场建筑方案时，市长大声号召：“非铁莫用！”（Du fer，du fer，Rien que du fer!）继拉布勒斯特之后，埃菲尔（Gustave Eiffel，1832—1923年）在巴黎的1889年万国博览会场建300米高铁塔[27]（图12）。大约在1847年，美国桥梁专家惠普勒（Squire Whipple）著有关桥梁论文并作桁架分析；不久，德国人库勒曼（Carl Culmann，1821—1881年）去美游历，有机会研究桁架桥并于回国后介绍用于欧洲工程界。埃菲尔毕业于巴黎工科大学，铁塔就是根据桥梁结构原理，放大尺寸的垂直桁架桥；塔的造型轮廓起抵挡风力作用。在英国于1860年发明大量生产廉价钢以前，1845年在法国出现了辗压熟铁工字梁，为随后的铁塔提供了条件[28]，埃菲尔称这塔是新时代工程师的化身，是19世纪科学和工业成就的表现，又是欢迎法国工业发展和科学先进的凯旋门。但法国保守成性的学院派完全不理解铁塔的划时代意义而抱有反感。三百多名守旧的文学家、建筑家和雕刻家竟联名公开抗议，附近房主借口铁塔威胁安全难觅住户而要求赔偿损失；更有视铁塔为不祥之物，移居远避，甚至离开巴黎。事实上，铁塔进入20世纪已成为巴黎的特殊标志。和铁塔同时建成的博览会机械馆（图13），由杜特尔（Ch.L.F.Dutert，1845—1906年）和考坦桑（Cottancin）设计，是初次采用钢制的最大跨度为115m的三铰拱屋架结构。靠地面部分似乎轻飘，而顶部显得沉重，上重下轻，柱子不见了，上部和下部结构无从划分，一反传统静力观念，使当时号称权威的结构工程家迷惑不解。他们讥笑这是造型扭曲，比例失调，架欠平衡，下不生根，但却领会不到正是这些“短处”作为总结一个世纪的工程经验，而指向新发展趋势。馆的四面满镶玻璃并有大片天窗，内外空间浑然一体。利用博览会陈列厅试制大跨度屋架是难得的机会，探索的成功对未来的大跨空间起到极大的促进作用。

图13 1889年巴黎万国博览会机械馆内部

但过了这段高潮，钢铁在法国只用在港口建设和少数桥梁上，而在建筑上大量采用钢铁的则是美国。美国自从南北战争结束以后，工商业急遽发展，城市人口骤增，地价猛涨，芝加哥市是典型例子。繁华市区的土地占有者作为尺地千金对策，不得不乞灵于向上发展的高层建筑以取得更多的出租面积。钢材从1860年后在建筑上开始应用，到1880年在美国已经广泛使用，这是由于迎合内战需要而发展军用炼钢的意外成果。1885年芝加哥首次完成一座10层铁柱钢梁框架结构办公楼，1889年出现12层框架建筑，1891年又有16层高楼完工[29]。同年，一座16层高的砖外墙承重内部铁柱铁梁办公楼建成，这是芝加哥最后的承重墙高层结构。承重墙结构和框架相比较，后者自重轻，支柱截面小，外墙薄，因而使用面积相对加大；12层框架办公楼出租面积就相当于13层承重墙结构的面积，即无形中由于采用框架而多赚一层。为满足新兴工商企业管理办公用地和服务性行业需求，同时增加租金收入，这对房地产投资者有极大吸引力。高层建筑外围几乎只由支柱和玻璃组成，内部除垂直交通

[29] 这些是：芝加哥1885年的家庭保险公司(10层)，1889年“塔可马”(Tacoma)大厦（12层），1891年曼哈顿（Manhattan）大厦（16层）。

设备竖塔以外，只剩有限支柱甚至全无支柱，可以用轻质墙随意分隔空间，这和现代建筑已经没什么不同。早在1860年，法国建筑师勒·杜克就主张用铁料作大厦支架，外包石材，作为维护。只在外观上，由于芝加哥这时久受传统造型观念束缚，跟不上科技前进步伐。在第一次世界大战前后时期，当一名欧洲建筑师初到纽约，目睹高层框架梁柱赤裸裸纵横交织，纯洁无华的画面，喜不自禁地感到现代建筑终于从此诞生。岂料转眼之间，框架就被折中主义的砖、石外衣掩盖无余而使他大失所望，人们不禁要问：如果巴黎铁塔再包一层大理石古典贴面，还剩下了什么？本来合理的科技内容，一旦罩上不合理伪装，只有加深科学和艺术的矛盾。

（三）

英国人阿士普丁（Joseph Aspdin，1779—1855年）在1824年发明水泥制造法，产品在5年后被采用作填充成排铁架的间隙而做成楼板。随后，就在英国出现以铁骨埋入水泥捣制楼板的8层堆栈，这是钢筋水泥建筑的早期尝试。但要再过50年时间，才有对钢筋水泥性质的正确认识。在这以前，人们几乎把全部精力用在钢铁结构的钻研。铁骨水泥[30]由法国园艺工人莫尼尔（Joseph Monier，1823—1906年）于1869年取得发明专利权。他在做花盆时用铁丝架敷以水泥而发现其优越性，但在理论上还缺乏根据。1855年巴黎博览会出现兰波（Joseph Louis Lambot）所制铁骨[31]水泥船。美国人希亚德（T·Hyatt，1816—1901年）试制铁骨水泥梁，做法和后来习见的没基本区别，当时却未引起注意。1878年他发表关于试验铁骨水泥作为楼板具有经济和防火性能的论述。1886年德国工程家寇农（M·Koenen，1849—1924年）通过圆拱与平板荷载试验确立钢筋水泥最早理论，即：钢筋受拉，水泥受压[32]，并提供静力计算方法。1892年法国亨奈比克

[30] 日本今天仍用“铁骨”水泥一词。我国北方在20世纪30年代称“铁筋洋灰”。

[31] 兰波的铁骨水泥是用铁网而不是铁条作骨架，称Fercement，后来意大利的奈尔维进一步用钢丝网作骨架而试制为Ferrocemeno（1943年）。两年后用钢丝网水泥造成一只165吨游艇。20世纪40年代完成多支船只。这做法要求繁复的手工操作，但钢丝网薄壳有适应扭弯优点而具有抗震能力。

[32] 英国人李约瑟（Joseph Neednam）在他的《中国科学技术史》（Science and Civilisation in China）中提出：W.B.Wilkinson于1854年首次认识钢筋受拉，水泥受压这一特性。

(Francois Hennebigue，1843—1921年）用圆钢筋埋入水泥做梁。这种梁再加板的结构随即在欧洲广泛流行，导致进一步发明从基础到屋顶的钢筋水泥框架。历史上，劳动人民早就意识到建筑石材只能受压，因此希腊罗马石墙接缝埋入铜、铁马钉，作为拉紧措施[33]（图14），我国河北省赵县安济桥大券券面和盖板石均有腰铁连接（图15、图16）。中古欧洲教堂内部为抗衡石肋拱券推力，在石柱上端穿通的铁条，也是为提供拉力。从15世纪起，意大利佛罗伦萨大教堂穹底围一圈铁匝，到16世纪罗马圣彼得大教堂和17世纪伦敦圣保罗大教堂，在建造时也都在穹底围铁匝。法国的朗德赖在加固巴黎先贤祠石礅之前，作弯曲试验而把铁条嵌入石梁。所有这些石料再加铁料都是为了分担拉力和压力，但并没有成为如钢筋与水泥那样血肉相关的有机结合整体，而这整体性恰恰是亨奈比克的基本概念，也是钢筋水泥迅速发展的主要根据。1894年法国夸奈（Edmond Coignet）提出的钢筋水泥计算方法，已经和今天习用的接近；再经过纽曼（P.Neumann）的数学分析，到19世纪末关于钢筋水泥基本理论和计算就完全确定，1902年再由德国的寇农发表进一步论文，加以充实。同时，瑞士桥梁专家莫尔西（Emil Morsch）著《钢筋水泥结构原理和计算》，美国人兰沙姆（Ernest Ransome，1844—?）又提出钢筋水泥结构基本法则，因此在进入20世纪之前，钢筋水泥纯朴风格就开始作为“工厂式”出现，

[33] 罗马帝国时代石桥如Ponte Cestio，石缝中满布铁钩（见正文图14）。我国河北省赵县安济桥为隋朝（589—618年）李春所造。桥的大券券面和大券盖板石都有腰铁连接（见正文图15，图16）。“小券脚与正中如意石之间又有圆形的钉头，表示里面有长而大的铁条，以供给石与石间所缺乏的张力”（《中国营造学社汇刊》五卷一期，1934年9月刊）。

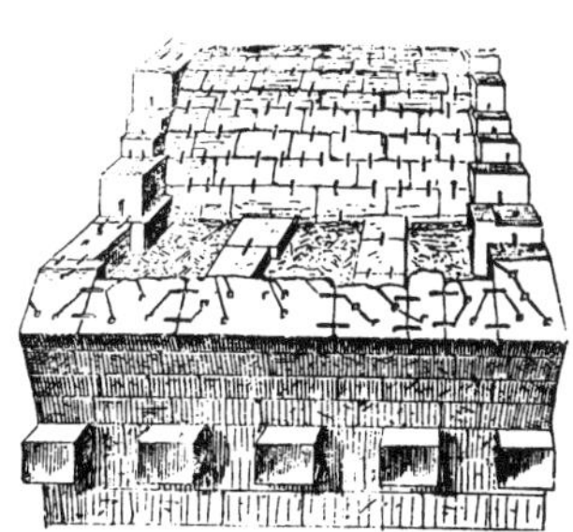
图14 罗马ponte Cestio 15世纪重修的古罗马桥石缝中埋铁件）

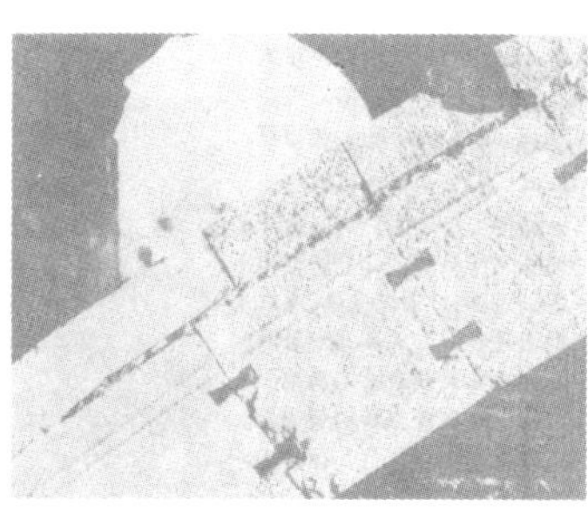
图15 赵县安济桥大券券面腰铁

图16 赵县安济桥大券盖板石腰铁

用在谷仓、堆栈、厂房甚至疗养院、公寓和办公楼的结构，有的高达8层到16层。但由于缺乏应力标准规定，工程计算存在着疑虑和没有把握，而只能以常规材料力学理论作根据，对钢筋水泥材料特性则了解不多，以致从1892年到1906年间，在欧洲各地如布拉格、巴黎、瑞士某些地方发生工程事故，而促使欧洲各工程学会于1903年开始根据水泥制造业试验结果，制定规程，包括钢筋水泥施工说明，供工程界参考采用。

1850年美国工厂开始制造试验金属性能的仪器，工科学校也逐步建立试验室，辅助理论使其充实，促使上进。1864年德国人库勒曼在瑞士苏黎世工业大学教课时期，提出用图式力学计算弯矩，这是继静力学、结构理论力学之后新出现的理论支持工具。他又用截面法作桁架内力分析，同时他也是土壤力学理论家。19世纪中叶以后，分析结构在土木工程上已成为必需，比较精确的应力分析能使构件获得更合理的尺寸以抵挡外力。当时的结构工程师几乎全在铁路建设领域工作，例如伦敦水晶宫铁构架计算者是铁路工程师巴罗（William Henry Barlow，1812—1902年）。从1888年起，钢结构计算工作的进步使多种类型桁架实现，这对解决大跨空间问题是十分必要的。美国人克劳斯（Hardy Cross）1960年用力矩分配法分析刚性构架。1914年尼克勒斯（John Nichols）提出计算无梁楼板弯矩基本公式，在美国土木工程杂志77卷发表。维斯特加尔德（H · M · Westergaard，制定一整套无梁楼盖计算规程，由于不同的钢筋布置分为三种体系即四向体系、双向体系、环形或SMI体系。在四向体系中，特奈（C · A. P · Turner）和瑞士人梅拉德等创出一种环辐式体系（Mushroom System）风行一时。但后来一般都采用双向体系，且有时取消柱帽与托板，发展成为一种新型的平板结构。这种无梁楼板（flat slab）或平板（flat plate）有助于削减结构层高并具有优越的载重性能，适合堆栈建筑。最突出的结构是水泥薄壳，能以最少材料覆盖大面积大跨空间。薄壳最早从法国人高泰（Augustin Louis Gauthey，1732—1806年）基本微分弹性理论为起点，到1826年由奈维尔提供单曲薄壳方程式，继之以拉梅（Lame，1795—1870年）和克拉贝朗（Clapeyron，1799—1864年）在1833年根据高泰薄膜理论加以发展。德国结构工程家包尔斯菲德（Walter Bauersfeld）和迪兴格（Franz Dischinger）肯定了薄壳的优越性而作出计算尝试，于本世纪初提出薄壳理论根据。1909年西班牙建筑家高迪（Antoni Gaudi，1852—1926年）首次把波浪形砖砌薄壳用在一所校舍作屋顶，是早期成就。1916年弗赖西奈（Eugene Freyssinet，1879—1962年）在巴黎奥利机场建一座钢筋水泥薄壳飞艇格纳库（图17），造价只有传统的柱、梁、板做法的一半。1929年他又在巴黎近郊建一座机车库，也是薄壳顶并开天窗。自从20世纪30年代法国埃芒（Aimond）和拉斐尔（Laffaille）指出薄壳的简单机能引人注意以后，薄壳建筑就流行欧洲。西班牙人托鲁加（Eduardo Torroja，1899—1961年）在马德里国际薄壳协会的工作，主要是通过模型试验来解决薄壳应力问题，计算不过是可有可无的参考。另一自1939年起定居墨西哥的西班牙人坎迪拉（Felix Candela 1910—）则在造型确定后便求证于计算。他认为不是任何形状的薄壳都可以建造，有的体型根本不可能实现。薄壳特点是专靠倚膜面支撑的拱而不乞灵于梁、柱，通过形体取得应力，应力最小地方就不需配筋。自然界中，鸡蛋是最经济的薄壳，还有贝壳之类。蛋壳厚和蛋长比是1∶100，钢筋水泥薄壳厚和跨之比可达到1∶3000。已经实现的可以说超过这理想。1958年建成的巴黎国立工业技术中心（CNIT）的三角形平面薄壳顶厚度比边长是1∶3153[34]。薄壳建筑的经济性是无可争议的。

图17 巴黎奥利机场飞艇格纳库

[34]这中心薄壳顶有上、下两层，相隔2m。每层最厚处6.5cm，三角形平面一边长205m，因此壳厚比边长是1∶3153。但如果把两层壳厚合并计算，就只是1∶1600。

在少雨地区，如果模板方便，值得推广。

1886年美国人杰克森(P.H.Jackson)发明预应力钢筋水泥梁，但当时钢材强度不高，预应力损失百分数太大，直到1927年法国的弗赖西奈才成功地用高拉力钢实现杰克森的理想。第二次世界大战以后，预应力结构开始广泛推行。优点是可以节约钢材1/5，水泥省一半，施工时间缩短，构件尺寸缩小，自重减半，在经济、造型方面，占有利地位。预应力虽然也用在其他建筑结构上，但用在钢筋水泥结构尤其薄壳是最合适不过的。美籍华人林同棪(C.Y.Lin，1912—)在预应力应用方面有创造性成就，国际知名。

根据16世纪伽利略弯曲理论以至虎克定律，得出积累经验的传统弹性结构计算，二、三百年来加以总结，被认为应力和应变比例变化既然不是一致的，因而安全系数也不能保证可靠，以致造成材料上的浪费，这促使对更接近实际的新原理的追求。最初由法国的圣维南（Saint-Venant，1797—1886年）对固体塑性变形加以探索，接着，律特尔（Wilhelm Ritter，1847—1906年）于1899年，塔勒包特（Talbot）于1904年，惠特尼（Charles Whitney）于1907年继续钻研结果，订出钢筋水泥极限设计法则和“直线法”之后，导致惠特尼于1937年提出塑性中的应力应变关系。1943年金森（Vernon P.Jensen）所发表关于极限强度设计的论文是经典著作，至此，塑性理论根据已经完成。巴西、苏联以及欧洲国家都先后采用极限强度设计。英国于1955年制定极限设计法规。极限设计是利用钢筋水泥内在强度使构件在提高效能节省用料（节约钢材20%）方面起一定作用。除桥梁与薄壳用弹性计算外，目前一般框架结构构件截面计算用塑性理论，框架结构分析还用弹性理论，即在同一结构中用两种计算方法。

建筑物的坚固程度，一般都用结构计算解决。这属于力学范畴，是物理性的。此外，坚固程度转变也有时起因于化学。西方古教堂有些屋顶铺盖铅板。在气候阴冷条件下，历遭风霜而经久不腐。一旦跨入供暖时代，堂内温度升高，铅板上面低温下面转暖，受热面结露变湿，水份吸收木架中含糖成分混合为酸，如遇软性木材尤其如此。铅板是经不起酸类长期浸蚀的，这是前所未有的课题。另一例化学作用如1957年建造的西柏林会议厅，屋面钢筋水泥鞍形拱壳于完工23年后，拱壳之半突然塌陷。事故原因据调查研究。初步结论是壳顶水泥含碱量相当于苏打0.6%，与砂石混合后，在凝固过程中，碱与砂石起反应使壳面出现裂纹，终致破碎。这隐患在搅拌与硬化期间先已注定，因而难以补救。除化学解释之外，也有从物理角度说明事故原因，如拱壳内部受拉钢筋经雨水浸渗腐蚀以致断裂，或由于钢索预应力计算达不到要求，致使壳顶崩溃。

地震学和建筑结构在可能受震灾地区有密切关系。历史上有名的建筑由于地震而常发生事故，如拜占廷圣智殿在公元557年和1453年穹顶塌下，威尼斯圣马可广场钟塔1512年的损坏，都是由地震引起的。日本对这问题极为敏感。1880年日本成立地震学会，1893年成立地震预防研究委员会。1923年关东大地震和1940年美国加州大地震，对东京和旧金山市建筑物造成很大破坏。近年阿拉斯加和世界其他各地陆续出现震灾。要求建筑工作者和科学家认真研求抗震方法。日本在这方面是先进国。武藤清是有名的专家。在关东大地震中，东京高层钢框架建筑和砖砌承重墙结构都不耐震，钢筋水泥框架也不理想。但与此相反，在阿拉斯加，现浇钢筋水泥结构和钢框架却都能抗震。根据日本的模型试验结果，超高层建筑[35]应避免顶部和底部摇摆频率相同而产生共振。抗震做法是下刚上柔，即底部用表层包钢筋水泥的钢框架，顶部用钢结构。这样，下面刚性，上面弹性，高、低频率不一致而能避免震灾。框架和基础之间再插入“滑

[35]日本在1923年为减免震灾损失，规定建筑高度不得超过31m。1963年取消这限制，10层以内称高层，10层以上称超高层。

动件”或“消震层”。基础用比土壤重量加倍大的混凝土。1971年完成的东京“京王广场”旅馆高47层，地下两层和地上两层用钢框架外包钢筋水泥，第三层直到第47层用钢框架。其他砖砌低矮建筑外墙四角转弯处则用铁角拉紧，以免墙向外张开而使屋顶塌下。一般说砖砌承重结构抗震最差，升板法建筑也不抗震；木架和钢筋混凝土框架的抗震性能是可靠的因木结构较轻，受震力就小，钢筋混凝土结构必须结合牢固并有连续性。但最重要的是震灾发生时，建筑对人身安全的保障。高层建筑电梯在发生震灾时能否继续运转，因设备破坏而引起火灾时安全扶梯是否可靠，这些均无把握；而医院和治安机构的救护和紧急措施系统在震灾发生时是否照常有效，还都是尚待解决的问题。

在结构理论上，用钢铁水泥建造高楼，层数虽然几乎可以无限，但明显的障碍是电梯数量既随层数增加而增加，会终于把建筑物塞满而剩不了太多可用面积。初步跨出比今天百层高楼再高数倍的设想始自美国建筑师赖特（Frank Lloyd Wright，1867—1959年）1956年发表的一份“一英里（1.6公里）高度”（Mile High）的建筑方案。他把高度分成五段，每段100层，共高528层；上下交通用原子能操纵一系列由五轿箱组成一串的电梯。全楼结构是用钢筋混凝土三角架；基础放在地下岩层，顶层不随风力摇摆；全楼共容13万人。

高层建筑周围风速与温度不是上下相同而是随层高变化。把建筑的缩尺模型置于风洞中试验只局限于一定风向风速，其结论并不能完全适用于高层。高层建筑模型必须选用容易弯曲材料以使对风力反应灵敏，幕墙是风力打击的最大点，风速和风力方向的变化，又常能把风压力突然变为吸力。任何建筑物都难以抵挡时速300千米的涡旋气流的乱撞。飓风尚可在24小时内得到预报而作出准备，但龙卷风的方向是无法掌握的，而且飓风有时也会带来龙卷风。抵抗风力的措施只能部分地但不能完全安排在结构计算中。

纽约1972年完成的一对110层世界贸易中心，底层与顶层温差达10度。用楼板下的18米跨度钢桁架支撑空腹梁幕墙作挡风措施。大楼四邻被这两座高楼所引起的异乎寻常的风速变化以及令人感到讨厌的人行道上的强大气流所干扰。1968年破土的波士顿汉考克保险公司全玻璃幕墙的60层高楼，完工后于1973年在一次时速113千米的风暴中，玻璃幕墙被吹破1/3，产生这种损坏可能出于多种原因，如：玻璃本身制造技术要求达不到，大面积玻璃每片高度由楼板到顶棚；玻璃框格不够坚挺甚至整个建筑框架刚性不强。1975年全部玻璃更换一新并将中心竖塔进一步加固，以预防百年内可能发生的任何风暴。

土壤力学是一门新科学，建立系统理论只有40多年历史，尚在不断进展。最早由法国古龙试用图解法阐明土壤压力理论。整个19世纪许多工程家在土壤推力理论上作深入研究，主要成就是德国人库勒曼所提出的“库勒曼法”，即把古龙的数学计算用图解代替。1925年奥地利人特尔札基（Karl Terzaghi，1883—?）著书，把工程、地质和基础建设用科学法则连在一起，成为有系统的土壤力学论述。土壤力学主要致力于防止建筑物沉陷，保证基础稳固，分析土壤压缩性渗水性；用物理或化学方法处理土壤以更有助于防湿防沉。最不易预见的是土壤延期变化，往往一座建筑在完工后情况正常，过若干年后由于地基受土壤变化影响而走动、开裂、下沉甚至倒塌。这种意外使原设计人百思莫解。还有积久干旱或由于地下水开始向附近低地流动，使土壤失水变形，影响基础而导致建筑物墙面开裂，外墙因此透风渗水。也有土壤干缩为坑洞甚至使建筑物部分或几乎全部下陷。由于土壤是受自然支配而不是可以掌握控制的建筑材料，因此无法预定其性能或加以核算。被认为最可靠的基础如岩石，其无丝毫预兆的突然变化而走动塌陷，则是更无法预料的对象，这属于对岩石研究的力学范围。土壤力学是一门和水份作斗争的学科，对建筑、桥梁、水坝以及地下工程都有助于提高质量，增加安全。许多不能承受建筑的土壤如经过处理，像注入化学药剂加固后就可以变为建筑用地而少占用更多的土地或农田。

妥善处理建筑物自重加活载，取得坚固安全之外，自然因素有时也起决定性作用，如土壤岩石不测的变化对基础影响以及雪压地震等的破坏。风力尤其不可忽视。风害和建筑物本身形体有密切关连。细长的超高层楼房、烟囱、塔状结构以及长而薄的吊桥桥面结构，风力对之所起的作用有时甚至是致命的。吊桥桥面被风吹摆动，一旦摆动周期与风速频率一致将引起共振，如持续长时间重复振动，在钢材应力不堪抵抗时，就有发生桥面折断的危险。1940年美国华盛顿州塔科马江峡（Tacoma Narrows）吊桥853米主跨（长度占当时世界第三）在秒速19米的大风中突然崩塌便是一例证。此前，1906年在彼得堡封塔河的爱纪特桥上，当一连骑兵用整齐步伐鱼贯过桥时，石桥突然塌陷，这是由于桥身振动频率与马队步伐频率相同的后果。

（四）

建筑声学（Acoustics）到20世纪初才成为一门学科，对处理或改善室内演奏和语言传播的清晰度起到决定作用。罗马的维特鲁威在所著书中提到建筑声学问题，指出露天剧场的地形选择对音响关系，并陈述当时所认为有助于听觉的措施[36]。欧洲自从文艺复兴初期起，演奏不再在教堂举行而开始建筑剧院；这些剧院以至18世纪以后的剧院都很少发生音响问题，主要原因是观众厅人数最多只有两千左右，并充满挂幔、地毯和软垫坐椅等吸音装璜，有助于缩短混响时间。1802年德国人开始

[36]那时认为有效的做法是把一排铜瓶或瓦罐按音程次序口朝下倒置悬吊在观众席位之间，使声音由于通过瓶罐空腔而增加清晰度。

对建筑声学的研究。美国建筑家拉特娄布（Benjamin Henry Latrobe，1764—1820年）所撰音响学一文于1832年在英国书刊发表。巴黎歌剧院1874年完工，音响效果连设计人戛尼埃（Charles Garnier，1825—1898年）自己都出乎意料的满意，这纯出于偶然。现代建筑声学肇始于美国人赛宾(Wallace C1ement Sabine),他1910年进行声学实验，1912年发表音响方程式，确定混响时间和演奏厅容积成正比又和吸音面积成反比。一般来说，良好的视线产生良好的音响，希腊罗马剧场（看台坡度在25°～30° 左右）证明这一点。演奏厅内部材料有的需要吸音，有的需要反射。演奏类别如话剧、歌舞剧或音乐对混响时间要求也有区别，对广播电台播音室的音响要求最为严格。今天西方有许多音响专家，对混响时间测定和控制作出贡献，甚至把音响极坏的演奏厅加以处理改造，而达到合乎使用标准。

建筑制图是重要专业训练。维特鲁威在所著书中一开头就强调制图的需要，并提到几何学有助于画方圆平直。距今4000年前，西亚一像座和埃及草纸上就绘有建筑物平面并标出比例：公元9世纪，瑞士一座教堂的平面图留在皮纸上，13世纪中叶同时兴工的科隆和斯特拉斯堡两大教堂建筑立面图也是画在皮纸上(后者图样今存瑞士首都伯尔尼历史博物馆)。主要表达立面构图，细部则待施工时现场决定。事实上，当时工程进行的依据主要靠模型，一般用木造。15世纪佛罗伦萨画家伍才娄（Paolo Uceello，1397—1475年）发明透视学，扩大并丰富了制图领域。英国在17世纪末，建筑图纸上平、立、剖面画法已经和今天相似，随着法国开始使用图画板、丁字尺、三角板。曾是法国人的孟举（Gaspard Monge，1746—1818年，于1795年在巴黎师范学院教课时，用讲义形式刊印《画法几何》：这书通过投影方法赋予建筑制图以明确科学性，使其特别有助于解决巴洛克和洛可可式建筑装饰制图的烦难过程。巴黎铁塔的建造共用图纸三千张。制图透明布发明于1846年，透明纸发明于1851年。19世纪末利用晒蓝图方法以后，才永远免除描图复制工作。建筑制图直到今天还是缓慢耗时的必要关节；资本主义社会绘图工作者最快速度也不过每平方米耗38小时。打印附注和用电子计算机辅助设计的施工图纸，是目前走向改善提高效率第一步。建筑现场，一般只要依据设计和结构施工图纸，有时辅之以细部大样，就能满足要求。但有些薄壳尤其双曲自由形体，还须根据这些图纸再绘若干模板架设的布置详图。例如1956年沙里宁为美国环球国际航空公司设计的纽约国际机场候机大厅（图18）鸟形钢筋水泥薄壳由四根支柱承重。全部造型充满曲线。常规的横平竖直坐标制图手段已不可能把这实际是雕刻品的形状完全表达出来，而必须先从模型入手，然后转化为130张建筑图。但这还不能解决场地施工问题，而要求施工机构绘制全部模板架设详图，其中支柱模板图纸就多达200张。只有在这步工作完成后，才进行捣制混凝土。

建筑物的用途决定造型。1895年美国建筑家沙利文（Louis Henry Sullivan，1856—1924年）提出“形式服从功能”（Form Follows Function）的论点。剧院由于布景需要而使舞台顶部高出观众厅。音响作用甚至要求观众厅顶部具有异乎寻常的轮廓（图19A、B、C）。也有由于对音响的补救措施而得到意外艺术效果（图20A、B）。造型问题在工业建筑最为突出。为配合工艺

图18 纽约环球国际航空公司候机大厅

生产过程和需要，如水塔、料仓、烟囱等都各自具有特殊风格，表达科技和建筑造型的密切关系。有些工业其设备本身无需建筑围护而仍能进行生产。如火电站的高大锅炉和炼油厂等化工厂的竖塔和管道高低错落，构成流线形以至类似立体画派的生动图景，在造型上对建筑起到启发创新的挑战作用，甚至可以说已使建筑失效，这就进入在功能和形式关系上，科技取代建筑的新境界。

工程计算者按科学法则把结构细部都控制在一定尺寸之内，因而在造型上成为建筑家的合作人也就是艺术

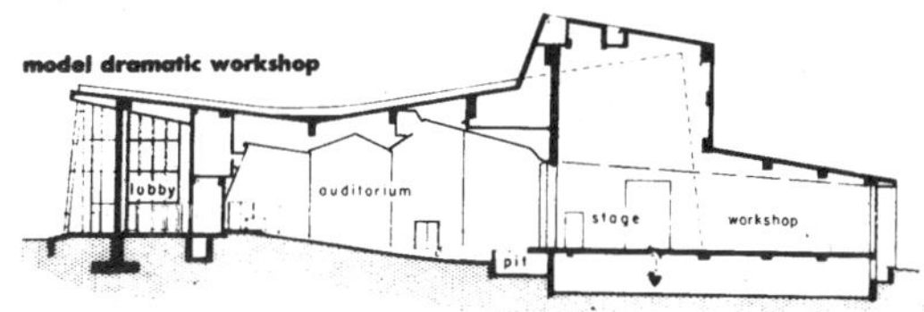

图19A（上）、B（下） 美国欧伯林大学500座多用途会堂，1953年完工。为适应音响要求而成折面的天花板，使屋顶结构的曲线配合压低的舞台而构成侧面的协调新颖图景。

图19C 芬兰人阿尔托（Alvar Aalto）于1927—1934年完成的维普里（Vipuri）市图书馆讲演厅，木板天棚作波浪形，使音响能反射到每一座位。(维普里已于1938年苏芬战争后划归苏联管辖)

图20A(左)、B(右) 1953年完成的美国拉莱城Raleigh牲畜展赛厅，圆形外墙和马鞍形悬索屋顶产生严重回声。后由音响专家决定在顶棚下垂吊外包塑料的玻璃纤维障板，沿外墙里周每9米安放扩音器。结果不仅音响效果良好而又增加意外艺术气氛；两图中右边是未处理的顶棚单调而枯燥，左边是改造后的状况。

家。文艺复兴时代的达·芬奇是第一个通过艺术观点看科学的人。自然科学的发展，使这时代冲破中古狭隘观念，把传统技巧升华到理论认识。早在公元1400年，主持米兰大教堂工程的米尼奥（Jean Mignot）曾这样说："艺术脱离了科学便不存在"（Ars Sine Scientia Nihil Est）。但也不能孤立地强调科技和数学。梅拉德说："计算只不过决定尺寸，而难以应付的尚有其他方面的许多意外，计算仅仅是指导罢了。"奈尔维（Pier Luigi Nervi，1891—1978年）认为靠计算来处理材料力学，对结构方案还不可能作最后决定，力学解决不了一切结构分析，结构分析不能违反力学原则；力学计算与实际情况总会有些出入，加上气候变化和建筑本身的可能变形等因素，数学只能提供参考，总不免在两个方案中作出选择，这选择就要求一种艺术手段。奈尔维和梅拉德经办的建筑工程，都具有高度艺术性（图21A、B、C），而

图21A 奈尔维设计——罗马大体育馆

图21B 奈尔维设计——罗马小体育馆

图21C 梅拉德设计——苏黎世瑞士全国博览会水泥材料陈列馆

这艺术性则是最有实际价值的艺术；和堪迪拉的薄壳一样，都说明他们既是工程家又是艺术家。

今天，不但建筑设计和结构分成两个摊子，工程结构专业也有两类，一类是专攻理论的研究者，另一类才是参加实际工作的计算者。前者对后者有指导和参考作用；后者对前者则提供实践证明。此外，设备的计算布置还需要另外一摊子，结构只不过是建筑工程一部分。在钢材的充裕国家，钢框架造价占全部造价5%到15%，钢筋混凝土框架则占30%。其他如水、电、空调、音响处理、交通措施以至和自动化配合的一切设备，都属于日益增长的现代化技术范围，而使建筑设备方面投资比重愈来愈大。在美国，设备投资比重由1954年占40%上升到1963年的54.5%。设备的高度发展使消耗能源也在增加。美国高层建筑为保证空调效能，要求封闭全部玻璃窗，而不管室外自然界气候如何。这样就白白浪掷20%的能源。直到1974年发生世界性能源危机，才又使人们认真钻研利用太阳能取暖的方法。面对设备的先进情况，建筑工程本身，在世界大部分地区还处于手工业状态。建筑的实际成就既落后于理论，和其他工业产品或与飞机火箭结构形式的精炼效能比较，差距不止半个世纪。即使在一些发达国家，建筑工人生产值也只相当于其他产业工人产值1/10。与人类生活最密切联系和迫切需要的建筑事业的这种落后状态，在现代科技高速进展的竞赛中是不相称的。

19世纪末建筑革命是从手工方式趋向工业化，传统造型开始受科技影响。20世纪中叶又一次革命是从设计革命转入科学革命的新技术、新结构分析、新造型、新构思。从自古以来的墙承重结构到19世纪进入框架，继之而来的要算表层结构了。表层结构把构架暴露在围护材料外面（图22），此外还有球体网架（图23）以至充气结构（图24）和薄壳，再加上利用钢材拉力的悬索屋顶

图 22 比利时布鲁塞尔兰伯尔特银行大厦

图 23 加拿大 1967 年蒙特利尔国际博览会美国馆

图 24 巴黎东郊体育馆

如西德的奥托（Frei Otto）在 1954 年所著《悬索屋顶》一书中的主张，用支柱拉钢网架包透明塑料完成大空间（图 25）。又有空间结构（图 26），这种构架设计不是从平面立面而是通过立体感来布置，把传统大件梁、柱分散为由零碎小件拼成的立体网架，在无支点大面积上使每小件都能平均负担荷载。哥特式就是一种空间结构，但后来的钢结构和钢筋混凝土框架不是进一步发扬哥特式优越性而仍旧承袭木结构柱梁系统，加上平行垂直画线制图方式和这系统的合拍，使明显的落后状态持续直到 20 世纪中叶而被认为理所当然，造成荷载分布和用料的保守浪费。传统钢架比空间结构多耗钢材 3 倍。空间结构也可以用预应力钢筋混凝土拼制，但不能错误地认为空间结构可用于一切建筑，它最适用于宽大的厅廊盖顶。网架、壳体、悬索甚至汽车车身之类，都属于空间结构范畴。

用保守眼光对待空间结构还有必要。现代各地大容积会堂、体育馆，例用钢制空间屋架，着眼在用料经济，

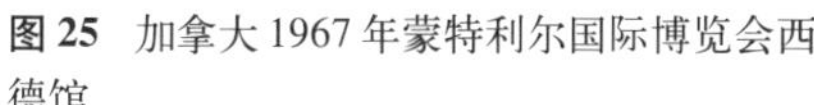

图 25 加拿大 1967 年蒙特利尔国际博览会西德馆

图 26 空间网架结构

顶升施工法便捷，这是有利的一面，但在结构计算时不应扣得太紧，应留有较宽的安全系数；尤其在易遭受飓风与冬雪地区，更要注意抗风与承受雪压措施。尽管当地建筑规范定出单位面积载重以及桁架允许变形，还不可天真地作为不变依据，而必须把安全系数酌情增加。1977—1978年间美国纽约州各地有几座空间结构屋顶的厅馆，虽然都曾被当地管理建筑机关核准后施工，但在大风雪中忽然塌陷。主要原因在于只图追求法规数据，不考虑意料不到的自然因素所致。

图27 罗马戛蒂毛纺厂环幅式楼板肋梁表明等静力方向

工程结构基础，建立在18世纪的数学计算上。19世纪中叶以前，是作为理论力学分支的结构力学。再进一步就转入几何图解分析，辅之以查表和手册。19世纪是土木工程的伟大时代，出现许多新建筑类型、新材料和新计算方法。到20世纪的今天，100层以上的高层建筑已是习见的事物。无数劳动人民创造出来的全部知识宝藏，丰富了科学家头脑，总结成各种定律和方程式，提供对建筑结构的计算复核。但是公式和方程也不是完美无缺的灵丹妙药，有的是近似的或有待改进，只能被看作接近真理。虎克和牛顿在科学观点上就常有争论、分歧。经过漫长时间的努力，才会研制出更经济更适用的建筑为人类造福。

工程技术基本精神应奠定在通过劳动实践对材料的

认识上，而不是奠定在数学计算本身。计算仅仅有助于缩短解决问题时间，把往昔需要几个世纪才摸索得到的结论，几小时就解决了。钢筋混凝土的破坏试验，证明坚固程度要比计算的大到许多倍。但是，也有意想不到的情况，例如不适合的设计就引起不幸后果，不正确地运用计算公式，得出错误的估算，极限分析认为安全的反而出了事故。还有未通过计算分析，不带恶意中伤的客观批评。历史上的先例如：

（1）伦敦水晶宫设计方案公布后，有人预言水晶宫必然倒塌，因为基础不坚强，挡风力脆弱，柱与梁联接不稳固，构架不刚挺，缺少斜撑等[37]。

（2）巴黎铁塔开工后，某些工程家预言，按照他们的计算，铁塔上升到221米高度时就会倒塌。

事实上，以上两座结构都是健全的。

（3）1913年亨奈比克完成罗马的钢筋混凝土“复兴桥”（Risorgimento）。一位德国教授立即用数学计算来肯定这桥有即将塌陷的危险。奈尔维当时刚从大学毕业，便反驳说那个时代的理论还不能充分阐明钢筋混凝土的特性。时间证明，奈尔维是正确的。他还认为巴黎铁塔座架夹杂些无用构件，有伤造型；又说沙里宁的鸟形纽约美国环球国际航空公司候机大厅处理方式过分繁重。但这里他抹杀了资本主义广告宣传竞争的特性。他又说悉尼歌剧院顶部壳体虽有构造的可能但未必简单而经济。事实证明他不幸而言中，这剧院造价是预算的17倍，用17年时间于1973年才完成。

还有，在柱的应力理论上，直到1947年还免不了有争议[38]，安全系数的仍有必要就否定了结构计算的精密程度；直到今天，法国还有建筑坚固保险金的规定[39]。最具讽刺意味的是19世纪结构理论权威，也是现代土木工程师前辈的奈维尔，他目击自己精心计算的巴黎塞纳河吊桥在完成前突然断毁以致惊惧毙命[40]。建筑的坚固来

[37] 水晶宫于1852年拆卸移建于肯特郡的塞登哈姆（Sydenham）作为陈列厅。最后不是由于这些所谓缺点倒塌，而是于1936年火灾焚毁。

[38]1744年欧拉（Leonhard Euler）首创柱的计算公式（Euler Formula），当时被误认为同时适用长柱（Slender Column）与短柱（Short Column）的计算，但实际并不适用于短柱。发现这问题后，又误认为无论长柱、短柱都不适用。1889年康西迪（Considere）与恩格塞尔（Engesser）都作出结论，认为计算长柱还是可用的。

[39] 法国的督检局（Bureau de Controle）有一条章程：建筑施工单位须预交一笔保证金作为完工后十年内发生工程缺陷或事故的赔款储备。尽管制图和施工过程都经过局派评估员的审阅和检查，仍感到不可靠而有作这规定的必要。这对一个历史上作为结构科学的先进者法国来说是一大讽刺。1959年法国地中海入口的阿姜河（Aryens）双曲薄壳堤滑动，严重伤害下游居民一案，使土壤专家特尔扎基和瑞士岩石力学专家调查研究作旷日持久争论。

[40] 奈维尔曾对结构分析作出最早的贡献，又使静力结构成为一门专业科学。他所遭遇的悲剧主要出自工程基础土质恶劣和排水困难，加上巴黎市政官僚机构的猜疑忌妒，使他久已熬受重担之后，又遭遇这项崭新工程试验的失败而深为沮丧，以致成为致命打击。

自精确的结构计算。十分重要的是服从自然规律，即顺着力的方向布置而不是相反[41]（图27，图28A、B）。建筑经济性也只能通过结构的固有特性取得。资本主义社会单纯从货币观点衡量经济，在建筑材料比人工便宜的地方，认为节省人工或多获利润就是经济，而从不考虑资源问题。古典建筑在材料上的使用，尽管逐步谋求节约，但由于尚未掌握科学规律而存在惊人的浪费。罗马圣彼得大教堂石造圆顶直径42m，厚3m，重10000吨，而耶那（东德）1925年建成的天像馆同为直径42m的钢筋混凝土薄壳圆顶，厚6cm，重300吨，只等于圣彼得圆顶重量的3%。现代结构科学趋势是谋求荷载能力与材料重量的比值不断提高，使用自重最轻而强度很大的材料[42]。在结构上求助于电子计算机更精密更迅速完成具有新技术风格的建筑。只要计算从埃及金字塔到1891年芝加哥16层砖墙承重办公楼历年各地建筑工程虚耗的砖石数量和取得很低的有效面积，就可意识到在追求安全感或显示统治阶级威慑庄严力量的主导思想下，浪掷了多少财富。在今天受科技日益发展的带动，建筑工作者当务之急是既能节约资源又能为广大人民解决理想的居住和工作的地方。

[41] 高迪和奈尔维所设计的一些实例说明了这一问题。奈尔维在1953年经办的罗马戛蒂毛纺厂（Gatti Wool Factory）环幅式楼板肋梁花纹图案表明，配筋位置和等静力方向的一致（图27）。高迪于第一次世界大战前夕为一西班牙家族桂勒（Guell）设计花园内的旱桥，应力荷载通过图解决定了挡土墙最有效的造型，并使石柱顺穹顶推力方向倾斜（图28A、B）。

[42] 自然界中动植物体结构材料的强度和自重比值最高的如贝壳、蛛网、蛋壳、悬臂树枝等，都是遵循经济法则的实例。

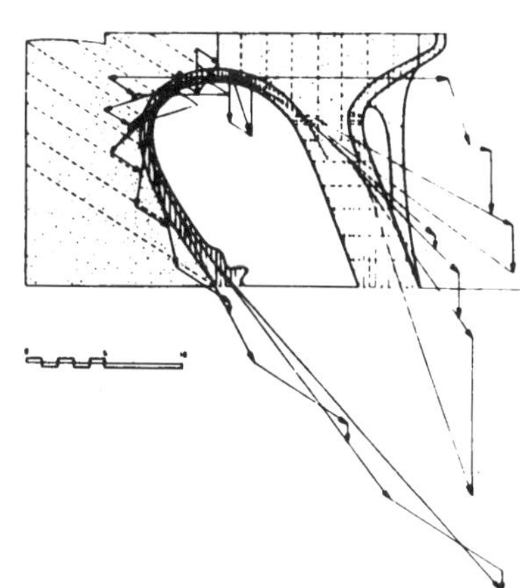

图28A、B 西班牙桂勒花园旱桥应力图解决定图中所示挡土墙坡度和石柱倾斜度

中国园林对东西方的影响

童寯

编者按：这是童寯教授的一篇遗稿。童教授在20世纪70年代初某外国杂志上，看到加拿大一学生给该杂志的信，认为日本是东方园林艺术的起源地，并影响了中国和西方。童先生因而撰写此文，以论证中国园林对东西方的影响。

作为珍贵的历史遗产，中国古典园林有其世界地位，这是西方学者早已公认的。1954年在维也纳召开世界造园联合会（IFLA）会议，英国造园学家杰利科（G.A.Jellicoe）致词说：世界造园史中三大动力是古希腊、西亚和中国；并指出，中国造园艺术对日本和18世纪的欧洲都起过影响。作为园林艺术探索者，我们试作如下申述。

生活中要求有调剂和多样化，在旧时代突出地表现在帝王离宫御苑和士大夫园池别墅中，这些地方是作为避暑、款待、优游的地方。中国文人所譬美的“城市山林”，正和意大利古典文学所称“Rus in Urbe”不谋而合。造园意图，在东方是通过林亭丘壑，模拟自然而几临幻境；在西方，则是整理自然，使井井有条。两个世界各自通过物质手段企图满足精神上的某种需求。

日本在公元前7世纪以前，就由朝鲜输入中国文化。

造园艺术承袭秦汉典例，用池中筑岛，仿效中土的海上神山。公元552年，通过朝鲜输入佛教。六百多年后，又从南宋接受禅宗和啜茗风气，为后来室町时代（1396—1572年）的茶道、茶庭打下精神基础，而逐渐达到日本庭园全盛时期。宋、明两代山水画家作品被摹成日本水墨画，用作造庭底稿，通过石组手法，布置茶庭、枯山水。室町时代的相阿弥（？—1525年）和江户时代（1603—1867年）的小堀远州（1576—1647年）把造庭艺术精炼到极简洁阶段而赋予象征性的表现，有时甚至濒于抽象，已经超脱中国影响而进入青出于蓝的境界。和远州同时的明末计成（万历十年即1582年生），工诗能画，又善造园，把实践经验写成《园冶》一书，于崇祯七年（1634年）付印；流入日本后，被称为《夺天工》，足征彼邦评价之高。明遗臣朱舜水，比计成晚一辈，也擅长造园，亡命日本，亲自带去计成所阐明的当时江南园林风格；今东京后乐园，仍然存在朱氏遗规如圆月桥、西湖和园竹等，被称为江户名园。最意味深长的是，日本庭园建筑物和配景标题以及园名，全用古典汉语，表达风雅根源，十足显示出中国影响。

希腊罗马规则对称造园法式，由拉丁民族继承下来。英国造园艺术最初就是由西班牙传入，然后又追随法国。到18世纪，开始抛弃传统，和东方起共鸣，形成英国造园自然化的风格，甚至把影响扩散到欧洲大陆，蔚为造园史上一段奇观，其根源值得思考。宗教和贸易是促进欧亚交通重要因素。公元13世纪，就由梵蒂冈派遣教使东来中土，威尼斯商人马可波罗并且入仕元廷，遗有游记，描述中国风土人情，园林城市。欧洲最早关于中国园林的具体情况，则来自驻华耶苏会传教士的著作和信札。从17世纪中叶起，并于中国史、地书刊陆续出现。1698年（康熙三十八年），驻北京天主教法国教士李明（Louis le Comte，1655—1729年）著《中国现状新志》三卷，涉及园林的池馆山石洞窟。这书引起欧陆人士很大的注意，重印五版并有英、荷译本。但在此以前，由于英印海上交通频繁，自然很早就会有关于中国园林的一些传闻，加上由华出口瓷器的蓝白园景和糊墙纸刻印的亭馆山池版画，都有助于西方对中国园林面貌的了解。早在1624年，英国诗人、外交家沃顿（Henry Wotton，1568—1639年）就说：工厂形式要规则，而园林则不求均衡。比他晚两辈的文学家谭卜尔（William Temple，1628—1699年）于1685年所著书中“如是我闻”的竟谓，在园林布置中，中国人不屑用直线对称，也无视条理秩序，这种形式谅必更为悦目，而只有富于才华的中国民族才作得出；就英国来说，最好知难而退。他的话没使英国人气馁，却引起英国造园学的革命。1743年（乾隆八年）法教士王致诚（P.Jean-Denis Attiret，1722—1768年）由北京致巴黎友人函，描述圆明园美妙景物，称之为“万园之园，惟此独冠”（Le Jardin des Jardins，ou le Jardin par excellence）。前此一年，英国东印度公司职员钱伯斯（William Chambers，1723—1796年）随船到广州，除游览广州商人园墅，还可能看到当时广州文人园如唐荔园、景苏园等。1761年他在所造伦敦郊区的丘园（Kew Gardens）内，修建中国式十层宝塔、孔子庙和中华馆，并于1772年著《东方园林论述》（Dissertation on Oriental Gardening），予中国园林以高度评价。比他长一辈的英国贵族凯姆斯（Henry Home Kames，1696—1782年）也认为中国园林比世界任何其他地方的都更出色。1793年（乾隆五十八年）英使马卡尔尼（George Macartney，1737—1806年）到北京，曾“奉旨在圆明园万寿山等处瞻仰并观水法”。英使带两名园丁同来，选携花木；嗣后英国人傅尔通（Robert Fortune）1842年也来华搜集植物，以充实英国日益丰富的品种，其中包括垂柳、银杏、辛夷、紫藤、牡丹、菊花、玫瑰。

中国经常为人所诩扬的唐朝王维（699—759年）辋川别业，是诗人、画家躬自经营的文人园。人称王维诗中有画、画中有诗；辋川就是诗、画结合的园林。这结合遂成为唐、宋以降被仿效的榜样，而更耐人寻味的是，变为18世纪英国风景园的精髓。英国资产阶级尤其贵族们在17世纪末期对传统规则式园林渐感单调而生厌，认为山林中的怪石断涧、野穴苍岩，比权门富室古典庭院中的方蹊直径更活泼而要求改变风格。在文学作品的薰陶下，风景园的含苞怒放已不可遏止；更加上法国画家普桑（Nicolas Poussin，1594—1665年）、劳仑（Claude Lorraine，1600—1682年）和意大利的罗沙（Salvator Rosa，1615—1673年）等的风景作品，最引起英国旅游大陆者的幽情雅兴。英国浪漫派散文作家阿迪森（Joseph Addison，1612—1719年）宣称，园林惟有像天然风景才有价值。还有蒲柏（Alexander Pope，1688—1744年），他说“凡园皆画”，主张以画理治园，而蒲柏本人就是赁地营园，自作规划，并为友人代庖，从实践中体会画与园关系的诗人。他立意投入诗中有园、园中有画的尝试，并制定造园三律，即：对比分明、意外之景和无尽意境。这和中国古典造园精神再切合不过了。蒲柏的好友史本斯（Joseph Spence），作为园艺家，也把诗、画连成一气，说园林是放大的画面。诗、画、园三艺术息息相关的结合，正是中国造园学说的最高成就。风景园先驱肯特（William Kent，1684—1748年）和蒲柏同时，也完全同意他的观点。肯特到意大利学绘画，深为罗沙、普桑等人的风景作品所吸引而决心作一个造园家，以便在自然界实现理想画面。回到英国之后，他在实践工作中，把规则式古典旧园一概铲平而代之以不规则式风景园，甚至栽一棵枯树使园入画。他所造的园，具有一连串画面，穿过一面又一面，就如在中国园庭步入一院又一院一样，具有时间结合空间的清新境界。他的名言是“自然界憎恶直线”（Nature Abhors a Straight Line），这同时正指出和东方园庭相似之点。他有子数人也能继承父业。文艺复兴时期，园林中没有石的安排。惠特里（Thomas Whateley）于1770年所著《近世造园论》中把土地、树木、水、石和建筑物作为造园素材，而首次肯定石在园林中的艺术地位。回观中国，在西汉梁孝王的兔园，就已经用石点缀园景。1705年，建筑师万博娄（John Vanbrugh，1664—1726年）在设计布仑海姆府第（Blenheim Palace）时，向主人建议延请画家参与园地布置。他这观点不久就被诗人、浪漫主义先驱申时东（William Shenstone，1714—1763年）所肯定。申时东认为山水画家是造园最优不过的人。布仑海姆园地经过更进一番改造，终于落到勃朗名下而最后修整成为杰作。勃朗（Lancelot Brown，1715—1783年）是英国风景园的杰出宗匠，具有化腐朽为神奇的本领。每遇委托，便在度量地势时宣称："这里大有可为"，因此博得"可为勃朗"（Capability Brown）的绰号。他的作风是把大片规则式绿地用树丛遮断，把成行林木分为若干堆，把方整池泉改为湖沼，广阔水面，林谷交织，排除花卉雕像；于是一幅天然图画出现在眼前。他能通过简洁手法，用少量物质，得最大效果。倘使再进一步，就接近日本的抽象石庭。他的主要成就在于改造旧园，因此又被呼为"改良家勃朗"（Brown the Improver）。

英国风景园至此已登峰造极，是全盛时期。但盛极而衰，到勃朗的门徒赖普顿（Humphery Repton）就改变作风，虽然着眼在风景构图，但有意识地不把园与画等量齐观；认识到由于视点、视野、时间等因素的差异，天然景物和山水画具有本质差别。本来18世纪中叶英国诗人已经感到风景园走得太远，19世纪一开始，就异口同声怀念古典园林，勃朗成为被批评的对象，整个18世纪的英国风景园运动就渐沉寂而最后收场。

当英国18世纪风景园的蓬勃发展时期，法国不但不落后，而且在16世纪就有仿中国的假山；1700年并有人试造风景园，这比英国早得多，只不过停顿在浅尝辄止阶段而没继续下去。18世纪中叶，英国风景园移殖大陆，法国才又想迎头赶上。就在这时，王致诚北京书缄到达巴黎。法国人把中、英园庭作一比较，发现两者声气相投，若合符节，因而创“英华园庭”（Jardin Anglo-Chinois）一词。法国人当时几乎热衷于英国每一事物，英国关于风景园的著作都广为翻译流传。1750年孟德斯鸠访问英国，返法之后，立即起造英华园庭，以满足其理性的、浪漫的田园式生活。卢梭著书鼓吹返回自然，更引起巴黎市内和近郊兴建英华园庭。最著称的是俄米浓维尔别墅（Ermenonville），是贵族吉拉丹（René de Girardin，1735—1808年）于1763年耗巨金所造的风景园，由主人和山水画家“目营心匠”，按粉本安排园景，其结果是英国造园家申时东自营别业的田园风味于此活现。吉拉丹认为俄米浓维尔山池之美，来自他们称的“诗心画眼”（The poet's feeling and the painter's eye），这何异出自明、清骚人墨客之口！18世纪下半叶正是继巴洛克（Barogue）之后，受中国陶瓷丝绸漆器濡染而出现的洛可可（Rococo）艺术时期。洛可可式与中国园亭细巧柔曲的风格形成默契，因而英华园庭的零星点缀建筑物都被纳入中国小品（Chinoiserie）的范畴，法国最著名一例是路易十四在凡尔塞宫园为娱其宠幸蒙台斯班夫人（Mme de Montespan）而建的蓝白瓷宫（Trianon de Porcelaine）。仅巴黎一地，有中国式桥、亭的园林就达20所。洛可可式也流入英国，造园家瓦尔普勒（Horace Walpole，1717—1797年）的风景式“草莓山”园就是一例。德国在风景园方面的著述翻译不下于法国。柏林波茨坦无愁宫园有中国式茶厅。德国其他地方又有“龙宫”、水阁、宝塔等点缀的园林。18世纪末，斯凯勒（F.W.von Sckell）到英国游览之后，回德国为一贵族起造风景园。19世纪初，德国诗人、交际家、贵族穆斯考（Pückler Muskau，1785—1871年）仿英国勃朗的体裁造一风景园，其规模之大竟致破产，使他不得不出售而与园永别，落得由浪漫主义开始，以伤感主义告终。风景园又由德国传入匈牙利、沙俄，以及瑞典，一直延续到19世纪30年代。由于中国小品是不耐久材料所造而且纯出于赶时髦，所以一转瞬间，就变为历史陈迹。

东西方哲学观点、风俗习惯，彼此径庭，而18世纪独在造园理论上完全吻合；既非如中、日的薪火相传，也很难说是纯出偶然。由英国开端的风景园，其中有和中国园林巧合的成份，也有被启发的成份，更有受直接影响的维妙维肖成份，东西方基本区别还是永久性的，偶成同调则是暂时的，中途不期而遇，而后又分道扬镳。

英国培根1625年著文论造园指出：“文明人类，先建美宕，营园较迟，因为园林艺术比建筑更高一筹。”很自然，培根是把园林当作上层建筑的上层。18世纪末，英、法首先开放都市大片绿地作为公园，任人游览而具有大众性。但私人园林在资产阶级世界是豪富和风雅文人的私产，阶级性极为明显。私园作为象牙之塔，仅供少数人欣赏使用，一般人只有向隅。曲桥曲径，琴童茶亭，都是消磨时间的媒介。剪树绿篱、石舫假山，全属违反自然、矫揉造作的表现。仙禽驯兽，古木湖石，和断崖废墟的点缀，除表达主人的闲情逸致，又暴露其消极颓废的人生观。但另一方面，亲眼看过中国园林的钱伯斯，他既有功于推动风景园的发展，又在伦敦丘园中，不但负责经营中国风格的建筑物和岩石园，更重要的是奠定了英国18世纪植物学科研基础，使丘园成为世界著名花木品种基地；这是英国风景园最有价值的贡献。在艺术处理方面，中国造园学的大小对比、明暗对比、虚实对比，和借景、对景以及“移天缩地”等手法也足供公园规划和绿化措施的参考。

中国古典园林主要散布在江南一带，其中苏州更是精华所在，集中大小园墅几乎百处以上，是世界上任何地方都少见的，这是由于苏州具有自然、经济、技术、艺术和文风等优越条件。旧时代虽然有文人记载名园，但多涉及雅人韵事，史乘轶闻，很少品评其艺术价值。园林主人对一般探访游客，或闭门不纳，或讳莫如深，而一当门庭中落，无力维修，就任亭台颓败，花木荒芜，以致逐渐沦为废墟而归湮灭。苏州园林大规模和有系统地修复，供人民游息之用，还是解放后的事。私家园墅保存下来，适当修改，加以利用，对社会主义建设事业还有其积极意义。

（原文由童寯先生 1973 年 11 月写，1974 年 1 月修改成文，原载于《建筑师》杂志第 16 期。）

陈 植

意境高逸，才华横溢——悼念童寯同志

陈　植

我国杰出的建筑师、建筑学家、建筑教育家童寯同志与世长辞了。这是我国建筑界的一个巨大损失。

童寯同志1900年生，满族，字伯潜，早年入沈阳第一中学，旋转天津新学书院。毕业后同时投考唐山交大及清华学校（清华大学前身），在唐山交大名列第一，但仍就读于清华。1925年毕业，公费留美，入宾夕法尼亚大学建筑系，1927年得学士学位。次年获硕士学位后，即在费城及纽约事务所实习，又往欧洲考察，足迹遍及英、法、德、意、瑞士、荷兰、奥地利、捷克等。他与我同窗五年，共事二十载，意气相投，成为莫逆之交。

童寯同志品德高洁，刚正不阿，秉性耿直，从不随波逐流，应声附和，从不自傲自负，思名思利。他爱憎分明，对志同道合者热情奔放，推心置腹，侃侃而谈，对班门弄斧、阿谀奉承者冷若冰霜，嗤之以鼻。他对文人中的剽窃行为极端鄙视，自己积累的资料则任人参考使用。他在执行建筑业务时严格遵循职业道德标准，不因揽业务而自我吹嘘，贬低别人或奉承业主。在设计某一电影院时受流氓的威胁，毫不畏惧，斥之于门外。当营造厂、材料商有所馈赠，他拒不接受。

他待人接物谦逊宽厚，对个人成就从未流露自满情绪，甚至认为不足挂齿，因之所作数百幅水彩画从不示人以自夸。1930年当他返国到沈阳时，梁思成同志以东北大学建筑系主任职位相让，他婉辞不就。“九·一八”事变的次年，东北大学建筑系三四年级学生流离失所，来沪请求续课，童寯同志呼吁建筑界好友与他共同义务为他们补习功课。历时两年，终于授课完毕，通过事先磋商由上海大夏大学发给文凭。他毕生克勤克俭，遇亲友急需，辄慷慨解囊相助。

童同志才华横溢，通古识今，是一位博览群书、知识渊博的学者。他在建筑历史、建筑理论、建筑设计、园林研究及绘画方面，无不有卓越成就。除此之外，他对音乐，特别是交响乐研究有素，曾熟读罗曼·罗兰所著《歌德与贝多芬》（法文版）。他对音乐不是单纯欣赏，而是将音乐思想用建筑设计反映出来，有基调、有起伏、有韵律、有节奏。他崇敬陶渊明、郑板桥的性格——平淡爽朗，峻峭高雅。

童寯同志手不释卷，笔不离手。他精通英文，通晓德、法文，习惯于边阅读边摘录，积累资料，从各个角度分析问题，在理论上深入探讨。他引证东西往往摆脱建筑学本身而从更广阔的领域观察建筑学中的问题，然后提出自己独特的见解。他经数十年的蕴蓄，在晚年奔流直下，成书十一册，论文十一篇，其他遗稿尚待整理。在建筑方面，他著有《日本近现代建筑》、《近百年西方建筑史》、《建筑科技沿革》、《新建筑与流派》、《外国纪念建筑史话》、《外中分割》、《北京长春园西洋建筑》等。在造园方面，他著有《江南园林志》、《造园史纲》、《随园考》、《亭》等。他尚有英文著作《中国建筑的外来影响》（Foreign Influence in Chinese Architecture）、《东南园墅》（Glimpses of Gardens in Eastern China）。他研究园林早于对建筑理论的探讨，在1932—1937年间，遍访上海、苏州、无锡、常熟、扬州及杭嘉湖一带，考察庭园，不辞辛劳，独自一人徒步（他从不乘人力车）踏勘、摄影、测绘。这一工作是十分繁重、艰苦而富有成效的。

他在病痛折磨中，还为《大百科全书》写“江南园林”这一条目，约千余字。逝世前四天疼痛难忍，还为教师修改英文讲稿，给博士研究生答疑，的确是拼搏到生命的最后一刻，可谓是“春蚕到死丝方尽”。由于他在中英文方面造诣极深，他的文笔不论中文或英文，总是古朴、凝炼、流畅，可与文学家媲美。

童寯同志的建筑设计别具风格。他在宾夕法尼亚大学期间，设计导师为“法国国家文凭建筑师”毕克莱(George Howard Bickley)。三年的就学中，他反对模仿，肆力于吸古今成独创，成绩卓著，深为毕克莱所赞许。由于导师的作风民主，平易近人，亦由于童寯同志独有见解，因之有时师生之间摆脱了指导与被指导关系，而是相互尊重，共同探讨。他曾先后获全美大学生设计竞赛一等奖、二等奖。

返国后，童寯同志在华盖建筑师事务所设计的有文化馆、图书馆、办公楼、银行、学校、住宅、公寓、旅馆、电影院、厂房。他思想敏捷，落笔迅疾，创作以格调严谨，比例壮健，线条挺拔，笔法简洁，色彩轻淡而取胜，不务华丽，不尚修饰。我们同事务所的建筑师三人之间曾相约摒弃“大屋顶”，只在某办公楼的设计中，由于要与原建筑群协调，不得不沿用古典形式。在民族形式方面，如南京原国民党政府“外交部”办公大楼有所突破，则童寯同志所设计的南京中山文化教育馆(抗战时毁于炮火）在融汇古今中外的尝试上是有示范意义的。馆的正门两旁屹立着两个柱塔，上部嵌以琉璃花砖，气势宏伟，以形传神地表达了浓厚的民族风貌。

童寯同志自幼学油画，因之对素描早有基础。在清华期间又攻水彩画。在宾夕法尼亚大学时得绘画教授、美国名水彩画家道森（George Walter Dawson）的指导，取得了非凡的成就。他运笔之迅捷，落笔之精确，使同学们称为“有照相机般的眼睛”（Photographic Eyes）。他对铅笔画、炭画、蜡笔画、粉笔画、水粉画无所不能，而最精于水彩画。他的水彩画，气度奔放，笔法刚劲，色彩绚丽，题材多样，深具吸引力。他善于运用淋漓的阔笔，亦善于运用枯涩的细笔。

他在中年曾习国画，从山水花卉名画家杨滌（定之）为师，两人性格均刚直坦率，极为契合。童寯同志所绘的高山峻岭，深谷幽溪，墨线纵横，墨点跃动，引人入胜。他喜宋画，更仰慕明画家徐渭（文长）的明快姿肆，清石涛（朱若极）的意匠苍健，以及清末“扬州八怪”和近代的黄宾虹、张大千。童离同志的山水意境高雅，逸笔草草，是他的气质和修养的映象。

永别矣，童寯同志！你的高尚精神境界、思想品质为后人树立了楷模。

（原稿载于《建筑师》第16期。）

学贯中西 业绩共辉——忆杨老仁辉、童老伯潜[1]

陈 植

【编者按】值此杨廷宝、童寯两位建筑学家诞辰90周年之际，东南大学建筑研究所和建筑系举办杨廷宝、童寯学术思想讨论会，又蒙建筑界老前辈陈植先生以耄耋之年，亲笔撰文，追忆与杨、童二老同窗往事，评述他们的丰功伟绩，感人至深。

纪念仁辉、伯潜诞辰90周年，不禁往事涟漪。回忆在清华学校（清华大学前身）和宾夕法尼亚大学同窗及以后各自执行建筑设计业务的半个多世纪中与仁辉的频繁交往，与伯潜融洽共事，令我感慨丛生。两老是我的挚友，更是我的良师。1982年12月13日至翌年3月28日仅三个多月之间，两位建筑界的大师相继随黄鹤而去，噩耗传来，震悼不已。当时，刘老士能（敦桢）、梁老思成、赵老渊如（深）已先后作古，建筑界同辈凋零殆尽，耄耋之年，痛感弧寐。仁辉和伯潜谢世时，我曾撰文[2]缅怀两老的卓越才华，渊博知识，杰出创作，严谨治学，俭厚流广，迄今思之情有未已。

两老家学渊源，自幼均勤于读，少则擅于画，仁辉与我于1915年同入清华学校中等科（当时清华分中等科，高等科，学制均四年）。他因成绩特佳，连升两级。伯潜

[1] 杨廷宝，字仁辉；童寯，字伯潜——编者注。

[2] 见《意境高逸，才华横溢》一文，载《建筑师》第16期，1983年10月出版。——编者注。

于1921年就读于高等科，仁辉适已毕业，前往宾夕法尼亚大学。两老先后在清华以素描、水彩成绩优良而引人注目。当时，在清华，绘画成名的闻多（留美返国后更名一多），于1919年秋与仁辉以及1921年级级友吴泽霖等组成一美术社。他们专有一间画室，除创作外还常介绍西方著名画家、雕塑家的经典作品。清华每年出版年刊由毕业班举办。1921年年刊即由闻多任美术编辑，刊名《辛酉镜》，仁辉亦参与其中。1925年年刊即由伯潜任美术编辑。当伯潜去宾夕法尼亚大学时，仁辉在该校获建筑硕士学位，并在导师保罗·克瑞（Paul Philippe Cret）的事务所工作，两人并未相识。伯潜在宾校亦获建筑硕士学位，导师为乔治·毕克莱（George Howard Bickley）。他和克瑞均为“法国国家文凭”的获得者，在建筑系教授中享有盛誉。仁辉与伯潜在校期间，频繁出入于图书室，为设计课题的需要或为理论的探讨而阅读、摘录、临图。

在20世纪20年代，仁辉和伯潜的建筑设计及水彩画先后在建筑系博得赞扬。在全美建筑系学生的设计竞赛中，仁辉荣获1924年艾默生奖竞赛（Emerson Prize Competition）一等奖，是教堂内一座巨大的柱式屏风，分层分格，布满了精美的浮雕。同年，他又被授予市政艺术协会奖竞赛(Municipal Art Society Prize Competition）一等奖，是一座大型综合性商场，体形稳健，层次分明，濒河有船只停泊。仁辉当得三等奖几次。伯潜在全美建筑系学生竞赛中获1927年亚瑟·斯·布鲁克纪念奖（Arthus Spayed Brooke Memcrial Prize）二等奖及1928年同一竞赛的一等奖。前者似为展览馆，中央大厅重点突出，四角设有小型展览厅，立面比例匀称，朴实无华；后者是座教堂，右侧有塔楼，已摒弃哥特式尖顶，代之以“近代古典”的风貌。以上的授奖并无仪式，费城报纸则载有报导并附设计照片。两老的优秀成绩决不是偶然的，而是由于聪颖逾人，久经熏陶，专心致志，攀登不懈。在1918—1921年期间，清华1918级校友朱彬在宾校获建筑硕士，亦曾几次得设计奖章。因之，在美国学生中传有两句口头语：一曰“这些中国人真棒(Damn Clever these Chinese)”；二曰“这是中国小分队（The Chinese Contingent)。”产生这两句话不是出于妒忌，而是由于赞赏，使同时在建筑系的七、八位中国学生感到骄傲。

仁辉在克瑞建筑师事务所工作两年，参加了克利夫兰博物馆的设计。我曾专从费城前往参观克瑞的这个杰作，分区明确，功能简捷，风格则古厚郁勃，温轻明快。仁辉还参加了其他设计，真不愧为克瑞的得意门生。他在欧洲游览后，于1927年春返国，受到1920年关颂声(麻省理工学院建筑学士)所建立的基泰工程司的再三聘请，加入了该公司。此时，朱彬在基泰已4年。仁辉从此即开始了他的设计创作生涯，直至1948年他断然拒绝关朱两人催促去港台开业。基泰的著名结构工程师杨宽麟（密歇根大学土木工程硕士）亦坚持留在大陆。伯潜于1928年冬得建筑硕士后即至费城某建筑师处工作，时我在纽约路易斯·康建筑师事务所工作，发现康通古识今，有高度艺术修养，擅德、法文，是赖特（Frank Lloyd Wright）的崇拜者。次年，我返国前向伯潜建议他去康的事务所。一年之中，他与康的关系非常和谐。这是1933年康应卡内基基金会之聘来我国考察时向我道及的。时伯潜已在研究中国园艺。我与他即邀康去苏州观赏园林。康曾惊叹地说；“这真是中国文化的精萃，见所未见，远非西方所能及。”他认为，这一竟日之游是他这次考察的终点，亦是顶点。

伯潜游欧返国后，与我一度在东北大学建筑系与思成共事，思成为系主任。在上海，赵老渊如方离范文照建筑师事务所，自设赵深建筑师事务所。1930年底，我得到浙江兴业银行的委托，设计该行大楼，因与渊如在清华和宾大熟识，他在沪已有声望，乃商之于他，于次年成立赵深陈植建筑师事务所，旋因委托项目多，遂考虑延聘伯潜来沪。伯潜接受邀请后不久即来，乃于1932年起将事务所更名为华盖建筑师事务所（英文名The Allied Architects）。3人合作整20年，自始至终，非常融洽，竟未有任何龃龉，贵在意见相互尊重，设计共同切磋，我得益甚多，愧不如也。华盖之赵、童犹如基泰之杨、朱、仁辉的创作项目、范围、时期均超越朱彬。基泰的伙伴4人和华盖的3人均为清华校友，官费留美，此亦一时成为佳话。

仁辉与伯潜之交实际上始于1939年在重庆中央大学建筑系兼课的过程中。两老的广见博闻，潜心学术，艺高从馨是逐渐形成莫逆之交的基础。1946年两老均举家迁至南京，仍分别负责基泰与华盖在南京的业务，华盖在新街口原交通银行大楼。我亦偶往参加工作，至少有两次见士能来，专为说服伯潜在当时以士能为主任的中大建筑系兼任教授，并言同时在敦请仁辉任教。士能曾言“不达目的，誓不罢休”。经过几个“三顾”，最后如愿以偿。三老终于成为中大及以后南工建筑系的三大支柱。这建筑系在教学与研究方面的优越成就和深远影响与三老的共同思想、共同追求、共同奋斗是分不开的。

50余年中，仁辉在建筑设计创作方面的优秀记录，建筑界尽人皆知，得到高度评价。伯潜的创作范围亦广，评价亦高。两老在建国以前的作品不胜枚举，即在这次举行的两老学术思想讨论会的南京，就可以举例。如仁辉的军区总医院、中山陵音乐台和南京航空学院，伯潜的陵园中山文化教育馆（抗战时被毁，照片见《建筑师》第16期21页）、南京饭店和南京下关电厂。作为凝固的音乐，这几个代表性建筑有主旋律，有配调，抑扬顿挫，相映成章。20世纪30年代能达到这样高的水平，突出当时的时代气息，值得赞扬，不可以今论昔。解放以后，仁辉的首次创作是北京和平宾馆（结构设计出于杨宽麟），在有限的空间内，布局既紧凑又舒畅。最成功的是沟通了金鱼胡同与西堂子胡同的交通。一度被诬为"方盒子"，实际上是简洁凝重，温馨古朴，方形窗户的排列表现了北京前门箭楼的格调。

关于两老的水彩画，有口皆碑，在老一辈建筑师中是无与伦比的。两老的画有雷同之处，即熟其性，取其神，有鲜明的中心，配以恰如其分的烘托，善于用淋漓的阔笔和枯涩的细笔。我为作此文，再次观赏了两老的画选[3]，深感画中有画，画外有画。仁辉的作品端庄淡雅，神韵纯厚，潇洒秀媚，清丽飘逸。伯潜的是苍劲奔放，简明朴实，浑厚蕴蓄，枯涩粗率。两老的艺术创作呈现了画品人品的浑然融汇，画如其人。仁辉深沉谦逊，伯潜倔强寡言，其实两老均有炽热的心肠，淡泊的胸怀，秉性耿直，严以律己，宽以待人，克勤克俭，乐于助人，从不矜己之长，更不攻人之短，可谓无求品自高，知足心自乐。

[3] 见1980年中国建筑工业出版社出版的《杨廷宝画选》和《童寯画选》。——编者注

仁辉与伯潜学贯中西，以坚韧不拔的精神，半个世纪如一日，勤奋耕耘，著书立说，积累了极其丰富可贵的经验，培养了一代又一代的建筑设计人才和建筑研究学者，对我国建筑事业作出了巨大贡献，两老桃李遍布国内外，已在两老谱写的历史上迈出时代的新步伐。

（原稿载于《建筑师》第40期。）

陈 占 祥

关于北京市城市规划的若干问题

陈占祥

北京市城市规划涉及的问题很多。这里我就两个主要问题，即城市性质与规模，发表一些看法。

一、首都的性质——政治中心

解放以来，首都已经由一个工业落后的消费城市建成为一个具有相当规模的工业城市。然而首都毕竟是全国的政治中心。重申这一性质是有重要意义的。明确这一性质并不等于不重视工业。作为首都，应该突出她的政治中心的地位，同时她仍要发展加工工业和服务工业。不过后者的发展必须要从属于首都作为政治中心的基本性质。今天明确这一性质不等于说过去没有注意这个问题。北京市城市建设的方针历来是为中央服务，为生产服务，为人民服务，只不过在城市发展过程的各阶段中，侧重点有所不同而已。今天重申这一性质，说明首都建设进入了一个新的阶段。

北京是政治中心，规划的主要对象当然是中央机关；它们的分布、组群和设计，将是决定首都面貌的决定因素。北京这个城市具有双重性，它既是首都，又是一个大城市——按今天规模来看，北京早已不是一个大城市而是一个大都会区。多少年来由于北京的双重性，规划工作由市局一级担任是很难胜任的。华盛顿也同样有双重性，那里设有联邦政府机关，因此华盛顿的建筑规划都由联邦政府华盛顿总建筑师向总统和国会负责，而华盛顿市的规划在20世纪60年代初才抓起来。华盛顿的联邦政府机关的规划，今天由联邦和市两级负责，但最终决定权仍在华盛顿总建筑师手中。我们北京的有关中央机关的规划设计权似乎也应该上交中央，当然它必须同市的总体规划配合，但最后决定权则应在中央。从过去经验来看，没有这一体制上的改革，首都规划工作仍会碰到很大困难。

由于政治中心这一性质，首都必然是外事活动中心。可以预料将来各国会在北京设立各种常设机构，商业的，文化的，新闻的等等；外侨一定大大增加。世界各国首都都是如此。接着而来的是设置外侨居住区、他们的生活福利设施、文化娱乐设施、子弟学校等等一系列的规划问题。这种居住区既要与一般居住区有所区别，又不能同市民群众截然分割，规划上是个难题。在各国首都都可以见到各种各样异国情调的餐厅和店铺，但我们到今天只有一般的所谓“西餐厅”，实质上是中式的西餐厅。对任何一个身居国外的侨民来说，不管居住国伙食如何美好，总不能代替自己一生所熟悉的家乡饭餐。对外侨来说这是个很重要的事情。我们要重视，要好好的在规划中做出安排，这对旅游事业也是有极大好处的。此外，外侨中有不少人是信奉宗教的。对我们来说这好像是不应当存在的问题，但对他们来说这是个非常严肃的问题。我看应当为这些外侨解决宗教礼拜的需要。提出以上一些设想仅是为了说明，由于城市性质的确定，从而派生出来一系列问题，要求在规划中予以认真考虑。同时由于中央机关在北京，国内人员来京出差开会等等如何安排，这也是城市性质所决定的规划任务。做规划必须具体地去研究这类问题并在规划中具体地体现出来，不能只停留在概念上。这是规划的具体内容，不是在土地使用图上涂上某种颜色可以一表了之的。

作为行政中心的首都，可能像世界各国首都一样，会发展相当规模的“第三级工业”，像服装、食品加工、文化用品、内部装饰、工艺美术等等。在规划中我们不能满足于名目罗列，应当研究世界各大首都现状，根据我们的需要与可能，确定我们当前能兴办些什么，应当在市区内如何分布，目前能办到什么规模，将来能发展到什么程度，更重要的是如何做好环境设计。

世界各国首都都是科技情报中心，又是文化中心。北京也不例外。这也需要在规划工作中加以认真研究。特别想提一下的是北京的博物馆等一类文化设施，与华盛顿、伦敦相比，显得太落后了，与我国疆土之大，历史之悠久极不相称。

确定了政治中心这一性质后，还要去规划由此而决定的城市生活内容。我们非但要知道我们应该做些什么，更重要的是要考虑如何把事情办成。办法靠我们去研究，然后提出实施步骤。搞规划一定要想到这一步。以往我们吃亏就在于远期谈得多，近期谈得少，甚至不谈。

二、城市规模

按北京现有规模来看，北京早已不是一个大城市，而是一个大都会区——所谓Metro-politan Area。

大都会区是近几十年来出现的新概念，它有别于以前的100万人口上下的大城市。北京今天市辖区范围已经达16000km^2；到2000年，在这一地区内人口将达1000万。这是一个十足的“大都会区”，就规模而言与世界上各大都会区没有什么区别。有的同志提出，到2000年城区人口控制在350万。这样的提法似乎在北京地区内今后会存在一个相当集中的建成区，叫做“城区”，外面还有一个相当广阔的农村地区；为保持两者之间的平衡，中间有一系列“小城镇”。伦敦这些年来在周围地区修建了17个新镇，其中一个位于伦敦大都会区（大伦敦市行政区），其余都在外缘地区。这些新镇建设并没有有效地阻止伦敦继续向四郊扩展，同时却又产生了新的问题，即旧市区的衰落。当然，在资本主义制度下，城市发展是受市场经济左右的，产生这种现象也很自然。我们有可能有计划按比例地进行建设，比他们更有把握控制城市人口与规模，但这不等于说我们可以照主观意志办事。

大都会区的出现是工业社会发展到现阶段的必然产物。它不同于以前城市的概念，这是由于（一）除了大都会的中心领导地位（即行政中心）外，还得设置大量的加工工业和服务工业——或者说第二和第三级工业；（二）经济活动分工越来越细，专业化程度越来越高；（三）现代交通运输的高度发展，使人的流动能力越来越大；（四）就业与居住地点的选择性越来越大。结果是大都会区面积空前扩展。这使规划概念也起了相应的变化。街道、广场、建筑群一类的尺度已经不能适应新的需要；单一的功能分区不能满足分工与协调的需要；生活水平的提高对游憩文娱要求更高；城市居民要求更方便地接近自然等等。不断变化着的社会需要对环境设计提出新的要求。当然我国城市现在尚未发展到这种阶段。但我们终究要进入世界先进工业国的行列。因此，西方目前在城市建设中所走过的道路值得我们认真研究。看来大都会区的形成不能单单归咎于资本主义制度下市场的作用，恐怕技术的高度发展、经济建设的迅速发展是形成大都会区的一个重要因素；这两者是相辅相成的。我看有些因素在我国城市中会起同样的作用。我们起步晚，但由于社会制度的优越性，我们完全可以避免西方在处理城市化问题上所经历的困难与危机。例如，旧市中心的衰落，促使大量企业外迁；居住面积的提高造成大量占用郊区良田；过分强调个人的流动性，导致居民点的过分分散等等；还有因此而引起一系列社会问题：地区内发展不平衡；居民贫富在地区上明显地表现出来；就业机会不平衡等等一系列所谓危机。

多少年来，各国的规划指导思想总是千方百计控制城市过分的发展，20世纪30、40年代的城市规划的编制总是以此为目的。可以说，没有一个大城市在这方面取得过任何成就。苏联做得比较好一些，但也远远没达到控制的目的。我们也是如此。虽然比起第三世界其他各国来，我们没有像孟买、马尼拉等亚洲地区大城市所经历的爆炸性的城市危机，充分证明了我们社会制度的优越性；但是规律性的东西是客观存在，由于我们的社会制度和先进思想，我们可以认识这些规律并且驾驭它，但不能取消它。城市建设必须为早日实现四化而创造条件，如果工业化要求有大都会区这样的城市规模，我们不能不这样按规律办事，如果非要为控制而控制，那么必然会事与愿违。这不等于说控制是不可能的，问题是要按照规律来控制。

有同志提出到2000年把北京市城区人口控制在350万。我觉得这样控制的根据是不足的——当然我也仅仅是从概念出发。我想提出的是：在城市规模问题上，我们是否应当研究一下，在北京市16000多平方公里范围内，人口估计为1000万的情况下，在四个现代化过程中，如何利用一切资源（从最广泛意义上说）来承担起首都的全部职能。目前我们是否要认真研究一下西方大都会区的发展史，把有用的经验集中起来以为我用。譬如说，法国的“整治区域”的做法就是很值得我们深入研究的问题。又如，国外按照大都会区进行规划的已经有斯德哥尔摩、哥本哈根、多伦多和2000年的华盛顿，而且前三城市已开始有了实践。这都是我们研究的对象。

研究规模归根结底是为了解决一个远期的问题——城市人口最终控制在哪一个水平上。这是很不好解决的，但在不久的将来我们总得要做到心中有数。不过，更重要的或许是当前的现实。所以，我想在研究远期规模的同时，还需研究目前面临的现实问题；譬如说，到1985年，北京建设规模应该是什么，现在我们可能做些什么，等等。

我认为，对于首都总要有个远期设想。这设想应当是很具体的。要做到这一点，关键是善于学习，明确我们自己的目标；然后从今天的实际出发，一步接一步去达到我们的目标。这样做或许能更早些看清我们将来的目标（包括规模在内），也能结合当前实际解决一些迫切问题。

（原文载于《建筑师》杂志第2期。）

雅典宪章与马丘比丘宪章述评

陈占祥

马丘比丘宪章是继雅典宪章以后对世界城市规划和建筑设计界颇有影响的一个文件。1933年雅典宪章的制定，对西方的建筑理论与实践曾起过很大的影响，但随着时间的推移，社会经济的发展，实践证明，雅典宪章存在着不少理论上的根本缺陷。特别是第二次世界大战以后，在西方曾出现规模较大的居住区建筑，如美国圣路易的依格罗，英国伦敦的罗汉姆敦以及早期的新城建设等等。在实践中，人们对这些早期的理论观点开始怀疑，到20世纪60年代，基本上放弃了这种设计思想。

1933年的雅典宪章是在勒·柯布西耶（Le Corbusier）影响下产生的。勒·柯布西耶的设计思想最早体现在马赛公寓的设计中。这是一个单幢建筑物，但实质上它是一个小区；勒·柯布西耶把小区的“商业街”、“福利设施”和“游憩绿地”都搬进楼内；首层是一排排“鸡腿”，首层空间与地面园林相连接。这是勒·柯布西耶的著名主张“太阳城”中的一个基本单元。通过这项工程，他用具体实例来阐明他的理论，即以人的尺度为基础的模度制。从勒·柯布西耶一生的建筑实践中可以看出，他确实是西欧文化，尤其是文艺复兴传统的真正继承人，尽管他似乎看来与古典的巴黎美术学院派是势不两立的。

1933年的雅典宪章的思想根源是古希腊的理性主义。1977年制定的马丘比丘宪章取名于一个被遗忘的拉丁美洲古代文化传统。这个传统不像古希腊那样强调人凭着自己的理性去驾驭自然，而是“表现出对自然环境的尊重”。这很可能是两个宪章的根本分歧之所在。

其实，这两种观点的争论由来已久。最近的例子是弗兰克·劳埃德·赖特（Frank Lloyd Wright）与勒·柯布西耶之间的对立；前者对后者发展到势不两立、水火不相容的程度；后者却保持了有礼貌的静默。勒·柯布西耶是典型的欧洲“城里人”，而赖特来自美国的大草原，祖先是当地人，是名符其实的“乡下人”。赖特的设计基地“泰利辛”就是一个规模不小的农庄。因此，勒·柯布西耶的建筑思想建立在所谓的城市生活之上，而赖特的建筑基础是大地，是自然——这是他的“有机建筑”的思想实质。虽然赖特也曾从事过“城市规划”的设想，但他的“广亩城”（Broadacre City），实质上是对城市的否定。用他的话说，这是个没有城市的城市。他认为大城市应当让其自行消灭。

其实，这两派的目的都是为建筑设计寻找思想依据。用今天西方理论上常常碰到的一个字眼来说，这就是Context——苦于想不出一个恰当的译名，能不能说是“设计依据”呢？

雅典宪章是由“现代建筑国际会议”（Congrès Internationaux d'Architecture Moderne，简称CIAM）提出的。CIAM于1928年在瑞士成立，公开宣称它的目的是要把“建筑建立在真正的基础上，即经济的和社会的基础上”并认为“城市规划是集体生活的各项功能组织；对乡村地区以及对城市地区，道理都是一样”。第二次会议在法兰克福召开，会议的结论以“最低收入者的住宅”一文发表，并举行了一次“低造价住宅”设计展览。低价造住宅是当时欧洲各国最关心的问题。第三次会议于

1930年在布鲁塞尔召开，这次会议把工作再推前一步，由低造价住宅发展到邻里单元设计，研究如何最大限度来满足居民需要并提出如何改进现有立法程序从而保证计划的实现。会议的结论发表于“合理的基地地块划分”(Rational Lot Division，1931年斯图加特出版)。从这次会议起，CIAM的重点才转移到城市规划，认识到城市与区域规划是解决建筑问题的关键所在。因此，CIAM主席改选，由阿姆斯特丹城市规划处的科内尔·冯·依斯德伦（Cornell Van Easteren）担任。他同CIAM的荷兰分支成员一起承担了下届会议的准备工作，他们曾于1931年、1932年、1933年几次同欧洲各国成员举行了工作会议。第四次会议在1933年召开，议题为“功能城市”，会议是在一条油轮上举行的，由马赛出发开往雅典再返回。参加会议的除建筑师外，还邀请了音乐家、诗人、作家、画家等等。在雅典，他们在帕提农神庙底下一所大学里讨论了以后命名的“雅典宪章”。

从以上简单的历史过程可以看到雅典宪章的出发点是建筑。为了解决建筑理论与实践，他们最终找到城市与区域规划是问题的关键。这一点是极其重要的。它说明建筑与城市规划是一个问题的两个方面，是不可分割的。对我们来说，这是有很大现实意义的。今天我们从事建筑设计的同志总是把城市规划看作与我无关；从事规划的同志则不过问建筑，只看到自己的“总体规划”。这个认识上的错误实在是我们城市体型环境找不到良好表现形式的一个重要原因。这一局面对现代化城市建设极为不利，急需引起我们严重的注意，从建筑教育开始，努力把割裂的关系统一起来。

雅典宪章在我国曾经有个翻译本，书名叫《都市计划大纲》。编译同志还作了注解，把雅典宪章简单地说成是都市计划大纲。确实，就其内容来看，谈的是规划问题，但其涉及面还比较窄，实质上还是谈的建筑。CIAM

就是研究现代建筑的。这个现代建筑的特征就是建筑与城市规划的不可分割性。就是在1933年这也不是新问题。如果研究一下，从19世纪中叶开始的现代建筑运动的萌芽，就可以看出建筑必然同经济的、社会的，也就是城市问题紧密地联系在一起。现代城市规划奠基人之一帕特里克·吉弟斯（Patrick Gedes）是位著名的社会学家。他的学生有当今的刘易斯·芒福德（Lewis Mumford）。这些人早已把建筑引向城市的领域。现代建筑运动中重要的理论基础是改良社会主义，它的创始人之一威廉·莫里斯（William Morris）是英国费边社的创始人之一，也是当年英国工人运动的领导人之一，但在工人运动起来时，却成了叶公好龙。勒·柯布西耶在他的《走向新建筑》一书里有一章叫做“建筑还是革命”，认为建筑搞好了可以不必革命！

勒·柯布西耶就是CIAM的首要人物，是雅典宪章的主要起草人之一。其他还有华尔特·格罗皮乌斯（Walter Gropius），科内尔·冯·依斯德伦，约瑟·路易斯·塞特（Jose Louis Sert），西格费尔·吉迪翁（Sigfriel Giedion），马克斯韦尔·弗赖伊（Maxwell Fry）。

雅典宪章发表以后确实对西方建筑教育和建筑实践起了巨大作用，它的功绩就是扫除了当时建筑界中的巴黎美术学院的形式主义设计思想——当然不是全部——把建筑设计同经济的、社会的因素结合起来。在过去，建筑大师们从不考虑劳动人民的居住问题，更不用谈城市了。在西方，建筑师由于职业的特性，只能为大资本家服务。即使是这些稍有觉醒的建筑师也不可能真正担任起改造整个城市的任务。他们凭着自己善良的愿望，但又不敢触动社会的根本制度，以为用自己的为社会着想的蓝图就可以建设起人间理想乐土。第二次大战以后30年的事实证明，他们的理论与实践和雅典宪章的指导思想有着根本性的弱点。对于这些缺陷，马丘比丘宪章按问题的重要程度逐条予以修正，并简单扼要地予以阐说。新宪章起草人提出的修正并不是由于他们高明而提出独到见解，他们所做的不过是过去30年的经验总结所得。

这30年的经验是：第二次世界大战结束，西方执政人很明白自己所处地位的危险，能否在战后废墟上复兴，事关统治阶级的存亡；因此，早在战争结束之前，他们就已经在准备福利社会的蓝图，战争结束，各政党的竞选纲领最激烈地集中在重建家园的问题上。大战中的英雄邱吉尔让位给工党的艾德礼。人民要和平建设，要过问一切与自己切身有关的事业，要参与一切社会的政治和经济活动。人民要发言，统治阶级不得不做出让步，让步是为了保存其自身。这些巨大的社会变化在建筑与规划领域都有反映，在马丘比丘宪章中都可以清楚看到。这一修改过的宪章是为了要在新的形势下指出建筑与城市规划应该有什么样的指导思想来适应时代的变化。现代建筑运动如果要继续前进，没有这么一个适应过程，是不可能的。估计这一修正后的宪章在今后建筑发展上会有很大影响，像其前身一样会在一定时期内起到它的作用。

然而，马丘比丘宪章像其前身一样不可能有其实施的必要前提；那就是，归根结底，在那里不可能有一个真正为人民服务的社会制度。可是，也不能否认，当西方能认识到问题的实质并做出相应反应时，他们的事业是会向前推进的。就这点来说，这是值得我们学习的。

附1：雅典宪章

（1933年8月现代建筑国际会议拟订于雅典）

一　定义和引言

城市与乡村彼此融会为一体而各为构成所谓区域单位的要素。

城市是构成一个地理的、经济的、社会的、文化的和政治的区域单位的一部分，城市即依赖这些单位而发展。

因此我们不能将城市离开它们所在的区域作单独的研究，因为区域构成了城市的天然界限和环境。

这些区域单位的发展有赖于下列各种因素：

(1) 地理的和地形的特点——气候，土地和水源，区域内及区域与区域间之天然交通。

(2) 经济的潜力——自然资源（包括土壤，下层土，矿藏原料，动力来源，动植物）；人为资源（包括农工业产品）；经济制度和财富的分布。

(3) 政治的和社会的情况——人口的社会组织，政体及行政制度。

所有这些主要因素集合起来，便构成了对任何一个区域作科学的计划之惟一真实的基础，这些因素是：

(1) 互相联系的，彼此影响的。

(2) 因为科学技术的进步，社会政拾经济的改革而不断的变化的。

自有历史以来，城市的特征，均因特殊的需要而定：如军事性的防御，科学的发明，行政制度，生产和交通方法的不断发展。

由此可知，影响城市发展的基本因素是经常在演变的。

现代城市的混乱是机械时代无计划和无秩序的发展所造成的。

二　城市的四大活动

居住、工作、游息与交通四大活动是研究及分析现代城市设计时最基本的分类。下面叙述现代城市的真实情况，并提出改良四大活动缺点的意见。

三　居住是城市的第一个活动

现在城市的居住情况：

城市中区的人口密度太大，甚至有些地区每公顷的居民超过1000人。

过度拥挤在现代城市中，不仅是中心区如此，因为19世纪工业的发展，即在广大的住宅区中亦发生同样的情形。

在过度拥挤的地区中，生活环境是非常不卫生的。这是因为在这种地区中，地皮过度的使用，缺乏空旷地，而建筑物本身也正在一种不卫生和败坏的情况中。这种情况，因为这些地区中的居民收入太少，故更加严重。

因为市区不断的扩展，围绕住宅区的空旷地带亦被破坏了，这样就剥削了许多居民享受邻近乡野的幸福。

集体住宅和单幢住宅常常建造在最恶劣的地区，无论就住宅的功能讲，或是就住宅所必需的环境卫生讲，这些地区都是不适宜于居住的。比较人烟稠密的地区，往往是最不适宜于居住的地点，如朝北的山坡上，低洼、潮湿、多雾、易遭水灾的地方或过于邻近工业区易被煤烟、声响振动所侵扰的地方。

人口稀疏的地区，却常常在最优越的地区发展起来，特享各种优点：气候好，地势好，交通便利而且不受工厂的侵扰。

这种不合理的住宅配置，至今仍然为城市建筑法规所许可，它不考虑到种种危害卫生与健康的因素。现在仍然缺乏分区计划和实施这种计划的分区法规。现行的法规对于因为过度拥挤，空地缺乏，许多房屋的败坏情形及缺乏集体生活所需的设施等等所造成的后果并未注意。它们亦忽视了现代的市镇计划和技术之应用，在改造城市的工作上可以创造无限的可能性。

在交通频繁的街道上及路口附近的房屋，因为容易遭受灰尘噪声和嗅味的侵扰，已不宜作为居住房屋之用。

在住宅区的街道上对于那些面对面沿街的房屋，我们通常都未考虑到它们获得阳光的种种不同情形，通常如果街道的一面在最适当的钟点内可以获得所需要的阳光，则另外一面获得阳光的情形就大不相同，而且往往是不好的。

现代的市郊因为漫无管制的迅速发展，结果与大城市中心的联系（利用铁路公路或其他交通工具）遭受到种种体形上无法避免的障碍。

根据上面所说的种种缺点，我们拟定了下面几点改进的建议：

住宅区应该占用最好的地区，我们不但要仔细考虑这些地区的气候和地形的条件，而且必须考虑这些住宅区应该接近一些空旷地，以便将来可以作为文娱及健身运动之用。在邻近地带如有将来可能成为工业和商业区的地点，亦应预先加以考虑。

在每一个住宅区中，须根据影响每个地区生活情况的因素，订定各种不同的人口密度。

在人口密度较高的地区，我们应利用现代建筑技术建造距离较远的高层集体住宅，这样才能留出必需的空地，作公共设施娱乐运动及停车场所之用，而且使得住宅可以得到阳光空气和景色。

为了居民的健康，应严禁沿着交通要道建造居住房屋，因为这种房屋容易遭受车辆经过时所产生的灰尘、噪声和汽车放出的尾气、煤烟的损害。

住宅区应该计划成安全舒适方便宁静的邻里单位。

四　工　作

叙述有关工商业地区的种种问题：

工作地点（如工厂、商业中心和政府机关等）未能按照各别的功能在城市中作适当的配置。

工作地点与居住地点，因事先缺乏有计划的配合，产生两者之间距离过远的旅程。

在上下班时间中，车辆过分拥挤，即起因于交通路线缺乏有秩序的组织。

由于地价高昂，赋税增加，交通拥挤以及城市无管制而迅速的发展，工业常被迫迁往市外，加上现代技术的进步，使得这种疏散更为便利。

商业区也只能在巨款购置和拆毁周围的建筑物的情形下，方能扩展。

可能解决这些问题的途径：

工业必须依其性能与需要分类，并应分布于全国各特殊地带里，这种特殊地带包含着受它影响的城市与区域。在确定工业地带时，须考虑到各种不同工业彼此间的关系，以及它们与其他功能不同的各地区的关系。

工作地点与居住地点之间的距离，应该在最少时间内可以到达。

工业区与居住区（同样和别的地区）应以绿色地带或缓冲地带来隔离。

与日常生活有密切关系而且不引起扰乱危险和不便的小型工业，应留在市区中为住宅区服务。

重要的工业地带应接近铁路线、港口、通航的河道和主要的运输线。

商业区应有便利的交通与住宅区及工业区联系。

五　游　息

游息问题概述：

在今日城市中普遍地缺乏空地面积。

空地面积位置不适中，以致多数居民因距离远，难得利用。

因为大多数的空地都在偏僻的市外围或近郊地区，所以无益于住在不合卫生的市中心区的居民。

通常那些少数的游戏场和运动场所占的地址，多是将来注定了要建造房屋的。这说明了这些公共空地时常变动的原因。随着地价的高涨，这些空地又因为建满了房屋而消失，游戏场等不得不重迁新址，每迁一次，距离市中心便更远了。

改进的方法：

新建住宅区，应该预先留出空地作为建筑公园运动场及儿童游戏场之用。

在人口稠密的地区，将败坏的建筑物加以清除，改进一般的环境卫生，并将这些清除后的地区改作游息用地，广植树木花草。

在儿童公园或儿童游戏场附近的空地上设立托儿所、幼儿园或初级小学。公园适当的地点应留作公共设施之用，设立音乐台、小图书馆、小博物馆及公共会堂等，以提倡正当的集体文娱活动。

现代城市盲目混乱的发展，不顾一切的毁坏了市郊许多可用作周末的游息地点。因此在城市附近的河流、海滩、森林、湖泊等自然风景幽美之区，我们应尽量利用它们作为广大群众假日游息之用。

六 交 通

关于交通与街道问题的概述：

今日城市中和郊外的街道系统多为旧时代的遗产，都是为徒步与行驶马车而设计的；现在虽然不断的加以修改，但仍不能适合现代交通工具（如汽车、电车等）和交通量的需要。

城市中街道宽度不够，引起交通拥挤。

现在的街道之狭窄，交叉路口过多，使得今日新的交通工具（汽车电车等）不能发挥他们的效能。

交通拥挤为造成千万次车祸的主要原因，对于每个市民的危险性与日俱增。

今日的各条街道多未能按着不同的功能加以区分，故不能有效的解决现代的交通问题。这个问题不能就现有的街道加以修改（如加宽街道、限制交通或其他办法）

来解决，唯有实施新的城市计划才能解决。

有一种学院派的城市计划由“姿态伟大”的概念出发，对于房屋、大道、广场的配置，主要的目的只在获得庞大纪念性排场的效果，时常使得交通情况更为复杂。

铁路线往往成为城市发展的阻碍，它们围绕某些地区，使得这些地区与城市别的部分隔开了，虽然它们之间本来是应该有便捷与直接的交通联系的。

解决种种最重要的交通问题需要下面几种改革：

摩托化运输的普遍应用，产生了我们从未经验过的速度，它激动了整个城市的结构，并且大大的影响了在城市中的一切生活状态，因此我们实在需要一个新的街道系统，以应现代交通工具的需要。

同时，为得准备这新的街道系统，需要一种正确的调查与统计资料，以定街道合理的宽度。

各种街道应根据不同的功能分成交通要道，住宅区街道，商业区街道，工业区街道等等。

街道上的行车速率，须根据其街道的特殊功用，以及该街道上行驶车辆的种类而决定。所以这些行车速率亦为道路分类的因素，以决定为快行车辆行驶之用或为慢行车辆之用，同时并将这种交通大道与支路加以区别。

各种建筑物，尤其是住宅建筑应以绿色地带与行车干路隔离。

将这种种困难解决之后，新的街道网将产生别的简化作用。因为借有效的交通组织将城市中各种功能不同的地区作适当的配合以后，交通即可大大减少，并集中在几条主要的干路上。

七　有历史价值的建筑和地区

有历史价值的古建筑均应妥为保存，不可加以破坏。

（一）真能代表某一时期的建筑物，可引起普遍兴趣，可以教育人民。

（二）保留其不妨害居民健康者。

（三）在所有可能条件下，将所有干路避免穿行古建筑区，并使交通不增加拥挤，亦不使妨碍城市有机的新发展。

在古建筑附近的贫民窟，如作有计划的清除后，即可改善附近住宅区的生活环境，并保护该地区居民的健康。

八 总 结

以上各章的总结与说明：

我们可以将前面各章关于城市四大活动之各种分析总结起来说：现在大多数城市中的生活情况，未能适合其中广大居民在生理上及心理上最基本的需要。

自机器时代开始以来，这种生活情况是各种私人利益不断滋长的一个表现。

城市的滋长扩大，是使用机器逐渐增多所促成——一个从工匠的手工业改成大规模的机器工业的变化。

虽然城市是经常的在变化，但我们可以说普遍的事实是：这些变化是没有事先加以预料的，因为缺乏管制和未能应用现代城市计划所认可的原则，所以城市的发展遭受到极大的损害。

一方面是必须担任的大规模重建城市的迫切工作，一方面却是市地的过度分割。这两者代表了两种矛盾的现实。

这个尖锐的矛盾，在我们这个时代造成了一个最为严重的问题：

这个问题是使我们急切需要建立一个土地改革制度，它的基本目的不但要满足个人的需要，而且要满足广大人民的需要。

如两者有冲突的时候，广大人民的利益应先于私人的利益。

城市应该根据它所在区域的整个经济条件来研究，

所以必须以一个经济单位的区域计划，来代替现在单独的孤立的城市计划。

作为研究这些区域计划的基础，我们必须依照由城市之经济势力范围所划成的区域范围来决定城市计划的范围。

城市计划工作者的主要工作是：

一、将各种预计作为居住、工作、游息的不同地区，在位置和面积方面，作一个平衡的布置，同时建立一个联系三者的交通网。

二、订立各种计划，使各区依照它们的需要和有机律而发展。

三、建立居住、工作和游息各地区间的关系，务使在这些地区间的日常活动可以最经济的时间完成，这是地球绕其轴心运行的不变因素。

在建立城市中不同活动间的关系时，城市计划工作者切不可忘记居住是城市的一个为首的要素。

城市单位中所有的各部分都应该能够作有机性的发展。而且在发展的每一个阶段中，都应该保证各种活动间平衡的状态。

所以城市在精神和物质两方面都应该保证个人的自由和集体的利益。

对于从事于城市计划的工作者，人的需要和以人为出发点的价值衡量是一切建设工作成功的关键。

一切城市计划应该以一幢住宅所代表的细胞作出发点，将这些同类的细胞集合起来以形成一个大小适宜的邻里单位。以这个细胞作出发点，各种住宅、工作地点和游息地方应该在一个最合适的关系下分布到整个的城市里。

要解决这个重大艰巨的问题，我们必须利用一切可以供我们使用的现代技术，并获得各种专家的合作。

一切城市计划所采取的方法与途径，基本上都必须要受那时代的政治社会和经济的影响，而不是受了那些最后所要采用的现代建筑原理的影响。

有机的城市之各构成部分的大小范围，应该依照人的尺度和需要来估量。

城市计划是一种基于长宽高三度空间而不是长宽两度的科学，必须承认了高的要素，我们方能作有效的及足量的设备以应交通的需要和作为游息及其他用途的空地的需要。

最急切的需要，是每个城市都应该有一个城市计划方案与区域计划、国家计划整个的配合起来，这种全国性、区域性和城市性的计划之实施，必须制定必要的法律以保证其实现。

每个城市计划，必须以专家所作的准确的研究为根据，它必须预见到城市发展在时间和空间上不同的阶段。在每一个城市计划中必须将各种情况下所存在的每种自然的、社会的、经济的和文化的因素配合起来。

（清华大学营建学系1951年10月译）

附2：马丘比丘宪章

1933年现代建筑国际会议（简称CIAM）通过了一个文件，即后来著名的“雅典宪章”。此后，这一文件多少年来一直是欧美高等建筑教育的指针。1977年12月，一些城市规划设计师聚集于利马（LIMA），以雅典宪章为出发点进行了为时一周的讨论，四种语言并用，提出了包含有若干要求和宣言的马丘比丘宪章（CHARTER OF MACHU PICCHU）。

12月12日与会人员在秘鲁大学建筑与规划系学生以及其他见证人陪同下来到了马丘比丘山的古文化遗址签署了新宪章，以表示他们对在专业培训及实践方面所提倡与探索的规划设计原理的坚定信念。

文件签署人明确表示马丘比丘宪章对于各设计专业，

不应当是灵丹妙药，它不过是为了促使对专业的目标和职能进行多学科的综合评述。本宪章也旨在促进公开辩论，并过问各国政府所能够做到也应当采纳的有关改进世界上人类居住点的质量的政策与措施。

国际建协（IUA）将授于国立利马大学以众所渴慕的琼·楚米奖金，以表彰该大学召开国际著名设计人士座谈会起草本宪章的首创精神。此奖金将于1978年10月在墨西哥城召开的第13届国际建协大会上正式颁发给宪章签署人代表团。

马丘比丘诗人，帕勃罗·聂鲁达（Pablo Neruda）曾以他卓越的隐喻笔法把这座被人遗忘的城市描写成为“最高大的熔炉，它长期熔炼着我们的沉默。”我们这些聚集在一起的建筑师、教育家和规划师，承担了冲破当前的沉默这项严肃任务，本文件就是我们第一次集体努力的结果。

自从现代建筑国际会议（CIAM）发表了关于城市规划的理论与方法的文件以来，几乎已有45年，那文件就是“雅典宪章”。最近几十年来出现了许多新的情况要求对宪章进行一次修订。我们的成果应当成为国际性的各学科间的分析与辩论的课题，所有国家的知识界和专业人员，研究院和大学都应当参加。

过去曾有多次努力，想把雅典宪章更新一下。本文件只是作为我们所承担的工作的开始。1933年的雅典宪章仍然是本时代的一项基本文件；它可以提高、改进，但不是要放弃它。雅典宪章提出的许多原理到今天还是同当年一样地有效，它是建筑与规划的现代运动的生命力和连续性的证明。

1933年的雅典，1977年的马丘比丘，这两次会议的地点是具有重要意义的。雅典是西方文明的摇篮，马丘比丘是另一个世界的一个独立的文化体系的象征。雅典代表的是亚里士多德和柏拉图学说中的理性主义，而马丘比丘代表的却都是世界上启蒙主义思想所没有包括的，单凭逻辑所不能分类的一切。

雅典宪章所包含的各项概念，按照世界大多数国家在城市化问题的讨论中所占的重要程度，依次提出如下：

城市与区域

雅典宪章承认城市及其周围区域之间存在着基本的统一性。由于社会认识不到城市增长和社会经济变化所带来的后果，所以迫切需要毫不含糊地具体地对这项原则予以重新肯定。

今天由于城市化过程正在席卷世界各地，已经刻不容缓地要求我们更有效地使用现有人力和自然资源。城市规划既然为需求、问题和机会提供了重要的系统的分析方法，一切与人类居住点有关的政府部门的基本责任就是要在现有资源限制之内对城市的增长与开发制定指导方针。

规划必须在不断发展的城市化过程中反映出城市与其周围区域之间的基本动态的统一性，并且要明确邻里与邻里之间，地区与地区之间以及其他城市结构单元之间的功能关系。

规划的专业训练和技术必须应用于各级人类居住点上——邻里、乡镇、城市、都市地区、区域、州和国家——以便指导建设的定点、进程和性质。

一般地讲，规划过程包括经济计划、城市规划、城市设计和建筑设计，它必须对人类的各种需求作出解释和反应。它应该按照可能的经济条件和文化上的重要性提供与人民要求相适应的城市服务设施和城市形态。为达到这些目的，城市规划必须建立在各专业设计人、城市居民以及公众和政治领导人之间的系统的不断的互相协作配合的基础上。

宏观经济计划与实际的城市发展规划之间的普遍脱

节已经浪费掉为数不多的资源并降低了两者的效用。以笼统的、相对抽象的经济政策为基础而作出的各种决定，往往在城市用地范围上反映出它的副作用。国家和区域一级的经济决策很少直接考虑到城市建设的优先地位和城市问题的解决以及一般经济政策和城市发展规划之间的功能联系。结果系统的规划与建筑设计的潜在效益往往不能有利于大多数人民。

城市增长

自从雅典宪章问世以来，世界人口已经翻了一番，正在三个重要方面造成严重的危机，即生态学、能源和食物供应。由于城市增长率大大超过了世界人口的自然增加，城市衰退已经变得特别严重，住房缺乏，公共服务设施和运输以及生活质量的普遍恶化已成了不可否认的后果。

雅典宪章对城市规划的探讨并没有反映最近出现的农村人口大量外流而加速城市增长的现象。

可以看到城市的混乱发展有两种基本形式：

第一种是工业化社会的特色，就是私人汽车的增长，较为富裕的居民都向郊区迁移。而迁到市中心区的新来户以及留在那里的老户缺乏支持城市结构和公共服务设施的能力。

第二种型式是发展中国家的特色，在那里大批农村住户向城市迁移，大家都挤在城市边缘，既无公共服务设施又无市政工程设施。要处理这种情况远远超出了现行城市规划程序所可能做到的范畴。目前所做的不过是对这些自发的居住点凑合着提供一些最起码的公共服务。为提供小小的公共服务、卫生设施和住房所做的努力往往是自相矛盾地反过来加剧了问题的严重性，更加鼓励了向城市迁移的势头。

因此不论是哪一种型式，不可避免的结论是：人口增加，生活质量就下降。

分区概念

雅典宪章设想，城市规划的目的是综合四项基本的社会功能——居住、工作、游息和交通，而规划就是为了解决它们之间的相互关系和发展。这就引出了把城市划分为各种分区或几个组成部分的做法，于是为了追求分区清楚却牺牲了城市的有机构成。这一错误的后果在许多新城市中都可看到，这些新城市没有考虑到城市居民人与人之间的关系，结果是城市生活患了贫血症，在那些城市里建筑物成了孤立的单元，否认了人类的活动要求流动的、连续的空间这一事实。

规划、建筑和设计，在今天，不应当把城市当作一系列的组成部分拼在一起来考虑，而必须努力去创造一个综合的、多功能的环境。

住房问题

与雅典宪章相反，我们深信人的相互作用与交往是城市存在的基本根据。城市规划与住房设计必须反映这一现实。同样重要的目标是要争取获得生活的基本质量以及与自然环境的协调。

住房不能再当作一种实用商品来看待了，必须要把它看成为促进社会发展的一种强有力的工具。住房设计必须具有灵活性以便易于适应社会要求的变化，并鼓励建筑使用者创造性地参与设计和施工。还需要研制低廉的建筑构件以供需要建房的人们使用。

在人的交往中，宽容和谅解的精神是城市生活的首要因素，这一点应作为为不同社会阶层选择居住区位置和设计的指针，而不要强行区分，这是同人类的尊严不相容的。

城市运输

公共交通是城市发展规划和城市增长的基本要素。城市必须规划并维护好公共运输系统，以同城市化的要求与能源的衰竭相平衡。交通运输系统的更换必须估算它的社会费用，并在城市的未来发展规划中适当地予以考虑。

雅典宪章很显然把交通看成为城市的基本功能之一，而且含蓄地认为交通首先决定于作为个人运输工具的汽车。44年来的经验证明，道路分类、增加车行道和设计各种交叉口方案等方面根本不存在最理想的解决方法。所以将来城区交通的政策显然应当是使私人汽车从属于公共运输系统的发展。

城市规划师与政策制定人必须把城市看作为在连续发展与变化的过程中的一个结构体系，它的最后形式是很难事先看到或确定下来的。运输系统是联系市内外空间的一系列的相互连接的网络。其设计应当允许随着城市的增长、变化及形式作经常的试验。

城市土地使用

雅典宪章坚持建立一个立法纲领以便在满足社会用地要求时，可以有秩序地并有效地使用城市土地，并设想私人利益应当服从公共利益。

自从1933年以来，尽管多方面在努力，但城市土地的有限仍然是实现规划好的城市建设的根本阻碍。所以，对这一问题今天仍迫切要求拟订有效的公平的立法，以便在不久的将来能够找到确有很大改进的解决城市土地的办法。

自然资源与环境污染

当前最严重的问题之一是我们的环境污染迅速加剧，现在已经到了空前的具有潜在的灾难性的程度。这是无计划的爆炸性的城市化和地球自然资源滥加开发的直接后果。

世界上城市化地区内的居民被迫生活在日趋恶化的环境条件下，与人类卫生和福利的传统概念和标准远远不相适应，这些不可容忍的条件包括在城市居民所用的空气、水和食品中含有大量的有毒物质以及有损身心健康的噪声。

控制城市发展的当局必须采取紧急措施，防止环境继续恶化，并按照公认的公共卫生与福利标准恢复环境的固有的完整性。

在经济和城市规划方面，在建筑设计、工程标准和规范以及在规划与开发政策方面，也必须采取类似的措施。

文物和历史遗产的保存和保护

城市的个性和特性取决于城市的体型结构和社会特征。因此不仅要保存和维护好城市的历史遗址和古迹，而且还要继承一般的文化传统。一切有价值的说明社会和民族特性的文物必须保护起来。

保护、恢复和重新使用现有历史遗址和古建筑必须同城市建设过程结合起来，以保证这些文物具有经济意义并继续具有生命力。

在考虑再生和更新历史地区的过程中，应把设计质量优秀的当代建筑物包括在内。

工业技术

雅典宪章在讨论工业活动对城市所产生的影响时，略微提到了工业技术的作用。

在过去44年内，世界经历了空前的工业技术发展，技术惊人地影响着我们的城市以及城市规划和建筑的实践。

在世界的某些地区，工业技术的发展是爆炸性的，技术的扩散与有效应用是我们时代的重大问题之一。

今天科学与技术的进步，以及各国人民之间交往的改进，应当可以使人类社会克服地区的局限性和提供充分的资源（注：应理解为资料资源）去解决建筑和规划问题。然而对这些资源不加批判地使用，往往为了追求新颖或者由于文化依靠性的恶果，而造成材料、技术和形式的应用不当。

因此由于技术发展的冲击，结果是出现了依赖人工气候与人工照明的建筑环境。这些做法对于某些特殊问题是可以的，但建筑设计应当是创造在自然条件下能适合功能要求的空间与环境的过程。

应当清楚地了解，技术是手段并不是目的。技术的应用应当是在政府适当支持下进行认真的研究和试验的实事求是的结果。

在有些地区，需要高度工业化的生产过程或施工设备是难以获得和推广的。这不应当因此而在技术上要求不严或者在解决当前的问题上就可以不讲究建筑设计；要在可能的范围内找出解决问题的方案，这对建筑与规划来说仍然是一种挑战。

施工技术应当努力采用经济合理的方法，做到设备能重复使用，利用资源丰富的材料生产结构构件。

设计与实施

建筑师、规划师与有关当局要努力宣传使群众与政府都了解，区域与城市规划是个动态过程，不仅要包括规划的制定而且也要包括规划的实施。这一过程应当能适应城市这个有机体的物质和文化的不断变化。

此外，为了要与自然环境、现有经济条件和形式特征相适应，每一特定城市与区域应当制定合适的标准和开发方针。这样做可以防止照搬照抄来自不同条件和不同文化的解决方案。

城市与建筑设计

雅典宪章本身没有涉及建筑设计。宪章制定人并不认为有此必要，因为他们认为“建筑是在光照下的体量的巧妙组合和壮丽表演。”

勒·柯布西耶的“太阳城”就是由这样的“体量”组成的。他的建筑语言是与立体派艺术相联系的，也是与把城市按功能分隔成不同的元素那种思想完全一致的。

在我们的时代，现代建筑的主要问题已不再是纯体积的视觉表演，而是创造人们能在其中生活的空间。要强调的已不再是外壳而是内容，不再是孤立的建筑（不管它有多美、多讲究），而是城市组织结构的连续性。

在1933年，主导思想是把城市和城市的建筑分成若干组成部分。在1977年，目标应当是把那些失掉了它们的相互依赖性和相互联系性，并已经失去其活力和涵意的组成部分重新统一起来。

建筑与规划的这个再统一不应当理解为古典主义的“先验地统一”(注：或者简单地说复古)，应当明确指出，最近有人想恢复巴黎美术学院传统，这是荒唐地违反历史潮流，是不值得一谈的。因为用建筑语言来说，这种倾向是衰亡的症状，我们必须警惕倒退到19世纪玩世不恭的折衷主义道路上去，相反我们要走向现代运动新的成熟时期。

20世纪30年代，在制定雅典宪章时，有一些发现和成就今天仍然有效，那就是：

a．建筑内容与功能的分析。

b．不协调的原则。

c．反透视的时空观。

d．传统盒子式建筑的解体。

e．结构工程与建筑的再统一。

建筑语言中的这些常数或“不变数”还需加上：

f．空间的连续性。

g．建筑、城市与园林绿化的再统一。

空间连续性是弗兰克·劳埃德·赖特的重大贡献，相当于动态立体派的时空概念，尽管他把它应用于社会准则如同应用于空间方面一样。

建筑—城市—园林绿化的再统一是城乡统一的结果。现在是坚持建筑师要认识现代运动历史的时候了，要停止搞那些由纪念碑式盒子组成的过了时的城市建筑设计，不管是垂直的、水平的、不透明的、透明的或反光的建筑。

新的城市化概念追求的是建成环境的连续性，意思是说每一座建筑物不再是孤立的，而是一个连续统一体中的一个单元，它需要同其他单元进行对话，从而使其自身的形象完整。

这种形象待续的原则（就是说，本身形象的完整性有待与其他建筑联系起来相辅而完成）并不是新的。意大利文艺复兴派大师发现了这一原则，由米开朗琪罗发扬光大。不过在我们的时代，这不仅仅是一条视觉原则，而且更根本的是一条社会原则。近几十年来，音乐和造型艺术领域内的经验证明艺术家现在不再创造一个完整的作品。他们在创作过程中往往只进行到创作的3/4处就中止了，这样使观众不再是艺术品的消极的旁观者，而是多价信息（Polyvalent message）中的积极参与者。

在建筑领域中，用户的参与更为重要，更为具体。人们必须参与设计的全过程，要使用户成为建筑师工作整体中的一个部分。

强调“不完整”或“待续”并不会降低建筑师或规划师的威信。相对论和测不准论并未削弱科学家的威信。相反恰好提高了威信，因为一位不信奉教条的科学家比那些过时的“万能之神”更受人尊敬。如果群众能被组织到设计过程中来，建筑师的联系面会增加，建筑上的创造发明才能也将会丰富和加强。一旦建筑师从学院戒律和绝对概念中解放出来，他们的想像力会受到人民建筑的巨大遗产的影响而激发出来——所谓人民建筑是没有建筑师的建筑，近几十年来人们曾对此作了大量研究。

可是，我们必须谨慎从事。应当认识到虽然地方色彩的建筑物对建筑设计想像是有很大贡献的，但不应当模仿。模仿在今天虽然很时髦，却像复制帕提农神庙一样的无聊。问题是同模仿截然不同的。很清楚，只有当一个建筑设计能与人民的习惯、风格自然地融合在一起的时候，这个建筑设计才能对文化产生最大的影响。要做到这样的融合必须摆脱一切老框框，诸如维特鲁威柱式或巴黎美术学院传统以及勒·柯布西耶的五条设计原理。

结束语

古代秘鲁的农业梯田受到全世界的赞赏，是由于它的尺度和宏伟，也由于它明显地表现出对自然环境的尊重。它那外表的和精神的表现形式是一座对生活的不可磨灭的纪念碑。本宪章就是在这种相同的思想鼓舞下谨慎地提出的。（陈占祥　译）

（原文载于《建筑师》杂志第4期。）

汪 坦

现代西方建筑理论动向

汪　坦

引　子

现代西方建筑理论众说纷纭，而且持续已久，我只就所接触到的一部分文献资料，作扼要介绍。挂一漏万，在所难免。

我们大致经常遇到三方面的评论见解：来自历史家或建筑师或来自报刊专栏作家。三种评论各有特色。历史家见多识广，善于穷究来龙去脉，从时间长河中去探索，又往往能够旁通绘画、雕塑、音乐、语言、文学等等的思潮动向，触及建筑艺术理论真谛。然而，某些名家对于建筑创作实际甘苦，未必有深刻体验，言不中肯，而为部分富有经验的建筑师所蔑视。数年前，笔者曾和某外国建筑师代表团交谈，论及自己当时读了彼得·布莱克（Peter Blake）的《形式跟随惨败》（Form Follows Fiaso）和查尔斯·詹克斯（Chares Jencks）的《后现代建筑语言》两部书而感到迷惑不解，引起他们失笑，问我是谁推荐的？言下似乎只能作茶余酒后话题，不足为训。这一部分人，包括前面提到那二位（他们写过许多好文

章）在内，对建筑理论的发展是大有贡献的。建筑师们的理论多半基于创作实践。他们是现实主义者，立足于空间，感性成分突出，即使前后矛盾，亦所不计。后现代主义理论家所主张的多元论或所谓并存（coexist）、两可双关（Ambigvity），实际上都只是现象的描述而已，并不能算作审美准则；自古以来，多得不胜枚举。密斯（Mies Van der Rohe）著名的巴塞罗那博览会德国馆就是垂直伏踞在古宫殿院墙外面，这种恰如其分的对比可谓是相得益彰。我们的人民大会堂，柱廊是中西合璧的。当时并无什么理论设想，只是符合创作激情和视觉要求罢了。老一辈的大师如勒·柯布西耶、赖特、格罗皮乌斯等则是颇有政治理想的。前二位都提出过“乌托邦”城市模式，这是大家都已熟知的了。这一部分人，观点虽时有偏颇，但与我们有相似的时代背景，处于大工业逐步替代手工业的前夜，作为建筑师，都沉湎于创作技巧的探索。这可以成为我们主要的借鉴所在吧！报刊专栏作家往往应潮流而动，欲达目的，各竭所知，有时倒也击中要害。其中有自称门外汉的如汤姆·沃尔夫（Tom Wolfe），随心所欲，只得另眼相看。但也有对建筑艺术有深知厚爱的如赫克斯苔布尔（Huxtable）等则不乏灼见。

这里所说的只为的是在眼花缭乱中便于识别真伪，并不像植物分类那样地有严格的区别。不存在三足鼎立的局势。

本文主要介绍西方城市设计理论的研究动向。

这里主要从方法学着眼分别进行介绍。我们可以按行为主义和格式塔（Gestalt）心理学两种观点的不同来分析。虽则这在哲学上是不够严谨的，但就手段和方法而论，却能比较清晰地理出头绪（参阅汪坦：现代建筑设计方法论，《世界建筑》2/1980）。

城市总系统可以概括地分为活动（即行为）和场所两个子系统（图1）。

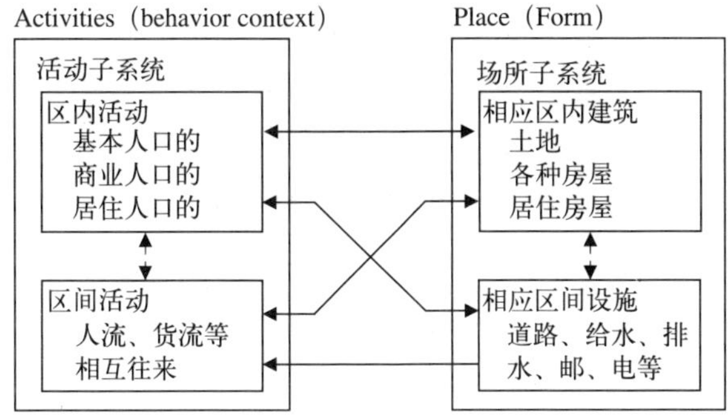

图1 城市总系统示意（根据D.Crowther M.Echcniquc：“城市空间结构模型的发展”）

不同学派的理论各有所侧重：

一些人强调活动，如克里斯托弗·亚历山大（Christopher Alexander）的图式语言（Pattern Language）和简·雅各布（Jane Jacobs），奥斯加·纽曼（Oscar Newmann）等。他们提倡公众参予，研究行为、环境……以及社会学心理学对城市系统的重大影响。

另一些人则重视场所，如英国的剑桥大学LUBFS（Land Use and Built Form Studies）和罗布·克莱尔（Rob Krier）。前者从经济效益来检验城市系统，运用数学模型静态模拟，通过不同城市的实例，说明其作用。后者推崇加米欧·西脱（Camillo Sitte），对城市的形态和类型作了历史的和理论的探讨。还有美国的凯文·林奇（Kevin Lynch），从视觉心理阐明场所的特征，提出了一套颇有影响的调查研究工作方法。

（一）克里斯托弗·亚历山大的图式语言

他的主要著作有《形式的合成纲要》（Notes on the Synthesis of Form）、《建筑的永恒之路》（The Timeless Way of Building）、《图式语言》和《俄勒冈实验》（Oregon Experiment）。前一书是他的博士论文，基本思想已形成。后三部是关于图式语言的理论与实践的一套书。他有感于科学技术的发展与文化艺术脱节将导致生活的单调贫乏，甚至认为建筑师这一专门家的诞生本身就标志着：商品、求售、夸张、炫耀和真实的生活乖离。他的认识论可以下列模式为代表：

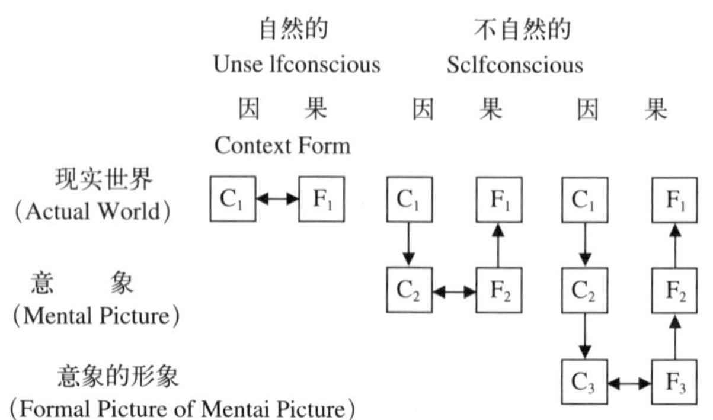

（引自 Notes on the Synthesis of Form）

他的理想是——形式最直接地反映生活，排除人为渗入的从意象到形象变易过程中的种种成见，将是最纯真最丰富的境界。这是图式语言的目标，也即想把科学技术的成就用来保持比较原始的自然的因果关系。所谓图式是用语言来描写与活动一致的场所形态。如人行道，不只是划分格子的混凝土地面（这是表像）。在纽约它意味着步行交通道，在牙买加则为闲坐、奏听音乐，甚至是睡眠等活动的所在。在任何特定的场合下，一次再次地重复着，每次总有些微的不同。贮存在人们头脑中的这些图式，反映了现实世界的意象。它们是现实世界中形态法则的抽象表达，是不断变易的、发展的。

每一图式是一个场（field），是一组不固定的关系，足以容纳生活的多种多样；是经验的积累，一种形态的感觉（Morphological feeling），属于几何性质的，不用数字来精确地陈述这种关系。

图式的系统称为图式语言。

例如《图式语言》一书中的图式112“入口过渡”表

述了以下一些内容：

建筑物，尤其是住宅，在街道和室内之间有一个优美的过渡，要比那些直接通向街道的安静得多。

正在走进一座建筑物过程中的体验会影响你在屋内的感受。如果太突然的话，室内就失去不受干扰的私密性了。

当人们在街道上时，他们浸染了一种“街道行为”(Street behavior)的仪态情绪，进入屋内后自然要摒弃这种情绪，完全安静下来以形成亲切的气氛。然而除非有一种过渡环境，则往往办不到。这种过渡必须能在人们变得从容轻松之前，能消除那些拥挤、紧张等等街道行为的影响。

罗伯脱·韦斯和舍其·勃脱林的报告将证实这一点(《集市、陈列、展览会和它们的观众》1962，坎布雷奇，麻省)。作者注意到许多展览会没有吸引住观众。但是某一展览会观众必须经过一巨大的、厚厚的鲜明桔黄色地毯才能进去，尽管这里的展览品并不比他处的精彩，观众却被留住了。作者认为观众在他们自己的“街道和拥挤的行为”影响下，情绪不能放松，没有心思和展览品打交道。地毯的强烈对比破坏了这种心理状态，把他们“打扫干净”。结果展览品就显得夺目了。……因此，“在街道与前门之间设置一过渡空间，让连接街道与入口的路线通过这过渡空间，并使它显得有光线的变化，方向的变化，面的变化，地坪标高的变化……首先着重于视野的变化……”

前面介绍的已经简化了的“图式112”，实际上表示了入口过渡这一内容与所包含的问题和答案三者之间的关系，并没有给出具体的答案，而只是一种结构关系。每个人如何运用这些图式都不一样，可以产生无数不同的形式。就像语言那样，同样的意思可以有多样的表达法，可是仍能互相交流沟通。这正如个人版本的通用辞典。这样，建筑艺术得以直接随从生活的丰富而绚丽多彩。积多次具有微差的重复成为创造，达到持久的谐和。

“这种整体设计方法（holistic approach）类似自然的和叙述的科学如生态学，而不同于大部分设计方法借以形成的更抽象的理论如信息论。在生态学中，组成部分（即问题与答案）不被看作是相互孤立的，只是整个生态系统（在这里是文化／环境）的动态中，他们各自的职责。”（P.Buchanan:《图式与再生》Rev·12／1981）

亚历山大教授的图式语言已经多年应用在美国加州大学伯克莱分校建筑设计课程作业中。但是由于他拒绝所有现行的规范条例，在社会上实际行不通，迄今只有些实验性工程。他的理论仍不免添上“乌托邦”色彩。几百条图式没有一条涉及经济效益的，这是因为他的价值观点是“我们相信可以给设计作这样的解释，即一座建筑物的正确或错误，明显地只是事实问题而不是价值问题。”这和维特根斯坦（Wittgenstein）的“在世界上每件事都本应如此，每件事的出现正如它已出现的那样，这里并无价值存在”的观点是一致的（转引自L.March：《设计的逻辑与价值问题》）。

以彼得·贝却能（Peter Buchanan）在他的文章（Rev·12/1981）中所引劳尔夫·厄司金（Ralph Erskine）的拜克（Byker）居住区为例，文章推崇了亚历山大的想法，但认为没有必要拒绝现行的规范条例。拜克至少有下列各点符合图式语言：公共小广场（图式61），公共室外空间（图式69），集合建筑（图式95），小停车处（图式103），活动小块地（图式124），中间大致布置些什么（图式126），迴廊（图式166）等（图2）。

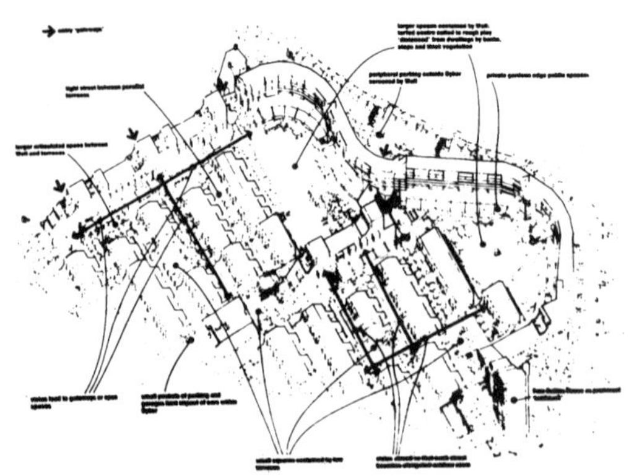

图2 劳尔夫·欧司金的拜克居住区

（二）简·雅各布

她写的《美国城市的消亡与生长》（编者注：现被译为《美国大城市的死与生》，译林出版社已出版）一书有不少发人深省的见解。她从社会学、心理学、行为科学方面对美国几个大城市的实际状况进行了分析研究，认为城市系统错综复杂，可以视作有机的生命科学，不可能加以雄心勃勃的规划或规模宏大的改造，只能因势利导，逐步整治。她说："城市规划的艺术和它的伙伴城市规划的伪科学（Pseudo-science），尚未能着手努力去探索生活的真正领域"（1961）。美国城市的严重安全问题不是疏散、低密度或郊区化所能解决的。洛杉矶几乎是郊区般了，可是它在17个百万人口以上的城市中，犯罪率最高，比其次的两个城市圣·路易斯和费城高出两倍（1958）。她的观点是城市街道除了车辆通行外，还有多方面功能，人行道亦然，都是城市最生动的部分。如果人行道是安全的，不受野蛮和恐怖的侵袭，那么城市也大致如此。如果人们说这个城市不安全，意思实际是指人行道不安全。安全不能完全依赖警察，而要靠居民自己组织起来管理监督。道旁的杂货铺，儿童游戏场，甚至设些可以闲坐聊天的椅子，都能有助于活跃气氛，把活动置于众目昭昭之下，避免令人感到存在三不管状态。她提出规划迄今为止的首要问题，是如何使城市足够的多样化，多种多样的功能渗和。下列四种情况是必不可少的：

1.必须有一个以上的主要功能；最好有两个以上，能于不同时间、不同目的，共用各种设施（指一个局部、团、组）。

2.大部分街坊要短，即道路有频频转弯的机会。

3.不同年代和条件的建筑物混杂起来。

4.人口充分密集，往返络绎不绝。

她以某城规划中四个与市中心同样距离的居住区绿化广场为例，说明经过了数十年后实际状况很不一样：

1.莱登豪斯广场（Rittenhouse Square）最好。

2.富兰克林广场成为失业者、无家可归者和便宜旅店荟集的地方，但还不是犯罪活动的场所。

3.华盛顿广场——附近是单一的大量办公楼（保险公司、报社等），居民密度低，曾成为堕落的公园。1950年封闭了一年多。目前基本上是空闲的，只有好的天气时午饭后有些人。

4.洛根圆形广场成为交通岛，绿树成荫、喷泉引人，天气好时人群川流不息。

对莱登豪斯公园广场调研的记载是："最早住在公园附近一些起早的人匆匆溜达过，随着是那些通过公园去其他地区上班的居民，然后是区外来此工作的，以后是跑脚办事者和带孩子的母亲们，还有不少购物顾客。中午以前母子们离去了，但是却成为在周围饭馆进午餐者的休息场所。下午母亲们再次出现……傍晚，年轻的朋友们来此作乐。自始至终总有些孤身的老人在这里闲逛。"

可见，由于经常活跃，不但使这个公园广场充满了持续的生命力，而且也增加了安全保障。

对于规划的思想方法，她称之为最重要的思想习惯。她主张：

1.要考虑各种过程。

2.用归纳法，从特殊到一般，而不是相反。

3.寻找"非平均"的线索，包括微小量的。因为它能揭示出稍大的和更"平均"量的起作用的途径。

她的这些见解对目前形式主义盛行的"纸上谈兵"或"沙盘规划"，应该是有值得参考之处吧？

（三）奥斯加·纽曼

他做过规模较大的犯罪率与建筑设计关系的调查研

究，详细记录了纽约的169个公寓，15万户，528000人的各方面的资料，写了一本书名为《可防卫的空间》(Defensible Space)，颇有影响。他提出：1.领域性(Territoriality)——一出户门就是公共性质的街道广场，容易缺乏责任感。在建筑布置上，尽可能组成各种具有领域感觉的地段，如“L”或“Π”形平面相向合成似封闭的院落。院内可设儿童游戏、青少年活动场所等。应该有公共、集体、家庭三重层次。2.自然监视(Natural Surveillances)——使人们进入居住环境时，即处于连续被注视之中，如厨房窗口面对走廊过道等等。建筑师大卫·勃洛台(David Broady)所设计的纽约水滨公寓可认为是一个较成功的例子：住宅是外廊入口，两幢住宅外廊相对，户前小院为各户所有。纽约为了扩大水滨的利用，把四幢高层公寓建在人工的桩基浮筏上。浮筏分为两层，下层为公共性质，有车库、广场及城市交通道路，上层实际上只为居民活动服务，可认为是半公共或集体性质，具有明确的领域感觉。

（四）剑桥大学（LUBFS）土地利用和人工形式研究中心的工作

1. 模型——是现实世界的抽象、简化和典型化，与现实不完全一致，只是现实的模拟。必须有一定的目标，且往往需要多次反复。这里要介绍的是静态模拟，即特定时间／空间系统的平衡。“模型可看作一座实验装置，对某一特殊刺激产生相应的反应。这反应是被模型的结构所决定的。这个装置是否有助于设计或评价，主要要看规划者，如果规划者判断这一刺激可以控制，而模型的反应说不行，代价太大！那么这个模型就起了作用。”(M.Batty：The Art of Urban Modelling)

2. 城市系统的数学模型。20世纪40年代至50年代，私人小汽车大量增加，城市不能适应。为了解决拥挤问题，建立了交通规划方法，其中有关于预测未来和空间分布两部分。针对预测，运用了线性回归分析；针对分布，出现了数学模型。空间分布涉及土地利用问题。拉普金(Rapkin)认为城市交通是土地利用的函数(1954)。到1960年建立了一些土地利用模型。早在1826年冯·瑟南（Von Thunen）假设“环绕着市场中心，农业基地的租金加上农产品从基地运往市场的运费是个常数。理论上最遥远的基地租金可能等于零，农产品的总价格将完全看运费，即可以基地到市场中心的距离为代表。”这是以后许多有关城市系统的数学模型的出发点。这单中心的假设当然有其局限性。以后发展受城市本身的高度复杂性所约束，少数参数不能追踪系统的效果。结论往往都是假定的最优化（assumed optimality)。20世纪60年代中数学模型曾陷于停滞，直至电子计算机飞速发展，带来了新的可能性。目前见到记载的不下十余种模型，从各方面进行研究。

LUBFS建议的模型已在英国进行了相当长时期的检验，包括著名的新镇密尔顿·凯恩斯（Miltan Keynes）在内，并在南斯拉夫、智利等国试用。它就是主要以距离因素为指标来判定城市系统的经济效益的。

这个模型是从美国劳来（Lowry）的模型发展来的，结构如图1，而把活动子系统再分为居住和服务两个子系统，共成为三个子系统。其最后数学表达式如下：

场所子模型：

$F_j = \Sigma_i A_i E_i w L_i \exp(-\beta fdij)$

$(A_i = 1 / \Sigma_j L_j \exp(-\beta^f d_{ij})$

居住活动子模型：

$R_j = \Sigma_i A_i E_i u F^r_j \exp(-\beta^r d_{ij})$

$(A_i = 1 / \Sigma_j F^r_j \exp(-\beta^r d_{ij})$

服务活动子模型：

$S_j = \Sigma_i A_i R_i v W^s_j \exp(-\beta^s d_{ij})$

$(A_i=1/\Sigma_j W_j^s \exp(-\beta^s d_{ij})$

$W_j^s=[(E_j/\Sigma_j E_j)+(F_j^s/\Sigma_j F_j^s)]^a$

这里：

F_j——单区 j 所有各种用途的建筑面积；

R_j——单区 j 内的居民数；

S_j——单区 j 内服务人口；

E_i——单区 i 内全部就业人口，在第一次反复中 $E_i=E_i^b$；以后 $E_i=E_i^b+S_i$；

E_i^b——单区 i 内基本就业人口；

L_j——单区 j 中可供建设的土地面积；

F_j^r——单区 j 中可供居住的建筑面积，即 $F_j^r=F_j-E_j^b w^b-S_j w^s$；

F_j^s——单区 j 中可供服务用的建筑面积，即 $F_j^s=F_j-E_j^b w^b$；

A_i——每个子模型中的概化项(normalisation term)以保证 $\Sigma_j F_j=\Sigma_i E_i w$，$\Sigma_j R_j=\Sigma_i E_i u$ 和 $\Sigma_j S_j=\Sigma_i R_i v$；

d_{ij}——单区 i 和单区 j 的间距，依据道路网；

u——就业率即 $\Sigma_j R_j/\Sigma_j E_j$；

v——服务人口率即 $\Sigma_j S_j/\Sigma_j R_j$；

w——每就业人口的总建筑面积即 $\Sigma_j F_j/\Sigma_j E_j$；

w^b，w^s——每基本就业人口和服务人口的相应面积标准；

α——服务人口成群程度参数；

β^f，β^r，β^s——活动分布距离特征的参数。

运转步骤：

把城市分成一公里见方的格网单区，运转步骤如图3、图4为输入输出数据内容。

从上图可以看出输入的改变将影响所有输出，因此可以用来检验相应改变某一输入数据的预期的规划后果，作出决策。如新的建设用地的批准或禁止；公共空地标

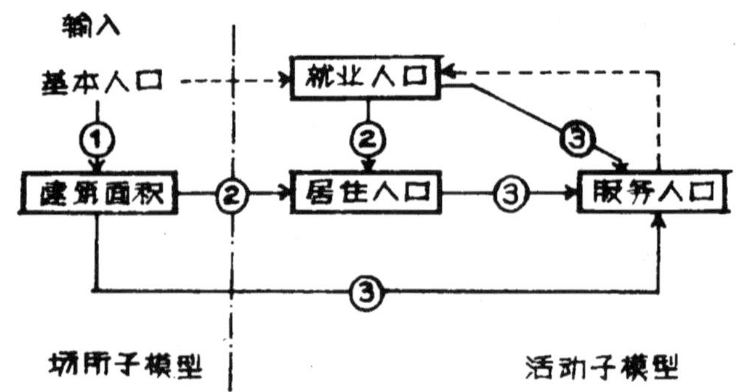

图3 简单静态模型结构

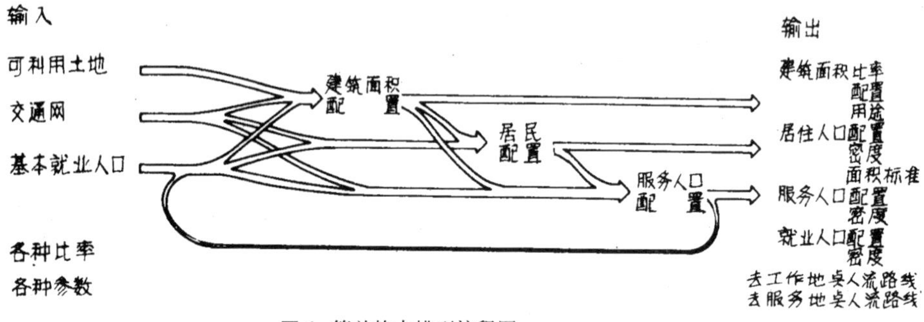

图4 简单静态模型流程图

准的增或减；路线改变造成的道路交叉点的增或减；新工业布置影响基本人口的分布；建筑面积的增加或更新改造等。改变各种边界条件和参数当然也会影响到输出数据。

3.英国四城镇的结构比较

一些数据如下：

城　镇	时间	人　口	就业人口	用地（公顷）	单区数（平方千米）
Reading	1963	160000	63000	3100	130
Stevenagc	1966	60000	27000	800	49
Hook	2000*	100000	44000	1300	35
Milton Kcynes	2000*	250000	120000	5500	168

*假定

	Reading	Stevenagc	Hook	Milton Keynes
就业率	2.5	2.1	2.3	2.1
服务人口与居民之比	0.19	0.13	0.18	0.19

续表

城　　镇	人　　口	就业人口	用地（公顷）	单区数（平方千米）
面积标准（米^2）				
每基本人口需要总建筑面积	210	100	120	120
基本面积标准	23	18	18	18
居住面积标准	31	23	23	23
服务面积标准	37	26	26	26
参　　数				
场所 β^r	0.7	—	—	0.6
居住 β^r	0.5	0.1	0.5	0.5
服务 β^s	0.9	0.2	0.4	0.5
α	2.0	2.0	2.5	2.0

Reading是个老城，有好几个世纪的历史，基本和就业、服务人口都集中在市中心（单区59）和沿着放射状的主要道路两旁（图5）。居住区密度相差很大，中心四周高，外围低。LUBFS所用的数学模型就是通过这城过去积累的数据进行标定(calibration)的。证明这个公式高度正确，并和威尔逊（Wilson）用纯粹数学方法(Statistical Theory of Maximum Entropy）得到的模型（1967，1971）是一致的。图6是通过模型计算的结果和实际数据比较。

Stevenage是不对称规划，图7基本就业人口集中在公路铁道间的工业区，偏处于城的西边（图7）。服务业集中于市中心，靠近工业区，但在铁道的另一边。居住

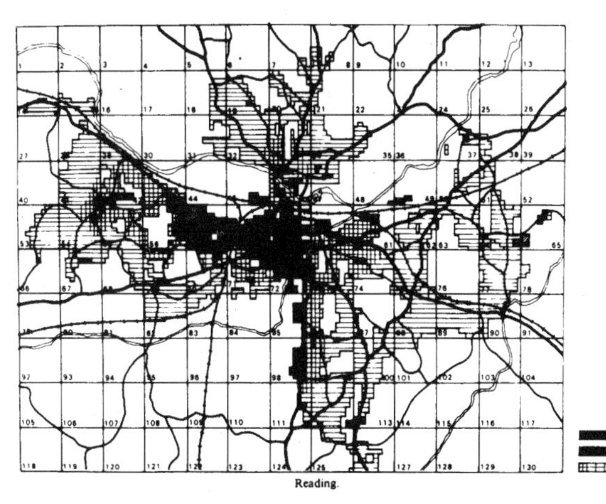

图5 Reading城人口分布示意

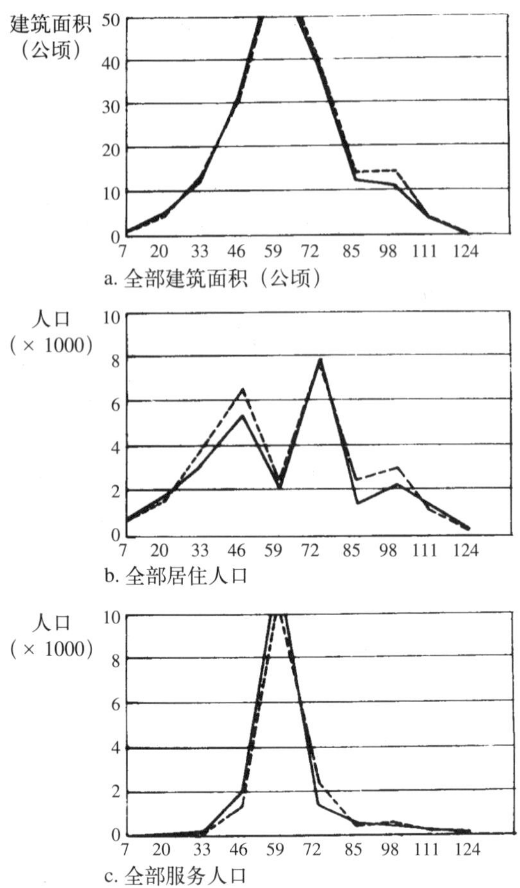

图 6 模型计算（虚线）与实际数据（实线）比较

图 7 Stevenage 城人口分布示意

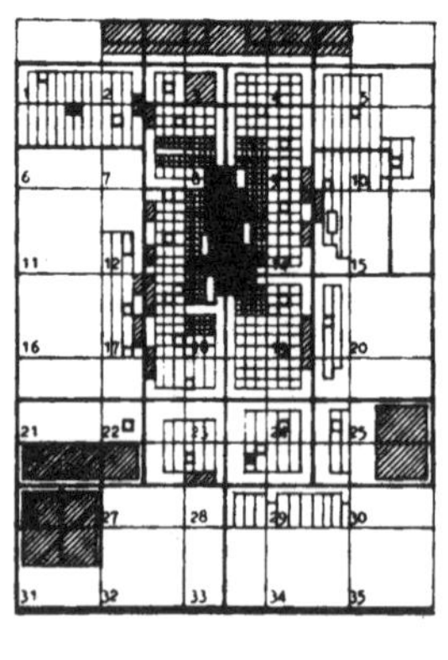

图 8 Hook 城人口分布示意

密度有小变化，开始时严格控制了建筑面积的分布。原计划上下班通过步行或自行车，但现在80%乘汽车或公共汽车。约有12%的居民去外镇工作。模型Ⅰ是用了Reading的参数，目的是和这不控制建筑面积的分布，自然按需发展的后果作一比较。

HooK的规划特点是高度紧凑。几乎所有商业设在半带形市中心的台地上。环绕中心居住密度高，周围低且少服务点（图8）。也用Reading的参数作比较（模型Ⅰ）。

Milton Keynes是新城镇中较著名的。图9基本就业人口分散在几个工业区内，服务业主要集中在市中心，居住区设有地区服务中心。对于建筑面积分布不加控制，按需变化。模式Ⅰ是用Reading的参数。

评价指标是多方面的，下面只是从附表上选的几个例子。

指标A—社交　HooK最好，为2.96千米，这是由于布置紧凑。然而Milton Keynes尽管是低平均居住密

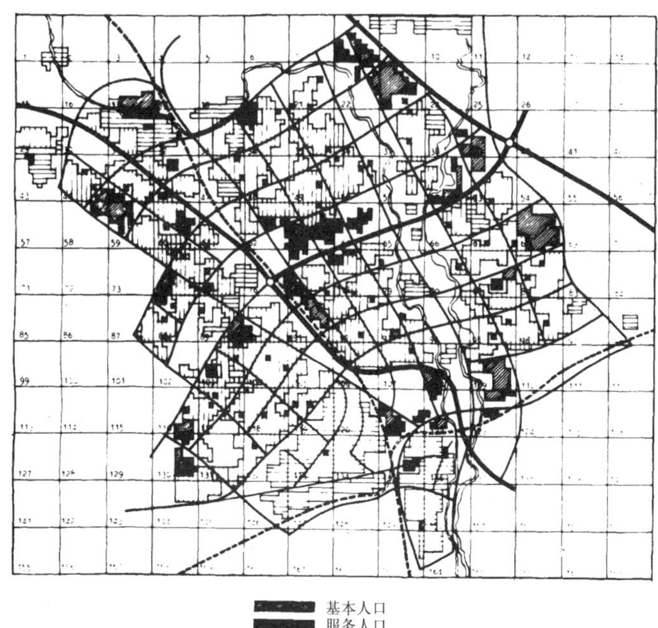

图9 Milton Keynes城人口分布示意

度，也不错，为3.46千米，如果用模型I却成为最好的。

指标B—就业机会HooK最好，为3.12千米，Stevenage最差。可是如果用模型Ⅰ，容许自然发展，它将是最好的，为2.79千米。

指标C—居民至服务点的方便程度　HooK最好，然而很不平衡，中心特好，四周很差。Milton Keynes亦然。如果用模型Ⅰ，则中心能减少些，地区增多些。可以节省33%平均至服务点的旅程（指标J）。

指标K—平均居住密度　差别很大，Milton Keynes最低，为46.41pph，比较均匀分布在30～60pph之间。Stevenage最高，为83.87pph，大部分在80～100pph之间。Reading在10～100pph之间，平均为62.43pph。

前面的例子说明数学模型反映了不同规划方案的比较经济效益和变更方针，如建筑面积分布控制与否对某些指标的影响等。当然这大大地简化了它的作用。只是打算介绍这一很不相同的方法，不知能否达到活跃思路的目的！

4.莱斯利·马丁（Leslie Martin）的格网（Grid）观点。

他所代表的观点与亚历山大教授的观点是针锋相对的。亚历山大曾说："我要称那些多年自发形成的城市为'自然城市'，而叫那些由规划家有意创造出来的城市或城市的部分为'人工城市'。西耶那、利物浦、京都、曼哈顿是自然城市的例子。莱未敦（原文为此）、昌迪加、英国的新镇是人工城市的例子。今天更加为人所认识，人工城市正在失去一些重要的组成部分。"（1966）马丁认为实际情况并非如此。他所认作是自然城市的曼哈顿却早在1811年就定下棋盘格网，百余年事实证明它的发展并未受到阻碍。发生一些缺陷是任何城市都难免的。佩雷斯福特（Beresford）教授收集了英格兰、威尔士和加斯科尼约四百个有十分完善记录的中世纪城镇，这些城镇按亚历山大说都是高度人工城市。美国约翰·里普斯（John Reps）的《城市化美国的形成》一书中也指出："1785年土地法把强大的格网强加在自然景色上。"大量事实否定了亚历山大的观点。

最好的土地利用是有条理地利用，因此需要格网。

5.周边布置符合几何原则

按弗来斯纳尔（Fresnel）（图10），每圈宽度减小，但面积均相等。这表明建筑物沿地段周边布置有利的方面，有可能减少层数，扩大空地。图11以纽约某区为例，如果都建成像西格拉姆大厦那样36层的高塔，当然沿街会比现在的状况多出现空地。但是同样容积沿地段周边布置，扩大格网后只需要8层高。中间空地大致和华盛顿广场相等，全区总共可以有26个和华盛顿广场一样大小的空地！

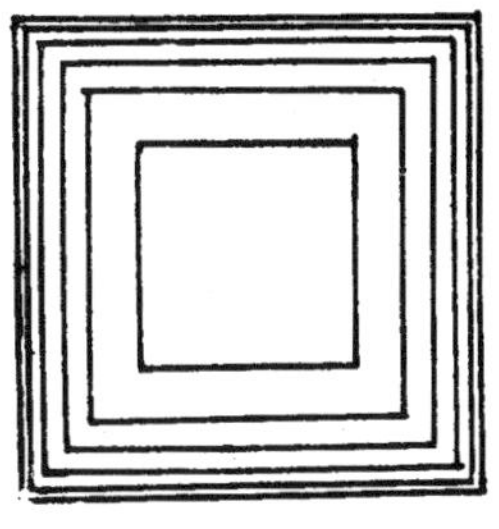

图10 弗来斯纳尔图

另外一个例子是假设要在伦敦的一块19世纪工业城市50英亩的土地上，建设新居住区，要求密度为100人/英亩，按规范5000人口应有托儿所—300人，小学校—400人，中学校—600人。占地：学校—7英亩，游戏场—14英亩，每1000人需空地4英亩—共20英亩。总需占地41英亩，为地段的82%，得预先留空。居民楼只能在余地

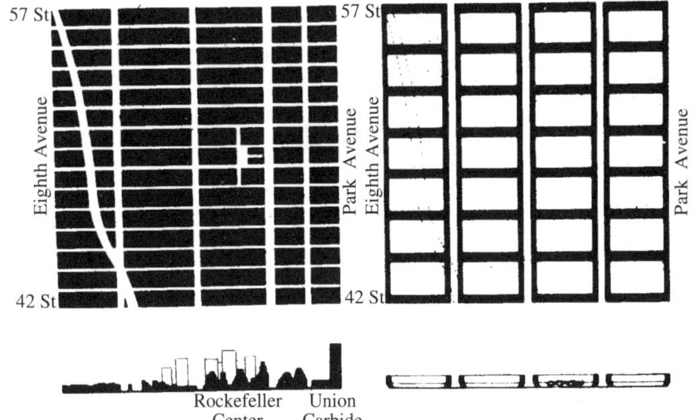

图11 塔楼式布置与周边式布置的比较

四城镇评价指标数据表 **表**

指标	目标数目(x)	Reading	Stevenage		Hook		Milton Keynes	
			模型Ⅰ(用Reading参数)	模型Ⅱ(最合适参数)	模型Ⅰ(用Reading参数)	模型Ⅱ(最合适参数)	模型Ⅰ(用Reading参数)	模型Ⅱ(最合适参数)
A. 社交。所有居民能遇到x数其他居民的平均距离（公里）	12000	1.78	1.73	1.68	1.55	1.51	1.77	1.76
	24000	2.34	2.15	2.67	1.99	1.82	2.48	2.42
	48000*	3.57	4.09	4.45	3.74	2.96	3.50	3.46
	96000	5.25	—	—	7.04	6.03	4.98	5.13
B. 就业机会。所有居民能遇到x数工作的平均距离（公里）	6000	2.30	1.60	2.44	1.61	1.57	2.71	2.03
	12000	2.72	2.25	2.93	2.14	2.13	3.69	2.75
	24000*	3.15	2.79	3.92	3.63	3.12	5.09	3.77
	48000	5.01	—	—	—	—	8.16	5.08
C. 居民至服务点的方便程度。所有居民能遇到x数店的平均距离(公里)	3000	2.48	1.92	2.66	1.86	1.91	2.07	2.07
	6000*	2.91	2.79	3.81	2.32	2.30	2.88	2.92
	12000	3.08	—	—	4.30	2.71	3.96	3.99
	24000	5.40	—	—	—	—	5.50	5.40
D. 附近空地面积。所有居民能达到x数公顷的平均距离(公里)	375	2.26	1.90	1.83	2.45	2.60	2.68	2.70
	750	3.26	2.94	3.16	3.81	3.77	3.57	3.57
	1500*	4.47	4.47	4.47	6.77	6.51	5.13	5.15
	3000	6.20	—	—	—	—	7.68	7.69
E. 就业人口成群程度。所有雇员能遇到x数其他雇员的平均距离(公里)	6000	1.51	0.71	1.11	1.43	1.45	1.76	1.77
	12000	1.78	1.61	1.77	2.19	2.19	2.64	2.61
	24000*	2.38	1.71	2.77	4.07	3.18	3.64	3.70
	48000	4.29	—	—	—	—	5.31	5.22
F. 就业人口至服务业方便程度。所有雇员能遇到x数服务雇员的平均距离(公里)	3000	1.67	1.25	1.73	1.84	1.91	2.04	2.06
	6000*	1.92	1.71	3.89	2.37	2.58	2.91	2.88
	12000	2.30	—	—	4.60	2.92	4.04	4.03
	24000	4.49	—	—	—	—	5.62	5.49
G. 服务人口成群程度。所有服务人口能遇到x数其他服务人口的平均距离(公里)	3000	1.55	1.18	2.10	1.70	1.15	1.88	1.85
	6000	1.77	1.85	3.60	2.13	1.37	2.70	2.64
	12000	2.22	—	—	4.29	1.97	3.80	3.71
	24000	4.39	—	—	—	—	5.40	5.20
H. 规模紧凑程度(公里)		3.07	1.83	2.66	2.68	2.23	4.41	4.48
I. 平均工作旅程(公里)		2.77	1.94	3.04	1.84	1.83	3.14	3.21
J. 平均至服务点旅程（公里）		2.86	1.73	2.52	1.36	1.86	2.23	3.36
K.平均居民密度(pph)		62.43	76.82	83.87	73.89	81.37	44.84	46.41
L.平均就业人口密度（pph）		61.40	89.38	80.36	59.75	59.35	43.72	41.28
M.每居民建设用地（米^2）		189	142		130		218	
N. 每居民干道长度（米）		1.04	0.98		0.59		0.88	

* 表示适用于所有四城镇的最高目标数目。

18%——9英亩内建设。下面的几个方案（图12A、B）也说明周边布置有利。

6．格罗皮乌斯模型探讨

格罗皮乌斯在1930年布鲁塞尔现代建筑第三次国际会议上探讨了建筑物的高度、空地、日光、朝向之间的关系，提出了他的主张，一直影响到目前。

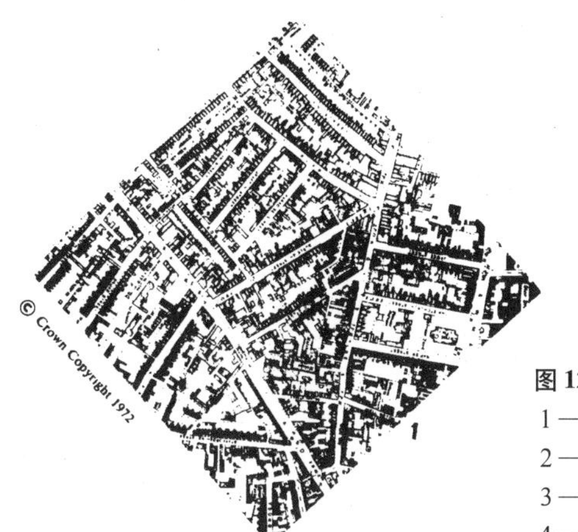

图12A 建设新居住区若干方案比较（之一）

1—地段50英亩；

2—自内向外为：住宅、空地、学校；

3—自内向外为：学校楼、游戏场、空地、住宅；

4—学校建筑分散布置在空地中，周边住宅占地9英亩

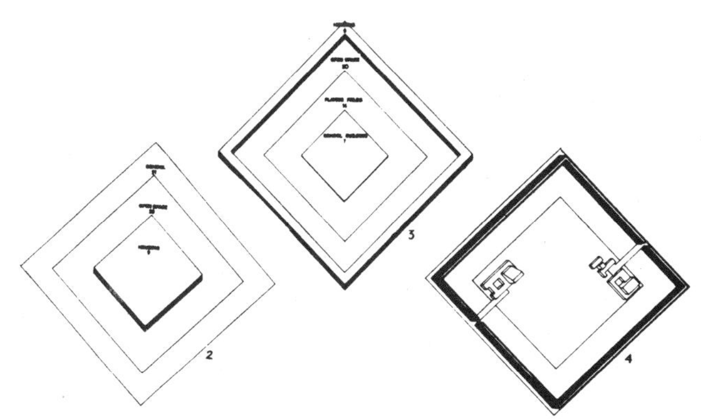

图12B 建设新居住区若干方案比较（之二）

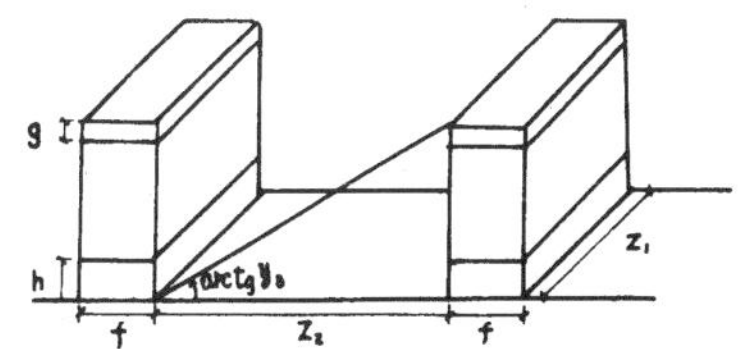

y_1 = 床数

y_2 = 用地面积

y_3 = 日光角的正切

z_1 = 建筑物的长度（街坊 Block 的长度）

z_2 = 间距

f = 进深（给出）

h = 层高（给出）

g = 女儿墙高度（给出）

β = 单位建筑面积、床数（给出比例）

x = 层数

格罗皮乌斯的主张可写成

$y_i = \phi_i(x, y_j, y_k) = \phi_i(x)$

即 x 值的增加将导致 y_i 的增或减。

从图可得

$y_1 = \beta f z_1 x$

$y_2 = z_1 \ (f+z_2)$

$y_3 = \dfrac{hx+g}{z_2}$

消去 z_1 和 z_2

得

$$y_1 = \beta f y_2 y_3 \frac{x}{hx+fy_3+g}$$

$$y_2 = \frac{y_1}{\beta f y_3} \quad \frac{hx+fy_3+g}{x}$$

$$y_3 = \frac{y_1}{f} \cdot \frac{hx+g}{\beta y_2 x-y_1}$$

一次导数

$$\frac{\mathrm{d}y_1}{\mathrm{d}x} = \phi_1(x) = \quad \beta f y_2 y_3 \quad \frac{fy_3+g}{(hx+fy_3+g)^2}$$

>0 增

$$\frac{dy_2}{dx}=\phi'_2(x)=\frac{-y_1}{\beta f y_3}\cdot\frac{fy_3+g}{x_2}<0 \text{ 减}$$

$$\frac{dy_3}{dx}=\phi'_3(x)=\frac{-y_1}{f}\cdot\frac{hy_1+\beta g y_2}{(\beta y_2 x-y_1)}$$

<0 减　可以画成下图：

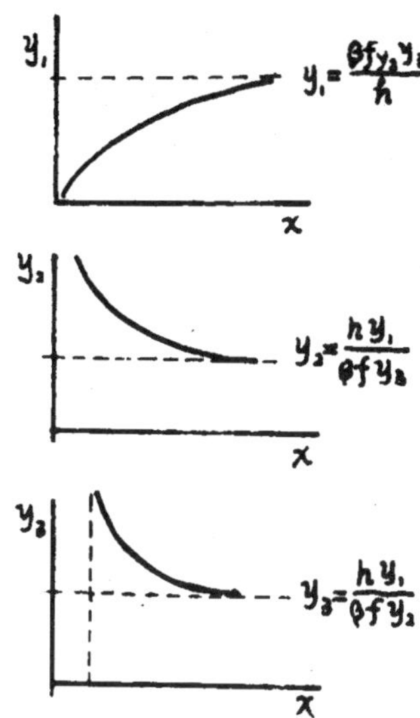

如 $x=\rightarrow\infty$，则 $hy_1-\beta f y_2 y_3=0$

这可以看出，不论多高，密度有上限

$$\frac{y_1}{y_2}=\frac{\beta f y_3}{h}$$

假定　$\beta=\frac{1}{15}$（每床 15m²）

$f=9$m(进深)

$h=3$m（层高）

$y_3=2/3$

则 $\frac{y_1}{y_2}=\frac{\beta f y_3}{h}\cdot 10000$（每公倾）

$=\frac{9\times 2}{15\times 3\times 3}\times 10000=1333$ 床／公顷

即不论多高，最大可能密度是每公顷1333人，约533

人/英亩，再要增加高度只能减少每床面积或增加进深、减少间距、降低层高。

其次，一个值得注意的现象是层数增加而密度增加的相应幅度减少，可以从二次导数看出：

$$\phi''_1(x)=\frac{-\beta fhy_2y_3(fy_3+g)}{(hx+fy_3+g)^3}<0$$

即和x的立方成反比。用前数据，令$g=0$，从“0”式得：

$$\frac{y_1}{y_2}=\beta fy_2y_3\frac{x}{hx+fy_3}$$

$$=\frac{9\times2}{15\times3}\times\frac{x}{3x+9\times2/3}\times10000$$

$$=\frac{x}{x+2}\times1333$$

层数	1	2	3	4	6
比例	33%	50%	60%	67%	75%
每公顷密度	444	667	800	888	1000
每英亩密度	178	267	320	355	400

一、二层能得到高密度是由于公式过分简单化了，道路、停车场、防火和其他都未加考虑。

(引自《Urban Space and Structurc》P.72)

7.三种居住区规划形式比较

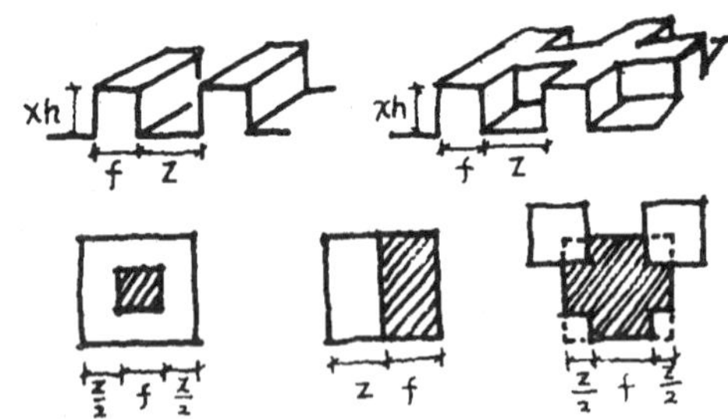

塔式 [0]　行列 [2]　庭院 [4]

用地面积　$y_1^{[0]}=(f+z)^2$

$y_1^{[2]}=(f+z)^2$

$y_1^{[4]}=(f+z)^2$

建筑面积　$y_2^{[0]} = f^2 x$

$y_2^{[2]} = f\ (f+z)\ x$

$y_2^{[4]} = f\ (f+2z)\ x$

$y_3 = \frac{hx}{z}$，消去 z

$$u^{[0]} = \left(\frac{fy_3}{fy_3+hx}\right)^2 \cdot x \cdots\cdots (1)$$

$$u^{[2]} = \left(\frac{fy_3}{fy_3+hx}\right) \cdot x \cdots\cdots (2)$$

$$u^{[4]} = \frac{fy_3(fy_3+2hx)}{(fy_3+hx)^2} \cdot x \cdots\cdots (3)$$

公式（1）　$u^{[0]} = \phi^{[0]}(x)$

$$\lim_{x\to\infty} \phi^{[0]}(x) = 0$$

微分 $\frac{du^{[0]}}{dx} = \phi^{[0]\prime}(x)$

$$= \frac{(fy_3)^2(fy_3-hx)}{(fy_3+hx)^3}$$

这个式大于，等于或小于0，要看 y_3 大于、等于或小于 $\frac{hx}{f}$，

塔层数增加，u指标起先也增加，达到最大值后，指标就降低。

在 y_3 值一定的情况下，

$$u_{max}^{[0]} = \frac{fy_3}{4h}$$

[把 $x=\frac{fy_3}{h}$ 代入（1）]

同理 $\lim_{x\to\infty} \phi^{[2]}(x) = \frac{fy_3}{h}$ 代入（2）

$$u^{[2]} = \frac{fy_3}{2h}$$

$$\lim_{x\to\infty} \phi^{[4]}(x) = \frac{2fy_3}{x}$$

同样层数 $x = \frac{fy_3}{x}$

$$u^{[4]} = \frac{3}{4} \cdot \frac{fy_3}{h}$$

$$\frac{3}{4} \cdot \frac{fy_3}{h} > \frac{fy_3}{2h} > \frac{fy_3}{4a}$$

$$u^{[4]} > u^{[2]} > u^{[0]}$$

这说明两个问题：

(1) 日光角相同的话，可建筑的面积院落要比塔式的大。

(2) 对塔来说，在一定层数下，建筑面积有一个最大限度。同样层数的行列式或院落式将是它的二倍或三倍。

(引自《Urban Space and Structure》p.95)

(五) 罗伯特·克利昂

他是属于比较年轻的一代，强调城市空间的几何形态，认为功能在城市范围来说，只能是典型的功能（日本丹下健三也有此观点，见《世界建筑》1/1981 P.68)。城市生活是集体的，共性是主要方面。公和私其行为模式 (behavior pattern) 是相似的，各时代的公共空间组织方式都强有力地影响着私有建筑的设计。空间和它的状态，并不是外观细节或是历史和社会因素所导致的具体形式。卢佛尔宫不一定是博物馆，可以是住宅，古堡也可成为公共建筑。不同空间的审美价值独立于短暂的功能考虑。它也独立于随着各个年代变化的作为符号的象征意义。只有明确清晰的几何特性，才能让我们有意识地视外部空间为城市空间。

他很不赞成现代城市的空间概念(指行列式自由开放空间)。从审美范畴来看，行列之间的空间只能理解为从属的，这些支离破碎的空地，成倍地扩张，产生相同的不完整的空间体系，既缺乏连续性又没有质的差别。而这些对城市却是如此重要。这和加米欧·西脱（Camillo Sitte）认为只有封闭体系的城市空间才是现实的，大相径庭了。

场所是几何性质的，可以概括为广场和街道的组合。广场可分为三角形、圆形和方形及各种演变（图 13），以各种方式与街道相接（图 14）。历代无数广场都可以作如此分析（图 15）。这些观点可以以他的西德斯图加特(Stuttgart)的查尔鹿丹广场(Charlottenplatz)和施洛斯广场(Scholossplatz)规划方案为例(图16、图17、图18)。

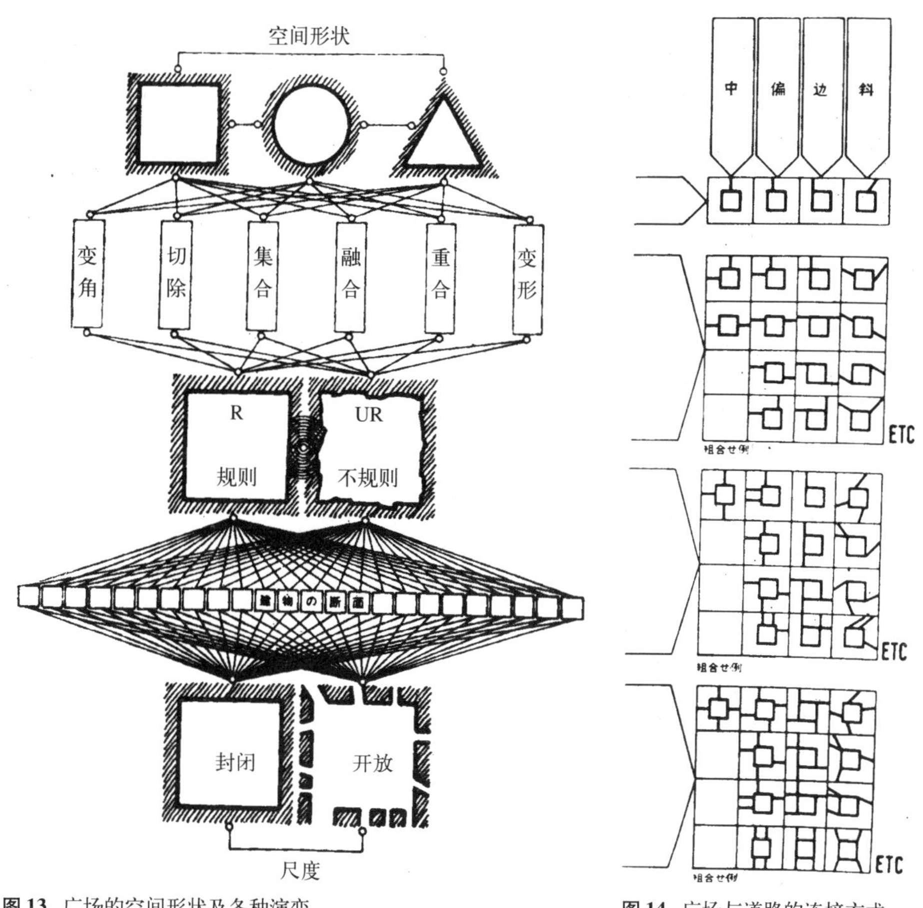

图 13 广场的空间形状及各种演变

图 14 广场与道路的连接方式

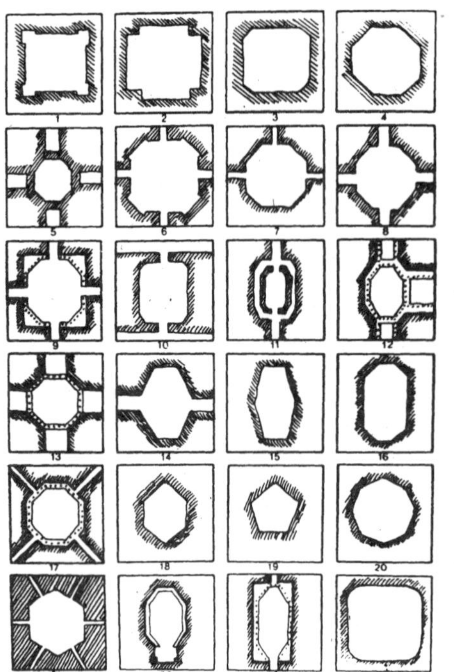

图 15　历代的各种方形类广场

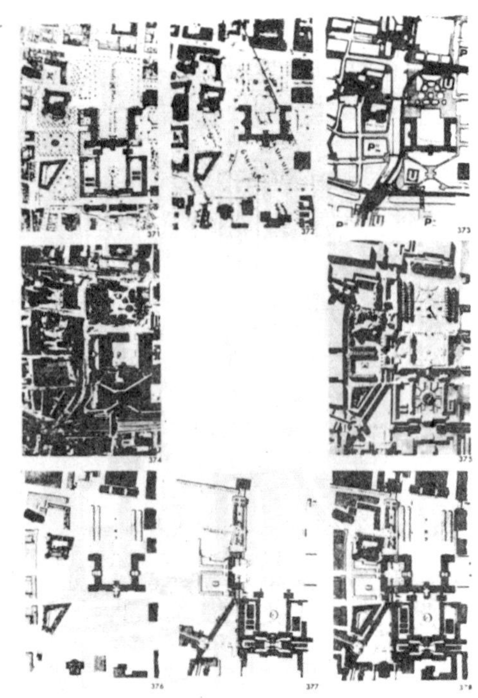

图16　斯图加特查尔鹿丹广场和施洛斯广场规划方案
上左——1855 年；上中——1972 年；上右——交通计划；
中左——航空摄影（1969 年）；中右——新方案模型；
下左——现状；下中——新方案；下右——现状与方案重合

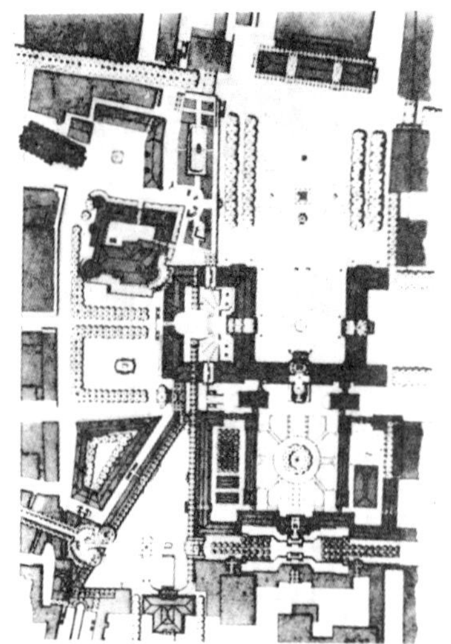

图 17　查尔鹿丹广场和施洛斯广场规划方案

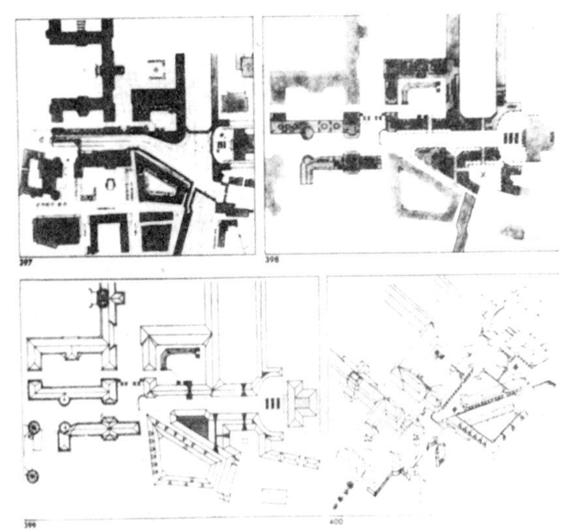

图 18　查尔鹿丹广场的研究（Otto Hippin 方案）
上左——新街道层；上右——步行层；
下左——屋顶层；下右——轴测图

（六）凯文·林奇

他的代表著作《城市的形象》（编者注：现译为《城市意象》）(The Image of the City) 发表于1959年，其影响迄今未减。他认为我们对城市的感知往往不是持久不变的，反而总是部分的不完全的，和其他事务混杂着。几乎每种官能都在起作用，形象是他们全部的综合。它没有终结，作为艺术它不同于建筑、音乐及文学。

形象是直觉和过去经历的产物，用来解释见闻和指导行动。有秩序的环境将是活动或信念或知识的组织者。周围事物的明确的形象因此也是个人成长的有益基础。

环境形象分成三部分一识别 (Identity)，结构 (Structure)，和意义 (Meaning)，这三者都表明人与环境不同的关系。对象作为一个整体被认识以区别于其他事物，主要是通过个性或一致性。必须包含观察者与对象之间的空间或图式关系，以及对象必须对观察者来说有某种意义，不论是实际的还是感情上的。由于形象的发展是对象与观察者之间的双向过程，因此可以用符号的方法、观察者的培养教育或者重新改造环境来加强形象。

城市形象有五要素：路、边、区、结、志 (Paths, Edges, Districts, Nodes, Landmarks)。这些只不过是城市环境形象的原材料，它们必须相互作用，共同塑造成一个完满的形式。

形象并非现实的精确和成熟的模式，缩小比例和均匀地抽象化。作为有目的的简化，他可以增减现实中的要素，渗混和变形以及把部分重新组合。尽管如此，现实仍有着强烈的拓朴学的不变性 (Topological lnvariance)。

凯文·林奇开创了用认知地图 (Cognitive Map) 进行城市环境形象调查的研究方法，要求居民绘制环境草图并回答询问。他的波士顿、洛杉矶、泽西市 (Jersey City) 三例，乃是生活环境中各种活动现象的相关图式及其意义的回忆。作为一种信息来说，由重复直觉获得、反馈、储存、在一段时间之后又经过知识的过滤才表达出来的，可以认为已经是心理反映的综合或行为的实录，不同于物理认识的产物——测绘地图。作为规划的依据资料应该是另有价值。这个方法已为世界上不少规划家所推广发展。

后 记

就我们看来，这六家之说，并非“你死我活”。取其精华，去其糟粕，大可兼收并蓄。城市的一部分既可以先定场所，“对号入座”；也不排斥另一部分却因势利导，“量体裁衣”。这可能倒是顺乎自然的事实。

解放后，我们大部分城市缺少正确的规划指导，以致尽管工业发展还刚刚开始，已落得污染蔓延，文化古迹横遭摧残。城市建设不能放任自流已是当务之急。但这也并不意味着不必考虑行为模式，“一刀切”，“从南到北、大致相似的居住区”，“有无问题、谈不到风格”。如果还需要有些理想的话，即使是亚历山大教授的论点。头脑里装一些，也未尝没有裨益。太实用主义了成不了大业！

前面所介绍的显然过于简略了。有兴趣的读者请阅读原著。希望能改正我错误理解之处使此文不致贻误青年。

（原文载于《建筑师》杂志第 14 期。）

现代西方建筑理论动向（续篇）

汪 坦

【编者注】为了尊重原文的完整性，注释的顺序没有作改动。

本文是《建筑师》(14) 同名文的续篇。打算讨论下列三个问题：

一、关于国际主义风格（International Style）

目前某些西方建筑界的风云人物指责曾盛极一时的“包豪斯”(Bauhaus)，把现代建筑先驱者格罗皮乌斯(W.Gropius)、密斯(Mies Van der Rohe) 等放在被告席上，宣判现代建筑的死刑，它的罪名是千篇一律、反历史主义和反人文主义。

历史主义是艺术理论探讨中的要害问题。希契科克(H.R.Hitchcock) 说：“‘历史主义’比‘传统主义’，‘复古主义’或‘折衷主义’在表达五百年来建筑的某些共同形态方面，显得更为正确些。十分简单，它的意思是借用过去的建筑风格和形式，又往往多少是新的组合。”[1]

[1] H.R.Hitchcock: Architecture: Ninteenth and Twentieth Century p.459.

现代建筑的旗帜“国际主义风格”是1932年希契科克和菲利普·约翰逊(Philip Johnson) 提出来的。他

[2] H.R.Hitchcock Jr., Philip Johnson: "The International Style" Architecture since 1922, 1932.

[3] Norberg-Schulz: Towards an Authentic Architecture (10) p.21.

们联名发表了以此为题的文章[2]，其要点是：

反对各式各样的复古主义和折衷主义；

并不排除历史的影响："在运用结构原理上借鉴了哥特式，在设计上和古典范例更接近，而在掌握功能上却和前二者有明显的区别"；

新概念：重视容积（空间）而不是体量；讲究规律而不拘泥于轴线对称（对等）；拒绝强加的装饰。

这种"风格"并不意味着一个国家的建筑将和其他国家一模一样，实践中也并不是那么千篇一律，乃至不能分辨出不同建筑师的作品。如现代主义的几个先驱者，就各有非常明显的特征。

他们强调材料技术的革新对形式的影响，所谓机器的美学（Machine Aesthetics），基本上是物质内容（技术、功能）所塑造的外形，对精神文化因素则以革新为主主张所谓抽象继承。

可见理论上并没有"反历史主义"的主张，这一点不少年长一些的历史理论家如布鲁诺·赛维（Bruno Zevi），C·诺伯·舒尔茨（C、Norberg-Schulz）等都曾为之辩护[3]。值得注意的则是另一面的见解。

S·莫霍里·纳吉（Sibyl Moholy-Nagy）说："国际主义风格不能激发建筑师的创想，不能让委托人得加以鉴别，不能满足城市景象的历史意识的需要，是复活历史尸体的直接原因。这是一次未能在最合理的场所发起的复兴。在美国的那些建筑学校里，是一些任何潮流的奴态的'风派人物'，决不是建筑革命的创造人。建筑历史连续性的重新发现必需相信最有成就的实践着的建筑师们。沙里宁（Eero Saarinen）和他的伦巴第化（Lombardising）的麻省理工学院（MIT）教堂也许可列首位，接着是……乃至国际功能主义的著名巫医格罗皮乌斯。他们都尝试了历史的和现代的因素千变万化的组合，企图把建筑从技术的牙缝中恢复过来，其结果很少是成功的而往往是可笑的。”[4]

当时最激进的“反历史主义”理论出自风格派（De Stijl）的先锋们。蒙德利安（Piet Mondrian）说：

“……古代的伟大艺术对现代人来说多少感觉到像是黑暗，即使不那么昏沉和悲哀……过去总有一种专横的影响，很难逃脱。……当然过去的艺术在新精神看来是多余的，有害于他的前进；他那美使得许多人不愿靠近新的概念。”[4]

现代主义大师们的态度比较温和得多了。勒·柯布西耶（Le Corbusiér）说：“在这个方案中我们共同的遗产历史部分是被尊重了，还不止如此，他是被挽救了。不然现在的危机状态的顽固会飞速地破坏过去。……这伏山（Voisin）方案将古城完全孤立，把平静还给从圣·善凡（Saint–Gervais）到埃督阿尔（Étoile）。”[5]赖特对待英国伦敦的古老建筑也是同样的，“把他们中间最好的，保留在公园中作为纪念物。”

把“反历史主义”的罪名加在现代建筑先驱者身上，看来是不甚恰当的。

这里还可以听听意大利进步建筑理论家曼弗雷多·塔夫里（Manfredo Tafuri）的观点：“现代先驱者的反历史主义不是任意抉择的结果，而无宁是变革的合乎逻辑的目标。这变革的中心早在伯鲁乃列斯基（Brunelleschi）的革命中已经形成，而他的基础则在持续了5个多世纪的欧洲文化争论上。”[4]“选择包豪斯是惟一合理的选择，禁止问津历史有他自己的历史原因，所有尝试重新规定历史范围的企图都被挫败了。”[3]

这是新旧交替的历史辩证法，变革是必然的，桃子将由激进的折衷主义（借用C·詹克斯的名词）者们摘走。

塔夫里的文章中引了一段马克思的话：“一切死亡先辈的传统，好像噩梦一般，笼罩着活人的头脑。恰好在人们仿佛是一味从事于改造自己和周围事物，并创造前

[4] Manfredo Tafuri：Theories and History of Architecture.

[5] Le Corbusier：Urbanisme，1925.

所未闻的事物时，恰好在这样的革命危机时代，他们怯懦地运用魔法，求助于过去的亡灵，借用它们的名字、战斗口号和服装，以便穿着这种古代的神圣服装，说着这种借用的语言，来演出世界历史的新场面。例如，路德换上了传教徒保罗的服装，1789至1814年的革命依次借用了罗马共和国的服装和罗马帝国的衣裳，……由此可见，在这些革命中，使死人复生，是为了赞美新斗争，而不是为了勉强模仿旧斗争；是为了提高某一任务在想像中的意义，而不是为了回避在现实中解决这个任务，是为了再度找到革命的精神，而不是为了让革命的亡灵重新游荡起来。"[6]

[6] 马克思：《路易·波拿巴政变记》。

我们能不能即以此来理解后现代主义者对现代主义"反历史主义"的指责和所谓他们自己的"历史主义"呢？

事实只有一件，却众说纷纭，见仁见智。不免是各家借题发挥，暴露自己的思想而已。莫衷一是也是辩证的必然。

"国际主义风格"可以安息了！

二、关于后现代主义的几方面的反映

1. 罗伯特·斯特恩（Robert Stern）的观点[7]

[7] Robert A.M.Stern：New Direction in American Architecture，George Braziller N.Y.1977.

关于"后现代主义"国内已有些介绍，常和第三代这个名词相混。罗小未教授曾谈到过所谓第二代与第三代都应该还是属于现代主义的范畴，而后现代主义则已经在"外"了，有另起炉灶的意思。我很同意这个见解。

斯特恩的说法仍旧是含糊的，他从另一角度来分"代"。他说现代建筑师的第二代人物，当前无论是在受公众的尊敬或实际成就上，都居领导地位。他们所追求的目标和第三代所信奉的迥不相同。有两种不同的宗旨，在含义上被称为"排他的"和"并容的"。二者之中更被确认的是"排他的"方法。这是1920年代以来主宰着先进建筑的正统现代建筑传统的继续。(迟开花的国际主义风格）企图创造一个按照理想形式和社会形象的人造世界。这是第二代的根本宗旨。他们往往牺牲了问题的解决来讲究单纯和简洁的形状。这是一种把形状问题（在他们的观点中是普遍的和抽象的）和功能问题（特殊的和次要的）分开的看法，是一种经常为各种不同计划（居住区、文化中心等）寻找典型答案的看法。

兼容的方法是接受最有造诣的发言人文丘里(Robert Venturi）的现代生活的“复杂性与矛盾性”的观点，谋求给建筑重新定义，拒绝正统现代建筑把自己当作文化价值的源泉的那种英雄姿态，主张有节制和适应性，让建筑体现社会的、不只是其他建筑师的评价和支持，努力根据本身的条件处理每一个问题，反对倾向于个人状况的典型的解决办法。

后来斯特恩把“白色派”如理查德·迈耶（Richard Meier）等都列入了年轻的“排他主义者”，只有“灰色派”继续巩固着“兼容主义者”的地位，算是第三代，即人称后现代主义者。

斯特恩还以纽约布鲁克林（Brooklyn）某区一次公寓设计竞赛的争论为例，阐明前述两种不同宗旨。一等奖为威尔斯和柯特（Wells and Koetter）所获得，文丘里和洛奇（Venturi and Ra uch）的方案为三等奖（图1）。7人评委会主席菲利浦·约翰逊说：“这次争论是今天许多建筑问题的象征，值得充分讨论并公诸于众。”大多数评判人(4∶3）包括约翰逊本人，J·路易斯·塞特（Louis Sert)，查尔斯·阿布拉姆斯（Charles Abrams)，塞缪尔·拉顿斯基（Samuel Ratensky）说文丘里的方案是一些非常难看的房屋，这些建筑像是从不景气以来到处可见的最普通的公寓。另外三人是唐林·林顿(Donlyn lyndon)，罗马尔多·吉尔各拉（Romaldo Giurgola)，理查

图1 布鲁克林某公寓设计竞赛中文丘里和洛奇的方案

德·拉维契（Richard Ravitch）则认为文丘里方案具有一种朴素的形态，适宜于这项建设的规模和位置，没有贬低周围的住宅区，重视而又未受已有秩序的约束，考虑了住户的真正利益而不是满足设计人好辩的心意，建造方法简化，容易造得比较好些，这有益于住户的个人尊严，决没有主张“更多的相同”而是深思地运用了现存的可能性[7]。

这的确是两种非常明显不同的出发点和目标。当然不能认为只要是“排他的”建筑本身再好也是徒然（环境也要变的），如果是“兼容的”那么任何样的建筑都行。这就取消了建筑形式的相对独立性。也不能认为所谓第三代以前的建筑全都是“排他的”。建筑历史也证明并非如此。所以值得充分讨论并公诸于众的是建筑师的社会责任，这正是西方现代建筑理论中被许多人所回避的。[8]

[8] 参看《世界建筑》1981.4.“玩世不恭”，肖伟译。

[9] Catherine Cooke：Soviet Reaction to Post-Modernism，A D News Supplement 1/1982。

2．苏联对后现代主义的反映[9]

苏联将出版查尔斯·詹克斯（Charles Jencks）的《后现代建筑的语言》的译本，由著名理论家苏联建筑师协会副主席亚历山大·里阿布申（Ale ksandra Riabushin）领衔写了导言。前此他曾领衔撰文题为“最近西方建筑创作上的矛盾”。他认为詹克斯的著作“论证了20世纪70年代西方建筑内容的多样性，他明确地宣布了方法的多元论”，“考察了危机的各种征兆；且把后现代主义剖析为最近西方建筑的一种复合的本质性争论的趋向。其影响将有如勒·柯布西耶的《走向新建筑》和文丘里的《建筑的复杂性与矛盾性》。”

他批评了20世纪资本主义建筑的反人文主义实质，是击中了要害。

苏联理论界普遍认为，20世纪70年代初在发达的资本主义国家的资产阶级社会意识形态中出现了所谓新的保守浪潮。二次大战结束后的头十年这股浪潮曾被挤出了意识斗争的历史舞台，这是由于法西斯的战败，自由与改革的意志和技术科学的成果,这强劲的力量似乎会逐步消灭社会生活中的矛盾！然而这种“狂热”，到20世纪60年代末失去了光芒，20世纪70年代初就消散了！生产衰落,失业增长,通货膨胀,能源、生态危机,道德堕落……接踵而至。加上对左倾激进主义反文化的反感，信心丧失殆尽，因此导致保守主义的增长。今不如昔，怀古！

大师们的善良愿望，朴素的社会责任感，乌托邦……被资本主义社会无情的现实所破灭。人们于是跑到了另一极端：从救世主到为雇主服务，千依百顺，以个性化的“可靠的”小创作替代大量性标准化，不再热衷于环境的彻底改造而主张文脉主义的原则，逐步小变革，杂乱比秩序更有价值，平易近人胜过英雄的夸耀，新形式让位于历史的怀旧和引喻，功能和技术的明确形象有意识地为所谓表达文化历史意义作出牺牲，放弃了干净利落精致的几何形态，为强烈的生动起伏和丰富的可塑造型所更换，在运用视觉的“城市平民传说”(Urban folklore)的、历史家的和平凡的因素同时，对商业广告如（Las Vegas）作出了炽热的共鸣。

尽管通俗的原则和虚无主义还是大可争论的，但更为多样化和寻常的和传统的形象使得最近的西方建筑对于没有修养准备的使用者更易理解，使得建筑本身更有生命力和亲切。

苏联的理论家们还认为，后现代建筑似乎在探索有机地进入环境，这是和“社会主义现实主义”的一种汇合。建筑师是人民的一分子，要为多数人，也是苏联建筑的中心内容。

在反对现代主义建筑上，苏联的群众认为光秃秃的混凝土并不吸引人，领导们觉得这对人民的思想影响是消极的，而年轻的非俄罗斯建筑师们却由于政治上的原因更加迫切向往民族文化特征而反对“国际主义风格”。

但有两点重要区别：一是艺术家与群众之间的关系——苏联理论拒绝先锋的试探作用只对本身和良心负责，认为艺术家的神圣任务是党的文化先锋，不是群众的尾巴；二是地区性、地方色彩和怀古不同于文化传统的吸收同化。前者被认为是安抚、怂恿浅薄的现状，而后者则被看作是前进的探索着的高度文化。建筑师应该代表人民的深远兴趣。

3.“后现代建筑是严肃认真的么？”——布鲁诺·赛维（B.Zevi）和保罗·波托盖西（Paolo Portoghesi）的对话[10]。

[10] Is Post-Modern Architecture Serious? AD 1-2/1982.

P（波托盖西）：后现代主义主张风格的复合、模棱两可和“对着干”（lrony 反语），标志着和现代运动的决裂，是一种“解放”的形势。历史不单是建筑师们的历史，每一个人都在用建筑。要回到这个共同的基础上去，才是相互理解的惟一途径。

Z（赛维）：同意后现代主义的一些意识观点，如反对假现代主义。但作为历史评论，还必需弄清楚“解放”究竟是什么意义。后现代主义实际上是个大杂烩！有两种矛盾倾向：一是新学院派，他试图模仿古典主义，可是又有抑制的，不打算复活真正的古典准则，只不过是“古典崇拜者”的设计，如同巴黎美术学院那样。我将称之为拿破仑的法西斯；另一是相反的倾向，躲躲闪闪难以捉摸，虚无的，“任你喜欢”。这个根源在于美国竭力想摆脱欧洲文化遗产的影响，结果是编集了各种矛盾，也许是颇有审美能力的，但不能令人信服。从历史来衡量，有如手法主义者歪曲大师们的语言那样，不是探索而是折衷主义。我反对后现代主义因为他似乎是一种反胃（regurigation）。

P：现代主义的教义窒息了地区文化的自主。

Z：现代建筑没有死亡，我不相信现代文化可以分解为即兴的和机械的从历史堆中拉出来的物件的蒙太奇（剪辑）。整个过程看来对我是抽象的、图解似的冒充艺术品……他只提供了一些绘画（后现代建筑师的画销售得不错），一连串立面。

P：运用旧形式并不意味着向后看。回到过去是西方文化的一种需要，至少曾被表达了50遍。这往往是革命行动，从来不是反动的！

Z：现代建筑从未企图割断与过去的联系，而常常采取了与之对话。勒·柯布西耶到东方旅行，以多种方式把经历吸收进他自己的作品里去，然后又去希腊，被纯洁的、阳光笼罩着的体量所深深地感动，从而提炼出他的模数和比例的法则（图2）。赖特的建筑一直和美国殖民地式住宅保持着对话。他让民间建筑丰富自己的语言……如果现代建筑死亡了，那么岂不是历史中断了，我们不得不从零开始？那就不是从过去挑选东西而是从一口大壶中摸，那里任何东西都是一样的。

图2 1881年Edouart Loviot的帕提农神庙复原图，由此可见希腊古典建筑并非像勒·柯布西耶和新古典主义所赞美的白色建筑，而是符号的、多种彩色的语言混合系统

P：人们已经憎恨现代城市，甚至愿意住进19世纪的居住区。勒·柯布西耶把从希腊得到的教益转化成公式，只对中学教师有价值。在阳光里组合体量，这你可以玩耍二十年，最后你终于会发现这只是投影几何中有趣的课题，不会形成希腊建筑。穆尔（Charles Moore）的新奥尔良（New Orleans）意大利广场，给当地意大利社团以想像中的空间，那里他们能够重新探索自己对建筑的想法。

Z：穆尔的这个作品是不寻常的，可是他也没有提供什么新的教益。只不过用了一个像是历史中心和19世纪居住区那样的环境来安抚那里动荡的居民。一句话这是一种伪装，是走向放弃建筑的道路。后现代主义用符号、原型、舞台布景法、“化装整容术”……等手段，满足于和这些周旋，并未发现事物运行的真谛。

P：立面、道具布置、“化装”……意思是美化，这并不坏！用舞台布置透视法（Scenography）（图3）意味着我们的城市将出现戏剧性。太好了！历史上有许多例子，

图3 舞台布置透视法

难道都是些开玩笑的人，创造了虚假的建筑。重视立面是认识到建筑必需和城市打交道，人们关心城市的形象。

Z：后现代主义所提出的问题是严肃的，可是他的处方却是过时的，是安慰剂而已。

4．文丘里评后现代主义

文丘里认为，后现代主义者的态度趋向于僵硬。他们强烈地反对现代主义，字面上的历史主义以及修改过的古典主义，最终将如同正统的现代主义者虔诚的反历史主义和教条的总体设计那样僵化。他们指责总体设计，而总体设计不比另一极端的排他主义更坏些；排他主义把建筑类型的范围限制在城市公共和雄伟的计划中，以便传统的功能得以随从古典形式，同时讲究一种狭隘格调的文化。要图书馆，不要超级市场！但是后现代主义似乎是同一东西。

5．小结

显然，后现代主义的含义仍旧是模棱两可的。波托盖西所主办的1980年威尼斯（Venice）Biennale建筑展览会，故意用了另一标题来代替实质上是后现代主义者作品的陈列，标题称为“过去的存在”（The Presence of the Past）[11]。詹克斯本人近来就一连提出了什么“激进的折中主义”（Radical Eclecticism），“晚期现代主义”（Late Modernism），“新古典主义”（Neo-Classicism）等等。被称为发言人的文丘里否认自己是属于后现代主义，穆尔也有过同样的表态。

[11] Architecture 1980 The Presence of the Past，Venice Biennale，Rizzoli N.Y.

前面简略地介绍了几方面的反映。因为这是客观存在，必然会冲击我们尤其是青年学生们的观点。我只是企图以此减少些盲目性，鼓励作更多的思考，这也许是有益的吧。

三、建筑语言

西方理论界流行建筑语言的说法带来了一些益处，尤其是在表达内容的“意义”(meaning) 方面，理论上更为明确，实践上丰富了形式。然而在语义学方面的牵强夸张，和作为符号的象征作用的滥用，也有把建筑引入邪路的趋势。

当然也有不同意建筑语言的说法。

勃兰地 (Cesare Brandi) 说：“把建筑作为语言的主要绊脚石是在于任何符号学[12]系统都要制订出信码 (code) 以传递信息，而这种信息是不能用建筑来传递的（这里把语言学作为一般符号学的一部分）……我们必须断然放弃建筑的符号学的分析。……穹窿顶上的蓝色天花或埃及神庙柱子上的尼罗河谷，并不产生穹窿的本质或埃及神庙的本质。”[4]他认为建筑除了本身结构的内在规律外，只是砖瓦木石的重复堆叠，别无任何意义。

持这种观点的大有人在。著名的现代作曲家斯特拉文斯基 (Igor Stravinsky1882—1971) 说过：“我们在音乐里所得到的感受，和我们在凝视建筑形式的相互作用时所得到的感受是完全相同的，除此以外，我们找不到更好的办法来解释这种感受。”[13]而他对伟大的艺术——音乐又是怎样看法呢？“音乐是没有能力表现任何事物的，无论它是一种情绪，一种精神状态或是一种自然界的现象……等等。这是由它的本质所使然的。……如果音乐听起来好像表现某种事物的话，那只是幻觉，而不是真实。”[13]《音乐语言》的作者英国戴里克·柯克 (Deryck Cooke) 也说：“任何一件艺术品的完成都要通过结构或形式。因此，每种艺术都可和建筑比较，因为建筑本身就是一种可见的纯形式的体现。”[14]看来，建筑究竟有没有“意义”是问题症结所在。

没有意义的形象是无所谓交流传递的，只存在反映，

[12] 符号学 (Semiotics, Semiology)：对语言的和非语言的记号、记号系统、意指作用 (signification) 的分析研究（参阅J、M布洛克曼：《结构主义》，李幼蒸译）。

[13] Deryck Cooke: The Language of Music, 1959;《音乐语言》，茅于润译，1981，人民音乐出版社。

[14] Sergio Bettini：Semantic Criticism and the Historical Continuity of European Architecture, Zodiac, 1958, p.192.

创造者和观赏者各自独立的反映，纯形式的反映。无理由需要说明，只需诉诸直觉。所以需要交流传递的就在意义。这就是把建筑比作为语言的依据。贝替尼(Bettini)说："……艺术作为经验（Erlebnis）是除了艺术作品本身以外就不能交流传递的了，毫无疑问所能交流传递的只是语言，艺术的语言学的结构。"[14]

当然多数的建筑师和理论家还有哲学家认为建筑是有"意义"的。黑格尔在描写哥特式教堂时就有这样一段："在这座宽广的建筑物里，这种纷纭繁复的情况仿佛消失在不断的来往流动中；没有什么能把这座建筑物塞满，人们匆匆地来去，过往的人们和他们的足迹一出现就消失，化为过眼云烟，在这样巨大的空间之内，暂时性的东西只有在消逝过程中才是让人看得见的，而这巨大的无限的空间本身却超越一切，永远以同一形状和结构巍然挺立在那里。"[15]

[15] 黑格尔：《美学》第三卷上，p.96，朱光潜译。

尼古拉斯·佩夫斯纳（Nicholas Pevsner）对伯尔尼尼（Bernini）的科内纳罗（Cornaro）教堂的分析是更加侧重于形式结构方面："……黑大理石闪烁着琥珀、金和粉色的表面反射的永远变化着的光线。圣坛位于入口前的墙中央，两侧为粗壮的对柱和壁柱，冠以中断三角楣饰，深深缩进，以集中我们的注意力。在那里人们总希望找到一张画，但却是一个壁龛，有一组处理得像画般的雕塑群，给你一种现实的幻觉，今天他令你吃惊如同三百年前一样……似乎他们是在剧院的包厢里而我们却在正厅前排座上。"[16]

[16] Nikolas Pevsner：Outlines of European Architecture p.255.

这两段说得非常精彩，足够证明建筑是具有"意义"的。可是我们能从这里获得这些教堂的具体形象么？显然不能。能传递给我们的只是像语言文学那样所形容的意象。还远不能在你头脑形成作为视觉艺术的建筑，也并不是任何巨大的空间都能使黑格尔引起"过眼云烟"、"超越一切"、"巍然挺立"的感觉的。佩夫斯纳的分析已经比较具体了，但是仍旧难以排除某些蹩脚方案也能符合他的描绘。壁龛是圆是方？多深多浅？大小繁简……即使都点到了，也不可能使你真正如临其境，激起美的感受。留下的至多是你过去形象经验的杂凑。照相，模型，甚至是电影也不能完整真实地再现和环境不可分的建筑给你的美的感受。

从前面的例子和讨论可以看到建筑和语言密切的联系。人类运用语言经过了漫长历史的千锤百炼，使它成为最伟大的交流传递工具。对艺术来说，它永远是全能的。无论绘画、音乐、舞蹈、建筑……是各有所长的单项，都不得不和他配亲，才能相得益彰。人类是用语言进行思索的，即使是视觉形象的创造，也只有在那一刹那才暂时离开了语言。

当然放弃了建筑本身的特征，牵强夸张其作为语言的一面，尤其是片面强调“意义”，正是当前西方建筑的危机所在。

波托盖西把立面主义说成是人们关心城市的形象。他所主持的皮恩纳尔（Biennale）展览会就是由20个建筑师设计的立面形成的一条街。

斯坦利·泰格曼（Stanley Tigerman）认为立面是公共的脸孔（Public face），平面作为公共姿态是没有意义的。从立面走向绘画，建筑或竟成为绘画！诺伯·舒尔茨有过这样的看法：“一般说来，把建筑的解释立足于从其他领域借来的方法上，能获得多少益处是值得怀疑的”[11]。但有些画意或雕塑意似乎不失为一个值得探索的方面。他的话可作为忠告吧！

再看一看迈克尔·格雷夫斯（Michael Graves）怎样解释他在这个展览会上陈列的作品（图4）：挑出的放大了的蜡烛台具有形式特征的双关性（ambiguity），有多种多样的理解：为下面的入口提供保护措施；也可看作向街道借用空间，因此有些像阳台；在最上面平的地

图4 迈克尔·格雷夫斯在皮安纳尔展览会上陈列的作品

方放置了一幢寓言似的“第一座房子”；入口绿色的柱框，暗示自然景色，通过这门是走向公园或天堂之路。

这里找不到形式美的所在，只剩下了“语言”、“形式的意义”，换句话说，建筑形式可以是任意的，美感则是任意的主观判断而已。至于新材料新技术更是不值一顾。显然，这是和我们背道而驰的。由他们二三“知己”聊天称快吧！

关于象征和隐喻，也是当前强调建筑的“意义”所流行的手法。笼统地说作为符号的象征或隐喻，它的作用是：容易被理解和记忆，言简意赅，并扩大了深度和广度，丰富了形式。

黑格尔曾说过建筑最适宜于实现象征的原则，但他又说：“知解力的朦胧摸索很容易抓住像数目这类的外在细节。不过如果把建筑艺术作品看成一种次要的多少是任意的象征游戏，那就既不能看出较深刻的意义，也不能看出较高度的美，因为建筑的艺术作品的真正的意义和精神不是用数目差别的神秘意义所能表达的，而是要用其他的形式和形象才能表达的。”[15]

悉尼歌剧院是象征远航归来的，它不能真像船帆(这样就糟了！)也不是任意抽象了的船帆形式都能激起你的美感。这个母题甚至可以产生非常丑陋的形象。勒·柯布西耶的朗香教堂说灵感来自长岛岸边海螺，那只能是创作者自述个人的思索过程。

对符号的理解除了建筑辞汇的多解性的特征外[多解性——如阳台作为一种符号（辞汇），它代表了室外起居室、阳台浴或绿化所在，也可以被认为是晒衣服、储存东西、杂务等场所。栏杆式样还能隐喻历史典故、地方风格等。]欣赏者自身的修养——经过学院派熏陶的眼睛，不会欣赏拉斯维加斯（Las Vagas）的商业广告，也左右了他的判断，并不容易得出定论。斯特拉文斯基认为：“如果音乐听起来好像表现某种事物的话。……那仅仅由于长期形成的默契，作为一种标签、一种惯例，我们所给予、所强加于音乐的一种附加的属性。总之，是我们不自觉地或由于习惯势力对音乐本质所误解的一面。”[17]音乐确有如是的一面，这对建筑作为符号来理解，也是同样的。

[17] 彼得·汉森（Peter S. Hansen）：《20世纪音乐概论》，孟宪福译。

可见象征或隐喻终究不能成为建筑的主要常规武器。滥用了岂不要走上邪路！

从当代西方建筑实践里，可以归纳出三类作为语言对待的设计方法（当然它们总是相混的）：

（一）辞汇

1．点、线、面、空间、质感、色彩等，趋向于创造抽象几何的纯形式的美。凭直觉理解、无需修养，只是心理——生理的反应，一视同仁（当然不尽可能，群众耳濡目染，环境使他们形成了各自不同的审美观。）有些像世界语（Esperanto），应该更具普遍性。其效果在大块简单几何体量光影的变化（图5、图6），或线面体的错叠（图7），并重视材料质感色彩，给人以鲜明强烈生气勃勃的感受。这类作品数量不多。

图5、图6 菲利普·约翰逊/伯吉设计的潘佐大厦的光影变化

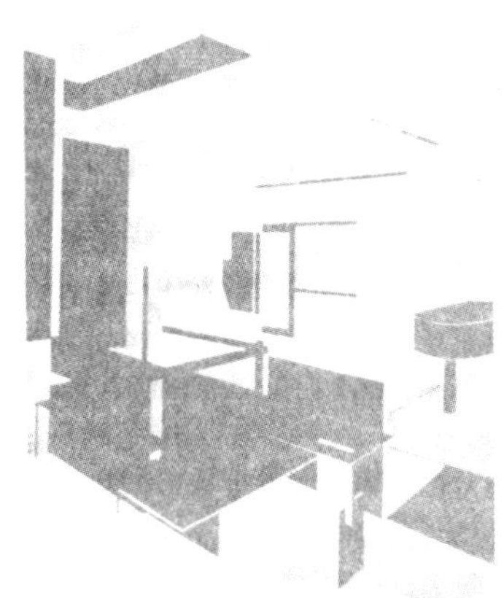

图7 里特维德（G.T.Rietveld）的乌德勒支（Utrecht）住宅室内，可见线面体错叠

2．门、窗、屋顶、墙、柱、地面……引入了功能概念，对某些建筑的理解需要更多的知识（如剧院、体育馆……等），产生了“立面必须反映平面”“功能技术的明确表达——干净利落”等戒律。行家与群众之间会出现某些不同看法。功能技术影响审美判断。讲究部分与整体间协调，室内外空间穿插渗透，体量纵横对比衬托。整体几何形状效果减弱、转移视线动向（图8、图9），往往层次丰富，耐人寻味。独到之处只有行家间能心领神会。此类作品最多。

图8 墨菲/约翰的先乐克斯中心

图9 马赛尔·布劳亚的高层建筑方案

3．歇山、庑殿、五种柱式、帕拉第奥（Andrea Palladio）母题……相似于文学之与方言、成语、典故等，理解需要更多的文化修养。但也有些建筑师把它们当作符号标志对待，只从怀古、怀旧、乡思等表面的“意义”着想，抛弃了形式的历史传统上的文法逻辑关系，采用剪贴拼凑（collage）的办法（图10）。我称他们新“新古典主义”[和我们熟悉的保尔·克瑞特（Paul Cret）等对古典主义理解和态度很不相同。]他们自己之间差别也极大：有的竭力以表现“意义”为目标，强调建筑作为语言的特征；有的提倡立面主义，运用绘画手法；也有偏爱象征、隐喻等手段。成熟的作品少见。

图10 约翰逊的美国电话电报公司大楼，高层建筑用了古典辞汇

（二）文法

有许多不同的说法：

勒·柯布西耶的三个阶段——18岁时新艺术运动的自然主义语言，31岁时纯净主义的语言，和59岁时的新野性主义的语言。[18]这三个“主义”中都包含着文法上的差异。

文丘里对古典主义的定义是：构图的统一和对称，大尺度，惯用的构成要素的体系——虽则这些要素可以通过古典手法主义使其相互矛盾。他又说：可以前面是古典的后面是现代的，或外部是古典的内部是现代的。[19]

[18] 参见《勒·柯布西耶评传》，陈志华译，载《建筑史论文集》（5）。

这里说的主要是文法。

密斯作品的语言是辛克尔（K.F.Schinkel 1781—1841）式古典主义的文法和现代材料技术的辞汇。当然也可以用现代派的文法，古典的辞汇，或中国建筑的文法和现代派的辞汇等等。

包豪斯以韵律、比例、尺度、空间虚实对比法则为文法，是抽象的并着重形式的构成的观点。

前面从方法学角度探讨了建筑语言，也许可以为建筑形式的更为丰富找到些门路。

四、写在最后的一些说明

1. 关于“国际主义风格”——我既认为现代建筑没有死亡，又为这口号送葬。这是因为这是有所不同的两个概念。前者包括的范围要广得多。又何况这面旗帜，原作者之一希契科克早在1951就想收了！[20]

2. 对后现代主义我多用了些贬辞，可是并未企图将其打翻在地。有些主张如文脉主义、兼容等，以及还有很少一些作品，我是欣赏的。

3. 目前建筑讨论中常用：双关（ambiguity）、并存（co-exist）、流动空间、自由平面、质感、对比、矛盾性、复杂性、甚至“多”或“少”……作为质量评价标准。这些词本身都只是现象的描写，并不能包含审美判断的结论。格式塔心理学认为结构简单的几何形状对视觉具有更强的吸引力，也说的是现象，在艺术创作中有时就不需要强的吸引力的几何形状。并不能因此贬低复杂。

4. 建筑语言涉及美学问题，自己还没有寻透，待之来日吧！希望能抛砖引玉。

（原文载于《建筑师》杂志第16期。）

[19] Robert Venturi：Learning the Right Lessons from Beaux-arts，AD 1/1979，p. 23.

[20] H.R.希契科克：“没有疑问，20年前提出的原则是太消极了，现在我们已经准备好，也许准备得太好了，再度非常充分地去扩大那些有才能人的认可。如果我的预言是正确的话，我们目前正站在现代建筑的‘盛期’与‘晚期’之间的另一变革阶段，我们必须料到反对国际主义风格字面上解释的许多奇谈怪论。……用这短语主要来遣责那些对25年前设计俗套的难以理解的应用也许现在已经变得方便了；果真如此的话，这个名词最好被忘却吧！1932年当时仍旧非常大量的‘传统建筑’如今已经消亡了。20世纪现在的建筑可以恰当地仅仅称为‘现代的’（Modern）。”见H.R.Hitchcock：“The International Style” Twenty Years After，Rec.8/1951，p.89～97。

现代西方建筑理论动向（续二）

汪　坦

编者注：为了尊重原文的完整性，注释的顺序没有作改动。

本文是《建筑师》(14) 同名文的续二。打算讨论建筑语言和符号学（Semiology）问题。

一、引　子

最近《新建筑》1983年第1期发表了文丘里(Robert Venturi)在哈佛大学纪念格罗皮乌斯(Walter Gropius)讲座上题为“历史主义的多样性、关联性和具象性”报告的译文。《世界建筑》1983年第6期登载了专访黑川纪章的谈话纪要。两人都把建筑语言、象征主义和符号学等问题提得很重要，认为是现代运动之后理论与实践革新的标志。

本文拟扼要地综合述评这方面手头有的主要文献，并联系介绍几个实例。

二、术语解释

1.语言（Langue，Language）——指作为一个信号和声音的社会系统的语言自身，在这个系统里我可以表达自己。言语（Parole，Speech）——我们言谈中的具体要素，因而表明我们的语言是怎样运用的。前者作为一个系统，后者作为发生的行为。

2.意指作用（Signification）或译作记号表意作用——指能指（Signifier）与所指（Signified）之间的关系。前者如纸上标志的图式，空中的声音或甚至建筑形式，它使记号本身具体地显示出来。后者指概念、意图或其他思想。或译作信号物（Signifier）与被信号化（Csignified）。

3.共时性（Synchronic）——沟通人与人共存关系的逻辑和心理联系，从而形成体系，这些都是集体共同意识所能觉察的。讨论语言或其他记号系统在一特定时间内的整体结构（横剖）。

历时性（Diachronic）——研究集体共同意识没有觉察到的人与人之间相继关系的联系，这些联系代代相传，但并没有形成体系。通过时间的变化讨论用途（纵剖）。

4.信码（Code）——保证语言或其他记号系统中发挥作用的规则的总体。信息交往是借助信码才得以实现的[1]。

5.图像学（Iconology—Science of icons）——艺术作品所传递的无意识的象征和征兆。

图像表演艺术（Iconography—art of representation by pictures or image）——有意识的和惯例的含义。

三、异　议

把建筑类比于语言（Linguistic analogy），早已有之（1745）[2]。

认为建筑不必作为语言或用符号学方法分析对待的，《建筑师》（16）拙文已有简略介绍。这里再作些补充，写在前面，是想先多带着些问号来思考，以防见异思迁。

赖特（Frank Lloyd Wright）在自传中（1932）回

[1] J.M布洛克曼［比］：结构主义（1974），李幼燕译。

[2] Peter Collins:Changing Ideas in Modern Architecture, N.Y.1965.

忆联合教堂（Unity Temple，1906）的设计过程，认为这种象征（指一般教堂的指向天空的尖塔）太文字化了，将成为一种文学形式。他主张在建筑中抛弃任何象征的形式，说深深埋藏在人们心中的韵律感，在艺术中远远高居于其他考虑之上。

诺伯格·舒尔茨（C.Norberg Schulz）在评论詹克斯（C.Jencks）的新作《当代建筑》（Current Architecture）[3]时指出"用符号学方法分析建筑理论是在哲学上站不住脚的，无论如何已经被证明是一种失败"。并且希望詹克斯把自己从符号学的桎梏中解放出来，不要沉缅在"记号"的怀抱中，不如去眷爱那些实在的东西。建筑是"物"（Things），不是"记号"（Signs）。这可以拿他为1980年威尼斯（Venice）两年一度（Biennale）的建筑展览所写的题为"走向真正的建筑"论文中的一些意见来注释[4]。

[3] C.Norberg Schulz:Book review on Charles Jencks & William Chaitkin's "Current Architecture",AD9/10-1983, pp.91～93.

[4] C.Norberg-Schulz:Toward an Authentic Architecture, Architecture 1980—The Presence of the Past,Venice, Bienna!Rizzoli,N.Y.

建筑符号学并不真正关心建筑的含义（Meaning），只不过是在探讨交往传递的某种过程，把含义的概念贬低到只是作为工具——比较表面的一面。如果建筑的含义只能存在于同其他事物的关系中，这关系当然不能局限于詹克斯所描写的外观的相似上——像船、钢琴、电视机等等。我们并非主要只通过隐喻来衡量一座建筑的。建筑符号学不是从实践中产生，而是自概念的释义中发展出来的，是一种典型的思想与感觉间的脱节的结果。哲学家巴彻拉德 （Guston Bachelard）曾说："隐喻应该至多是表达的偶然，使他成为一种思潮是危险的。他只是假像"。

塔夫里（M.Tafuri）在1979年1月日本的《建筑与都市》（A+U）杂志上发表了题为"1960—1977年建筑及城市规划理论大辩论的主要情况"（Main lines of the great theore tical debate over architecture and ur-ban planning 1960—1977）的论文中提到相应于新的

建筑思潮所引起的评论方式，从符号学、语言学和图像学中引借力量是有代表性的。

艾柯（Umberto Eco）倾向于一种规范的美学方面。而德·富斯柯（Renato de Fusco）则试图把适用于语言的分析系统转译到非文字方式中去，不可避免地会遇到一连串的死胡同。其中如以索绪尔（F.de Saussure，1857—1913）所假设的关于所指和能指的公式套用于建筑的内部和外部空间关系就是一例。求助于语言学并不是一种堂堂正正的尝试，将生动活泼的结构置于理论的消防技术的控制之下。伽洛尼（Emilio Garroni）曾经提出过疑问，像在建筑这样的交往传递系统中，语言的重要因素如记号的双层分节（Double articulation）是失去了。他也怀疑在形式系统中应用信码（Code）这概念，那里构件不是按照“文法”进行组合的。反倒是相同的艺术作品中，为了可比，建立一系列类型的参照点更为清楚明白。因此用语言这个词来形容描写建筑是不确切的，只能是隐喻的意思。

在建筑上有时能指与所指是分不清的，凯旋门既是所指也是能指。当然，门和凯旋分属两个不同范畴，但是他们之间的表意关系不如语言中那样有明显的差别。具体的门与门的功能（指艾柯所谓第一功能）是不可分的，而在语言文字中，“门”却是声音和符号，建筑图形尤其是平面图则庶几相同。如果以此论空间，那更是落进了自己设置的陷井中。

为什么当前建筑界热衷于符号学这样一门复杂的学科?塔夫里的意见是——有两种相反和相辅的动机：一方面需要澄清包围着建筑师的形象世界，恢复一种稳定的参照结构关系和一些行为的准则。在这意义上论证语言和意识的确切的关系，寻求回到现代运动真正的起源的热情。这是在建筑师中出现众多的原始主义或拟古主义，和关心视觉交往理论的原因。另一面是不断地探索把符号学研究的成果整理成形式系统，有效地开拓和转译成设计规划术语。结果是严格的符号学支持了当前的艺术实践，这对下部分现代建筑是一种威胁。

既然如此，似乎我们更有必要对建筑符号学作进一步的介绍了。建筑之于语言、绘画、雕塑和音乐等，都只能具有类比关系，总是异多于同。不然就要改“姓”换“名”了。应该说如果处理得当还是有益的。

四、建筑符号学和象征主义

大致可以分成两种思潮：

一是文丘里（R.Venturi）和穆尔（C.Moone）等从创作实践的需要对现代建筑的空间艺术论提出了挑战和补充。

另一是借鉴语言学的理论与方法来丰富和扩大建筑的内容及表现形式。

4.1　布朗（Danis Scott Brown）和文丘里在1968年的重要著作《向拉斯维加斯学习》(Learning From Las Vegas)[5]中就提出在某些环境中象征的作用超越了空间，也可以说空间关系是象征而不是形式。在我们的建筑中最专横的因素是空间，建筑师发明了它，评论家加以崇扬，填充了象征主义所创造的具象的空隙。巴洛克(Baroque)的穹顶是空间结构也是符号，它外观比内空高得多，为的是在都市环境中显得突出，传播它的象征信息。某些店铺的假立面也是这种目的。现代建筑某些内容错综复杂(如航空站、联合摩天楼、超级商场等等)已超出了建筑空间形式所能表达的能力，需要的是直截了当、粗犷而不是细致曲折，这就要以象征符号作为交往传递的主要手段。因此我们的审美激情必然更多地植根于符号中而较少依赖空间。他引用了柯尔孔(Alan Colquhoum)的见解:“建筑是社会内部相互交往的系统”。“我们不仅不能摆脱过去的形式并运用这些形式作为类型的模式。而

[5] Danis Scott Brown & Robert Venturi:…Learnig from Las Vegas For.3/1968,pp. 36～43.

且，如果我们自以为是自由的话，我们会失去控制我们想像力的极为活跃部分，以及我们和他人交往的能量”。这是文丘里历史主义的理论注解。1982年4月中他在哈佛大学“格罗皮乌斯讲座”所作报告“历史主义的多样性、关联性和具象性”中[6]说“在建筑形式和符号不断的摆动平衡之间，我们此时倾向于符号”。“使建筑成为包括其他方面的多维艺术，甚至包括文学。使它不再是一个纯粹的空间的工具”。文丘里坚持了15年前的观点，并作了更为详尽的讨论。

[6] Robert Venturi：历史主义的多样性、关联性和具象性，《新建筑》1/1983.

重新承认了象征主义，甚至以“读”来代替“看”，经常引“经”据“典”，怀旧隐喻。我们这些长期以来受绘画雕塑等视觉熏陶，把它视为建筑师的基本技能，持建筑是空间艺术论的信徒，一时难以接受这些重用装饰、假门面，缺乏一套师传的构图手法的作品，凭直觉一点也摸不着边际。我们且来“读”一“读”穆尔的克雷斯格学院的校园（Kresge College）[7]。

[7] How to make a place — Kresge College（Charles Moore）P/A, 5/1974, pp.76-83.

这是坐落在美国西海岸沿着丛林中的一条蜿延曲折小道两边自然村般的校园，园内点缀着几个不规则的广场（图1），渲染了公共活动的活跃气氛。这学院开始逐步形成时，是按照行为主义心理学原则规划的。学生25人左右组成近亲——集体（Kin-Group），作为生活——学习环境中的基本单元。

白色高低错落的建筑群组有如切割拼装的卡片模型，采用了低造价营造商的方言（Contractor’s vernacular）。但他们的面貌显然出自建筑师的手笔（图2、图3）：尺度亲切，桔树、水渠、喷泉，具有地中海市镇的情调。院长和建筑师合作默契，“经常修补改建，终于会找到他自己的空间秩序。”像舞台布景那样得以拼装拆卸，装上车就搬走。学生们在这里都是

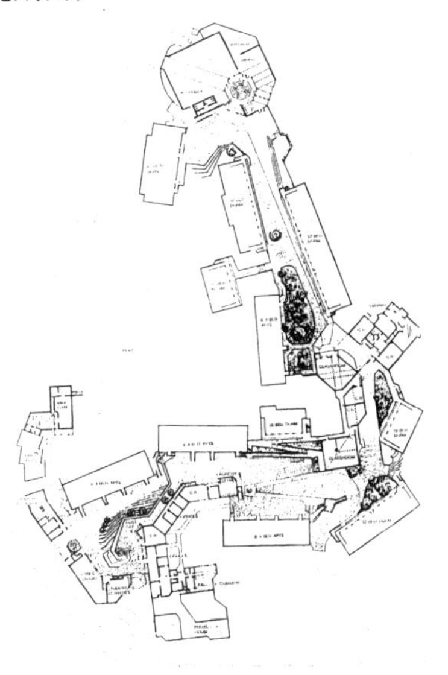

图1

图 2

图 3

“飞鸽牌”，不久就应该远走高飞。我们是否觉得他在文学似地描画着心目中生动的场所（Place）。有些含义如对美国早期非永久性聚居生活演替景象的憧憬（A succession of unpermanent inhahitants），西班牙的传统和本地农庄的形式等等，都是需要通过“读”——思索才能感受到。实际上当建筑师还在构思时，实物并不存在，这过程说是在“写作”（Writing）是合乎情理的，也减少了单凭一时直觉的局限性。

4.2　属于另一思潮的人物多数是语言学家、建筑评论家如艾柯、布罗德本特（G.Broadbent）、詹克斯、斯卡维尼（M.L.Scalvini）和伽洛尼等。

艾柯——意大利语言学家，著作很多，其中有两篇关于建筑符号学的论文，影响颇大：《功能与信号——建筑符号学》（Function and Sign：The Sem iotics of Architecture）和《建筑信号的成分分析／柱子》（A Componential Analysis of the Architectural Sign／Column）。前一篇主要讨论一些基本问题，后一篇详尽地分析了作为建筑构件——柱子的含义。

他认为所有文化现象实际上都是记号系统，为什么惟有建筑是对符号学——记号系统的科学的特殊挑战呢?因为建筑的产生首先是由于功能而不是为了交往传递。原始的洞穴可供人躲避风雨野兽的袭击。一旦这些过去，他又外出觅食，这洞穴就在他头脑中形成形象，有入口、内室、堵住洞口的石墙，逐步又有安全舒适等概念，使他能意识到并不一定存在的另一洞穴也有这些可能性。当他经营第二洞穴时，这形象就成为一种模式，他可以画出来和告诉他人。在这个意义上可以认为这模式已经信码化了（Codified），具有了交往传递的作用，甚至没有人打算使用也无关紧要。因此我们就往往突出了交往传递这一属性。建筑信码导致图像信码。这图像的形式可称之为表意的形式（Signi-Cative form）。

表意的形式，从功能推导出来的信码、在信码的基础上附着于信号的外延与内涵的含义以及作为给定的可交往关系的结构模式——这就是建筑符号学的领域。在这里有形的行为和实在的物体都成为不重要的，惟一有关联的具体物是作为表意形式的建筑对象，通过读译(Reading）使交往传递成为可行的。

形式本质并不具有什么“表现”本领，富于表情来自表意的形式和解释信码的辩证关系。这就是为什么处在纽约摩天楼如林的包围中，哥特（Gothic）教堂依旧保持着中世纪垂直向着天堂的感觉的解说。

建筑的外延和内涵(Architectural denotation and Connotation)

建筑物概指（denote）一种居住的形式，一般所说表示功能，艾柯称为第一功能（Primary Functions）。另一面还具有象征的内涵(Symbolic connotations)，如建筑物表达了家庭、生存、文明等意识，艾柯称为第二功能（Secondary Functions）。这里并不说明有重要性的差别，而是第二功能要依据第一功能的外延(denotation)。“一些窗户在立面上表示的一般功能，可能在我们的头脑中是必要的但不是最重要的，且甚至一时可以忘掉，集中注意它们之间产生的韵律关系。好像读一首诗，完全没有进入词句的意义，让他们退入背境，却已被在记号媒介的前后并置中某种形式的精巧吸引住了。”窗户指明了功能——外延，也表达了审美意识——内涵。对形式的阐明，不但包含了形式与功能间的信码化的联系，而且也有形式如何实现功能的约定俗成的概念。所以只有在信码的基础上形式才能表达功能。如果没有已有信码的支持，建筑师即使费尽心机也不可能使新的形式是某功能的。在意大利南部农村，现代化住宅的卫生设备——恭桶，曾被当地居民用来冲洗齐墩果(olives)。这说明如果另一信码（偶发的但非不合理的）硬加在这对象时，那么表达的是另一功能（并不是这形式没有功能了）。

建筑信码究竟是什么?——这是建筑符号学的关键性问题

关于非字句的信码——视觉信码等，不得不罗列许多信码化层次（包括图像的和专题的等），不同的信码概念、不同的分节形式（types of articulation)。某一给定的信码的分节因素可能是另一信码的组合体(Syntagms)，而且可能归属于建筑以外的信码。

艾柯把建筑信码粗略地归纳为三种：

1.技术的信码——这种的分节与建筑工程科学有关，建筑分解成梁、楼盖体系、柱、板等，除了结构的或工艺的逻辑以外，没有其他含义——交往传递因素而已具有某些表意的形式条件。

2.语法的信码——类型信码按空间形式分节如圆形平面、希腊十字平面、自由平面、迷宫、高层等，以及功能关系如一般卧室要和浴室毗连。

3.语义的信码——涉及建筑的表意单元成单独的建筑记号（甚至组合段）和它们的内涵外延的含义的关系，可以是门窗楼梯等艾柯所谓一次功能乃至医院、教堂、学校等较大规模的类型的含义。

当然还可以有其他特殊的信码如“花园城市”、“新镇”等先驱者们的美学观所产生的理想等。

讨论大抵集中在类型的信码——医院、教堂、学校——形象明确、一望便知。可是从历史或地方来看又有差别，如教堂在不同国家甚至地区和不同时代的特征正是建筑作为艺术所独具的。这些信码将是如此复合与短暂，我们且仿照字句的语言的“双重分节”(double articulation）来加以阐明，如果建筑是空间的艺术的话，则以几何性质作为最基本的分节：

角、直线、各种曲线点等为二次分节因素，还没有赋予含义但已有区别性（distinctive)。

正方形、长方形、平行四边形、椭圆、不规则图形相当于一次分节，开始具有表意作用（我国有是非曲直、方正圆滑的比喻)。

组合关系——一长方形在另一长方形中如窗在墙中或更复杂的组合为三次分节。

几何学的信码不能专门从属于建筑，也涉及到抽象绘画乃至格式塔（Gestaltic）的信码。这里只是作为信码的一种例子。

上面所提到的信码不产生生成的可能性而是现存的答案，并不是即兴发言的敞开形式而是刻板的至多是一种修辞的用法或为意外情况提供公式化的表达模式。

赛维（B.Zevi）曾几次提过疑问：“越来越多的研究致力于符号学，但对建筑领域用处很小。尤其要在建筑中决定什么是‘信码’仍旧非常困难。有些人建议基于结构构件的语法的信码，另一些人建议语义的信码。类型学认为建筑是服务或广泛的交往传递工具。它满足社会的需求但不企图革新他的意识形态，因此不涉及艺术。现在如果拒绝各种类型学和习惯的词汇，把建筑作为艺术，那么将用什么信码来支持它呢?艾柯声称这些信码是在建筑之外。诗、绘画、音乐都以自己的形式说话，而建筑不然，它要求助于社会学、政治、人类学等。这是一个值得怀疑但颇有意思的论点。他证实了建筑师如果接受了把建筑简化为广泛的交往传递（Mass communication）的说法，那就是放弃了自己的任务。"[8]他认为凡属有形的几何学范畴都不可能提供建筑以有效的信码[9]。

[8] G.Broadbent，C.Jencks，R.Bunt ed：Signs，Symbols and Architecture 1980.

[9] Bruno Zevi: Notes on semiotics Architettura 11/1967，p.422,9/1968，p.562.

艾柯曾说过建筑可以松散地称为广泛的交往传递，它的目标一开始就面向广泛的要求。人们不经意地被吸引去顺从它含蓄的信息的驱使，并不要全神贯注。建筑的解释也可以是异乎寻常的，高架路桥下避雨、栏杆上晾衣并不以为怪。当然，建筑有时是创造性的和深有启发的，它徘徊于强制与满不在乎之间。他在文末注解里引用了本杰明（Walter Benjamin）的一段话："建筑往往代表了一种艺术作品原型，他的感受是在消遣的状态下被集体所完善的。"

建筑以外的信码

建筑是真东西，得受现实的具体制约，不能不寻求自己以外的信码的支持——政治、社会、经济、人类学等。霍尔（Edward T.Hall）著名的近体学（Proxemics）研究[10]可以看作是距离信码化的研究。人和自己在社会各种不同的其他人间所取的距离均带有文化含义。诸如身体的温度感知、触感、嗅觉都分担着含义。而且不同地区有明显的差别，美国人和德国人对于门的开或闭就有不同的反映（开着门，使德国人觉得气氛轻松和非事务式的，而门关着，美国人会感到这里似乎有阴谋、他们被遗忘了)。其他如林奇（Kevin Lynch）的《城市意象》(The Image

[10] Edward T.Hall：Hidden Dimension Anchor Books 1969.

of the City)，亚历山大（Christopher Alexander）的《形式的合成纲要》（Notes on the Synthesis of Form）都是信码化过程的研究。这些当然将对建筑及城市设计产生重大影响。

艾柯的另一篇论文是企图定义建筑含义的基本单元可能是什么？

建筑信号一般是在约定俗成的基础上作为一种被加工物围成的传递功能的空间系统。没有走过楼梯也可以认识楼梯，就是说交往传递的属性超越了功能的属性。被信号化的功能不一定是所指对象，它们不是标记（token）而是类型（type）（参看《语言与语言学词典》[11] P.366），是各种可能的功能。因此在成为实际行为之前已是文化的单元。建筑物是一种表达含义的信号媒介（Sign Vehicle）。

[11] R.R.K.Hartmann & F.C. Stork：语言与语言学词典

他根据各种表意作用的理论，认为明显独立的构件如柱子（column）可以作为建筑含义的单元。柱子本身并无任何含义，帕提农（Parthenon）的柱廊才获得了建筑的含义。柱子并无内部空间，只是给周围空间以新的含义，这就不能说柱子传递了空间的含义。空间表达的是已经具有含义的前建筑的素材（Pre-architectural material），正如近体学所告诉我们的那样。这种富有表现能力的素材，连同他所传递的含义，被建筑重新用作信号媒介以表达新的含义，新的文化单元、义素（Sememes）。

他对罗素（Dora lsella Russell）的散文《永恒的柱子》（The Eternal Column）作了仔细的语义的分析，分成了建筑的内涵、历史的内涵和美学的内涵（见表1）。这些含义可以认为已经是社会信码化的惯例。

给一根孤立的柱子以语义的描写，要看不同的语义标记是否根据精确的形态的标记和把它放入关连域（Context）（平立剖、垂直的、水平的）中观察是否能给对象以新的含义。

表 1

建筑的内涵	历史的内涵	美学的内涵
A. 树干	1. 时间的风环饶着他吹	a. 证实了它永恒的命运
B.外观上的脆弱	2. 古老的	b. 在它们中间徘徊着优伤的阴影
C. 没有被支持的支持	3. 最后的残迹代表着消逝的庄严	c. 它高傲地直立着
D. 不费力的	4. 未受损失的文献	d. 普遍的
E. 丰富了纪念性	5. 事件、伟大行为，英雄的纪念	e. 纯洁
F. 给立面以稳健	6. 时间之舟的桅杆	f. 传奇似的
G. 给立面以豪华	7. 有年久的光泽	g.设想大胆
H. 给内部以庄严	8. 永存奇迹的比喻	h. 指向天空，向上望令人头晕
I. 重复变化的统一	9. 蔑视时间	i.抒情的迷惑使它诗意盎然
J.抑扬变化的统一		j.
K. 不可撼的		k. 苗条的
L. 桅杆		i. 匀称的
M.轻盈的		m. 完善形态的腿
N. 给建筑以和谐		n. 顽强的
		o. 傲慢的
		p. 孤独的
		q. 神秘的残留
		r. 希腊奇迹
		s. 异常的

人们注意到从罗素女士的文中挑选出来的内涵，很少和这个格式的词素（Morphemes）和义素有联系，而是大部分和柱子放置在时间与空间的关连域中的上下左右结合相关。

艾柯在这里用字句来表达形态的特征，而含义也是以字句来阐明的。邦塔（Juan Pablo Bonta）也用了这种方式来解释建筑的含义，说吉迪翁（S.Giedion）的《空间、时间与建筑》中只涉及12种含义。他列举了：道德观念（忠诚、正直），构成素材的性质，建筑师对过去和现在的社会政治文化发展的态度，对社会的总体理解，艺术观点（空间、时空、色彩、内外联系），哲学思想，结构属性，功能，心理的情感的表达，永恒、广博、莫测高深，对自然的观点、隐喻等。又说佩夫斯纳（N.Pevsner）的《现代运动的先驱者》（Pioneers of Modern Movement）只涉及六种含义，其中空间价值用了新颖的、独创、令人惊异、出人意外、无畏、大胆、不妥协、不顾一切、深刻、直截了当、朝气蓬勃等形容词。[12]

[12] Juan Pablo Bonta: Architecturc and its Interpretation London,1979.

说了那么多无非是他本人的主观评价或者只是笔墨本身的渲染，并未触及对象的形态。从帕提农（Parthenon）、卡纳克（Karnak）到我们的布达拉宫乃至家乡的土地庙，尽管内涵都属宗教神权、虔诚圣洁，却是分寸、精粗、曲直、红青之间气象万千，非字句笔墨所能刻描。这正是建筑艺术形态的灵魂。当我们涉猎符号学时切不可掉以轻心。

詹克斯关于建筑符号学的见解，《建筑师》曾连载过他的有影响著作《后现代建筑语言》（李大夏摘译），这里再把他的主要观点作一些补充。[8]

建筑符号如同其他符号一样是双重统一体，具有表达方面（能指）和内容方面（所指），见表2。

建筑形式的含义的变化，往往最初的基础是实用，然后经过审美的和象征的阶段再回到功能。这现象使邦塔用建筑的表现体系（expressive system）来代替建筑

表2

	第一层次	第二层次
能指 （表现的信码）	形式　超切分的 空间　特性 面　　韵律 体　　色彩 等　　质感等	噪声 嗅觉 触觉 动觉的质量 等
所指 （内容的信码）	图象表演艺术 有意的含义 审美的含义 建筑构思 空间概念 社会/宗教信仰	图象学 引入歧途的含义(betrayal meanings) 潜在的象征 人类学的数据 内在的功能 近体学（空间距离感觉）
	功能 活动行为 生活方式 商业目标 技术系统 等	地价 等

语言这一术语，把“语言”保留给约定俗成的符号体系。他认为陈述体系（不是有目的地为了交往）不需要信码化，因此用语言这一词是错误的。詹克斯则认为任何能被理解的符号都一定具有信码的属性，可以不严格地类比于语言。这是很值得探讨的分歧。

符号学的模式最重要的是奥格登—理查兹(Ogden-Richards）符号学三角形（1923）（图4）：

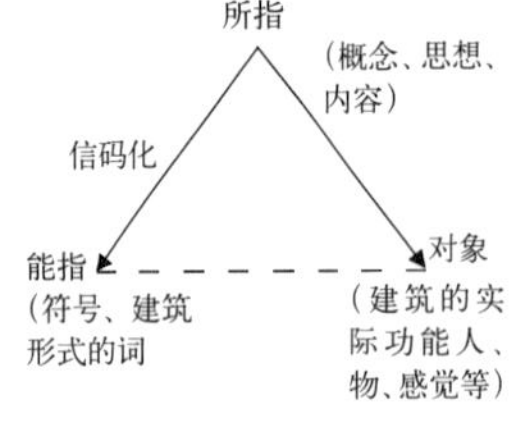

图4

所指必须经过信码化译成能指，除了数学关系和逻辑关系外，有时用类比或隐喻，都可能产生变形，称为语义的噪声（Noise）解码是依靠感知、认加、评价来理解能指的，也要产生变形。

艾柯反对这一模式是因为：他引进了符号学以外的因素——功能，以及看不出能指与对象间的区别。詹克斯认为这是误解，建筑的能指不是物对象自身，而是在视网膜上的形象。他们之间是有区别的（凯旋、凯旋门的形象、凯旋门）。奥—理的三角形模式结合了符号学外的因素，正是比许多其他符号学家高明之处，他们忘记了现实的确要给信码以制约的。

詹克斯列举了使建筑的审美信码戏剧化的几种方式：由于建筑是属于一种内涵体系，他可以聚焦于含义的表现方面甚至即以表观为内容；用变形（distortion）、出人意外来延迟感知活动的时间；变化中求统一、重复里有差异，细部间符号学的相互参照使得本文具有无限的译码可能性，也就是密斯（Mies Van der Rohe）所引用的古老格言“上帝在细部之中”的注解：一种图式(Pattern)以许多不同尺度重复出现或转换，形成催眠似的迷惑以获得丰富的表情；另外还有纯属个人的标新立异所谓阐释学的（Hevmeneutic，参看《读书》杂志2/1984，P.106—张隆溪“神、上帝、作家”）、似是而非模棱两可等；尤其突出了含义的多价性，以高迪（Antonio Gaudi）的卡刹·巴特洛（Casa Batllo）为例（图5、图

6)。这是一座多信码组成的公寓，以古典三段法反映三种功能部分：基座二层以骨胳／蜡状物隐喻铺面、入口和主要公寓；中四层墙身为船舶／面具隐喻次要的公寓；屋顶层巨龙隐喻屋顶花园、水塔、天窗、设备等。这奇特的需要加以阐释的信码，用作功能的符号以分割公寓大片立面并给出了各层段的不同特征，迫使含义间得以相互修饰。这里还有更深刻的含义，詹克斯原来曾设想龙的象征来自中国，但找不到宗教上的联系（高迪是虔诚的基督教信奉者），直到他回到巴塞罗那（Barcelona）才发现这些符号约定俗成的出处。圣乔治（Saint George）是这城的守护神，领导了分离主义者、卡塔隆运动。卡刹·巴特洛代表被巴塞罗那圣徒所杀害的西班牙龙、骨胳和面具是涉及斗争中的死难者。莫里斯（Charles Morris）曾说符号学包括三方面——符号关系学（Syntactics）、语义学（Semantics）和语用学（Pragmatics）。高迪着意于建筑表现形式的语义学方面。

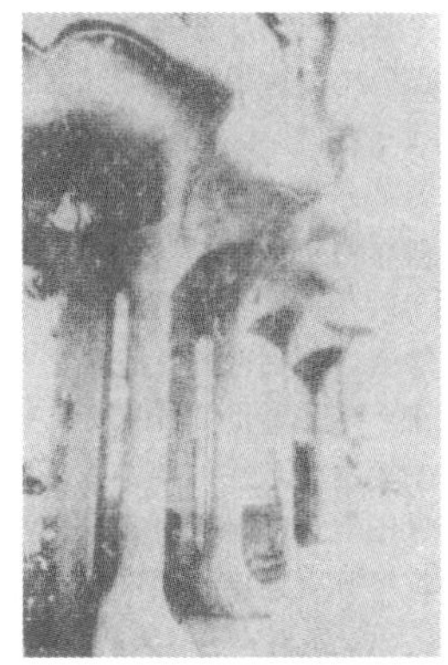
图 5

图 6

如对纳尔逊纪功柱，詹克斯仿照艾柯“建筑符号／柱子的成分分析”提出了自己更为明确的解释。建筑符号（S）是表现方面（E）和内容方面（C）信码化因素的结合。再分成第二层次（图形及符素，Figurae and Monemes）也是信码化的。第三层次是未信码化的。表现方面的词素包括了一系列形态的标志——海军帽、站立姿势、服装、高踞柱顶等，见图 7。

这个表使我们看到形式上哪一部分或超切分因素表达了哪些内涵。

与艾柯的分析主要差别是：功能与外延并不优先于内涵，而是可逆的；符号关系的或形态的或内容的标志是被明显地增强了；建筑符号要依赖以前的信码化和现在的文脉。

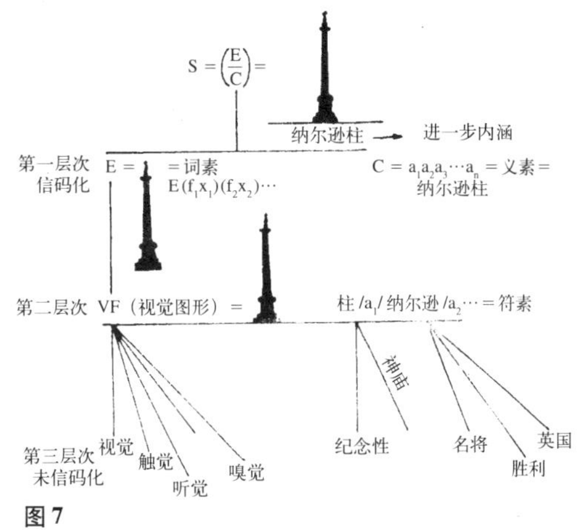

图 7

他指出皮尔斯（Charles S.Peirce 1839—1914）把符号分成三类——指示的、图像的、象征的（Indexical、Iconic、Symbolic）。实际上不存在纯粹的某类符号（都是复合的），且都有约定俗成的信码化的因素（因此他们的基点都是象征的符号）。20世纪争论的焦点集中在“传统还是现代”“群众还是专家”。由于建筑符号本质上就是分裂成两面的，一部分起源于过去的传统，另一部分植根于迅速变迁的社会、新的功能新材料技术各种意识形态，说某一信码对建筑系统来说是更重要些是没有意思的。

詹克斯的观点往往是鲜明的，尽管颇有值得商榷之处，却比那些迂阔之见更能促进学术探讨。他把建筑信码化概念扩充到几乎可以信手拈来，不像赛维那样认为“仍旧非常困难”。他热衷于建筑的隐喻，把它说成是大众接受内涵的主要途径（往往渗透入任何其他途径），用各种各样的隐喻来评价斯特林（J.Stirling）的Olivetti Center Wing。他夸张了多价的作用，十分颂扬高迪的作品，说它是多种的符号、有无穷含义，得以雅俗共赏。这些都具若干道理，却不足以为准则。

布罗德本特移植乔姆斯基（N.Chomsky）的名著《句法结构》中深层结构的理论，撰写了《建筑的深层结构》。差不多同时又发表了《建筑设计作为图像的符号体系》[8]，都是把建筑类比于语言，在方法论方面作了认真探讨。他多年来从事建筑设计方法的研究，认为严格的“功能的”建筑是不存在的（使用者的反应不会一致）。奇怪的是某些理论家随心所欲地使用“功能主义”这名词。甚至佩夫斯纳（N·Pevsner）把格罗皮乌斯和梅耶（H.Meyer）设计的法古斯工厂（Fagus，1911）形容成整个立面是由钢柱玻璃所组成，到1960年还要以这种形式来对抗新表现主义（指朗香教堂）复活的猖獗行径（实际法古斯是用了有收分的砖柱，有些断面达90cm × 70cm，其大片玻璃墙受太阳暴晒在功能上也不是合理的）。术语的任意使用，迫使我们有必要弄清楚——建筑（对象，referent）、形式（符号，signifier）、术语（概念，signified）之间究竟是怎样的关系。这正是语言学近年颇多成就的领域。布罗德本特觉得尤其是乔姆斯基的某些概念似乎是避免所谓“功能的”建筑的那些最坏缺点的有指望的途径。

乔姆斯基关心人的本能和人同外在世界的基本关系。所谓深层结构即从基本成份发生的结构。因此考查推断原始建筑，可以发现建筑有四种深层结构——房屋是人类活动的容器是气候的调整者、是文化的符号、是资源的消耗者。他们是相互关连不可分的。那么怎样转换成表面结构呢？相似于索绪尔（1916年）在他的《历时性语言学》中提出语言的新形式生成的四种变化方式——语音的、类推的、俗词源学的（folk etymology）、语言溶合。布罗德本特提出了建筑设计的四种途径：1.实用的设计（Pragmatic design），用某种材料反复推敲（Trialand-error）以获得满意的形式。新材料新结构将产生新的形式。以慕尼黑奥运会体育场为例。2.类型的设计（Typo-logic design），设计必须类似特定文化背境的人们头脑中共有的固定形象，其过程往往是生活方式与建筑形式相互适应。民居、地方性建筑（vernacular architecture）等都是这样产生的。邦沙夫特（Bunshaft）的利华大厦（Lever House）成为一代建筑师头脑中办公楼的形象也是一例。3.类比的设计（Analogical design），如赖特的约翰逊制蜡公司的睡莲形柱和麦迪逊（Madison.Wisconsin）教堂和他自己的合掌。也可以类比于绘画雕塑乃至抽象的哲学概念。4.准则的（几何的）设计[Canonic（Geometric）design]，依据抽象的比例关系作为准则。勒·柯布西耶的模数就属于这种方式。

他多次阐述这四种建筑设计方式（类型的又名图像的，Iconic），认为可以概括所有建筑形式的发生。在《建筑设计作为图像的符号体系》一文中，和皮尔斯的三类符号作了对照分析[8]。皮尔斯的三类符号的基本定义如下：

1.“图像（Icon）是用自己的某些特征来表达对象的一种符号而且不论任何这种对象是否实际存在，他依然保持相同。”

2.象征（Symbol）是“用通常和一般意图有些联系的法则来表达对象的一种符号，这法则使得符号按照涉及的对象来理解。”

3.指号（Index）也是一种符号，“它表达的对象并不同它有任何相似或类比，也非由于它同那对象所具有的一般特征有联想关系，而是因为它是动态的（包括空间的）连接，一方面是个别的对象，另一方面是对那个起符号作用的人的感觉和记忆。”

皮尔斯的符号与他们的对象的关系可以提纲挈领地从相似和联想两种来看，一是明显的，另一是含蓄的。有些和我们常说的形和神接近。应该体会成“一张纸的两面”既分又合，只有显性隐性的差别。图像是有形的东西，同他的对象具有某些共同的特征，有相似(Likeness)之处。象征却只是意识上联系，并没有可以辨认的相似，是一种社会约定或法则。也就是一是形式的活动，另一是意识的活动。关于相似没有说明究竟是什么意思。皮亚杰（J.Piaget）根据对儿童心理的研究，提出过这样的重要见解：“基本的符号学的功能和表现的智力是由因果的有形活动和逻辑—数学构成的相互联系所形成。”如果一端更明确些，另一端再深化些可以写成：

据事（de facto）…………………据理（de jure）

直接的	有形的	逻辑	文化约定俗成的
生理反应	因果活动	数学的	反应
（无条件的反射）		结构	（学术的）

艾柯和伏利（Volli）认为图像的各部分之间的关系

可以用数字来表示而以类比（有形的因果活动）为代价。布罗德本特则突出类比但同意数字表示也有它的重要性。他按照艾柯和伏利强调潜在的结构的观点把马奇和斯蒂曼（March and steadman）分析图解赖特的三个不同住宅平面，说成一座是另外两座的“图像”（图8）。马斯的图解也是“图像”，因为他们有共同的潜在结构。可是他又说皮尔斯的一段话似乎支持了他的观点。皮尔斯话的意思是直接观察要比满足于确定结构更能发现对象的其他真实性。看来有些莫衷一是了！

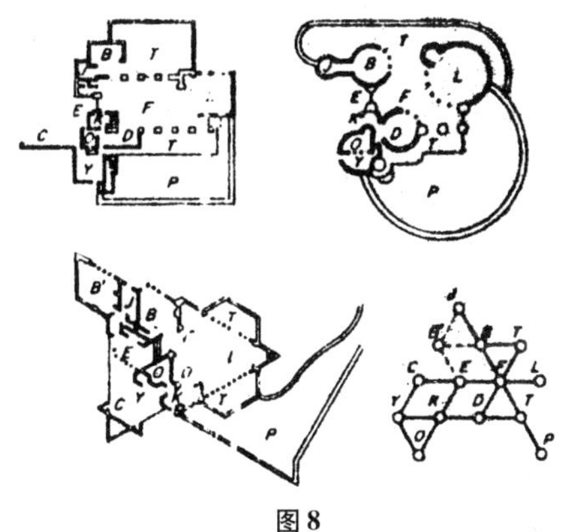

图8

B－卧室；C－停车；D－餐室；E－入口；J－浴室；F－家庭室；K－厨房；L－起居室；O－办公；P－水池；T－平台；Y－院子

詹克斯用能指与所指的关系注解皮尔斯的三类符号:

1.指号。根据经验的关系，事实如此，并没有目的，如烟与火、足迹与足。

2.图像。也是经验的关系，但有明确的目的，“功能的”建筑都属这一类——楔形的会堂平面，结构地形成的桥梁等。

3.象征。约定俗成的一定的关系，目的相对地不明确，如钢和玻璃——办公楼，充气结构——体育馆。

他认为大部分建筑符号是复合的而以其中某一为主。

邦塔着重研究含义的成分或设计的形式的意指（Signification of a Designed Form），没有跟着皮尔斯走。他提出了陈述的、交往传递的、表现的（Indicative Communicative, Expressive）三种成份和相应的三个概念——指号、信号、有意向的指号（Indicator, signal Intentional indicator）。

可见符号问题众说纷云并不简单。在建筑中移植符号学语言学的理论和术语，一些人过于拘谨，连应用“信码”，这个概念也怀疑，如伽洛尼、赛维等。另一些人则太灵活，几乎是随心所欲无所不是，如詹克斯的审美信码戏剧化，和布罗德本特等扩大了图像的符号适用范围（皮尔斯曾认为代数公式也是图像）。当然不只是这些对术语的理解（搬弄术语容易作茧自缚），在最初阶段的争论中提出的异议[13]，也并没有得到真正的澄清，可以认为还大有文章可做。

我国关于文字符号的探讨很早就记载在古籍中：许慎（汉）《说文解字》中有：依类象形谓之文，形声相益谓之字。”还提到《周礼》六书——指事、象形、形声、会意、转注、假借；《毛诗序》诗有六义——风、雅、颂、兴、比、赋。钟嵘（?——约518）《诗品注》又把兴比赋加以论述，“文已尽而意有余，兴也；因物喻志，比也；直书其事，寓言写物，赋也”，把言志与表情合为一体[14]。

《周易》《洪范》——阴阳五行八卦之说，其中以☰为乾（天、男），☷为坤（地、女）……派生六十四卦和三百八十四爻，有卦辞爻辞，以符号象征来解释物质精神世界的推移发展。尽管它还有神秘主义成分，却无疑已包含朴素的辩证法思想，对后世很有影响（参看任继愈：《中国哲学史简编》）。可见我国关于文字符号的研究早已自成体系，而且没有把内容方面与表情方面割裂开来研究。这正是建筑形式作为符号体系论述时应该借鉴的。

[13] 阿·法尔勃什坦[苏]：音乐美学与符号学，杨洸译，国外音乐资料第二十九辑 6/1984.

[14] 中国美学史资料选编，北京大学哲学系美学教研室

论《读译建筑》(On reading architecture) ——马丽奥、甘特尔孙纳斯和大卫·莫顿（Mario Gandelsonas and David Morton）[15]

近年来，重新剖析功能主义者的传统，可以发现两种趋势：系统方法企图适应今天的复杂世界，把建筑和计算机技术、数学模型联系起来，向工程学领域靠近，相反，另一趋势把建筑体系看作文化含义的体系，企图通过把形式的发生作为在文化内部含义的处理，来解释形式本身的性质。埃森曼（Peter Eisenman）和格雷夫斯

[15] Mario Gandelsonas & David Morton:On Reading Architecture P/A，3/1972.

(Michael Graves) 都属于后者。

建筑之所以确实是一种表意的体系，是因为功能表达了建筑物和它们的用途间的关系，这是一个已经被认识和理解的文化事实；再者，这已知的建筑形式是有限度的并具有体系的特征。在大部分建筑师的作品中，这体系的特征是含蓄的，但在这两个人的探索中却成为必然明显的表意体系。由于他们的作品的形式与含义间没有直接联系，起初可能难以理解。埃森曼不考虑建筑与任何文化含义的联系，企图把他的作品和一般看法分开。在他设计的建筑中，语义属性被吸收在“标记”(Marks)中，这些标记的相互联系不需要依赖外界的参考，他们不是某些不在的东西的替身。他的方法主要是属于符号关系学领域(Syntactic dimension)。格雷夫斯的方法则是语义学的(Semantic)，但他同那些形式随从外界需要的仍然不同，他主要关心的是存在于形式与建筑概念的复杂系统或发生形式的思想之间的联系。

格雷夫斯的方法

在把外界的形式移植到自己的作品上时，他从不把建筑看成一个完整的单元，而仅是一些片段的构件或从文脉中取出的聚焦部分。含义总集中在交叉的或占支配地位的构件上。雅各布逊 (R.Jakobson) 指出任何含义的交往沟通必然要经过发送者、接受者、通路、信码、对象和信息本身六个领域。可以分为两个层次：第一层次——信息(建筑物)、对象(用途)、通路(具体的结构)；第二层次——发送者、接受者、信码，主要是建筑师、观察者和象征。格雷夫斯的兴趣主要在第二含义的表达上。他引用或意译现代建筑的词汇，表现一系列对立的建筑概念。用相互联系的两个方面来阐明：建筑体系方面(Architeetonic Aspect) 和来源方面 (Repository Aspect)，建筑体系方面并不提供形式，只给出构成形式的可能性，而来源则是形式的模式。

1.建筑体系方面　为信码所组成以及隐喻和换喻(Metonymy)的运用，使得选择和组合建筑体系的意图和法则形成综合单元得以实现。信码的概念涉及任何信息的体系使得组成部分或单元相互联系。信码的基本组成部分不应看作是单独的，而是作为成对的对立在无限复杂的方式中相互联系着。西方古典建筑五种柱式间的关系就是包含着对立的综合信码，如简／繁／质朴／精致、男性／女性等。即使当各种柱式在一座建筑内具有同样的信码时，以一种柱式替换另一种柱式构成隐喻的转移也将导致含义的变化。如果按照柱式组合的规则——哪一种在上、哪一种在下，还控制了换喻的运用。格雷夫斯的运用隐喻手法，打破常规，不总是选择对立中的一方而是并列的。由于注意力被吸引到这样的对立上，建筑往往最初被看成是明显地不相联系的构件的组合，而不是紧密结合的单元；进一步仔细观察，秩序才展现出来。他把两种含义的实现过程，作为写／读——对立的信码来处理：

写——户主（功能），水平面上墙的配置（房间大小、形状、关系）。

读——建筑师、观察者（象征），垂直面上外观、内部的透视关系。

这里包括了建筑规律与户主需求的矛盾，即建筑师与户主间的矛盾，理想与现实的矛盾，虚与实的矛盾。

还有一种可能的建筑信码是合/分——或称为限定的信码。汉塞尔曼（Hanselmann）住宅的入口处理可以作为一例。他把一个完整的、实在的体量（通常是入口这样的构件），移开另外安置，做成一分离但又连接着的部分（图9）。这被移的体量和留下的空隙表现为一系列的对立。建筑的一个剖面被延伸到外部的立面上，由此而更加展示出建筑内里的特性。对立反映在：一方面——内部“正”的成实体的，私密性和现实的功能；另一面——外部“负”

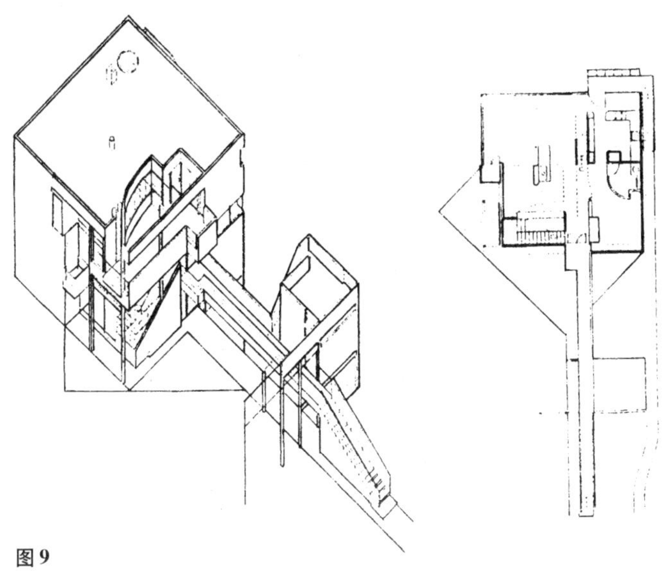

图 9

或虚的体量，公共性和象征的作用。建筑依据限定信码，在那里外壳就是形式，被理解成一双重体系（表／里，inside / outside），而入口把内部的和外部的形式和空间相互联系起来。

2.来源方面　格雷夫斯的主要兴趣在四个领域：古典艺术和建筑，立体主义绘画，现代建筑和自然。他把这四者隔离开来，这对理解他的作品是很关键的，涉及到他表达构成体系信码的对立的意图和怎样独特地运用隐喻。在和古典艺术与建筑的关系中，他感觉到现代建筑提供了新的立体空间概念，而在一张古典绘画中空间被定义为前面的一些面的安排以形成一个叙事的背景(以层次表现空间)。他运用了它们的对比，并吸取了古典绘画中限定的概念，空间中面的层次，光线对空间构成的影响等。他认为，在现代绘画尤其是立体主义绘画中的双重性和多元性，比在建筑上有着更高的发展。如表／里、现实／理想、男性／女性等，这些成对的、对立的概念是信码的基础，也就是他所说的双重性(Duality)。当他们一齐出现时即为多元性（plurality)。

前者是一对一，后者是关系中的关系。他的建筑与自然的联系也是建立在对立的概念上的：需要是自然的、没有秩序；而计划是文化的，要纳入建筑规律。他还发明了奇特的隐喻逻辑。

埃森曼的方法

他作品的关键在于只关心体系本身，没有任何外来的参考。和其他建筑相比较，人们可以立刻感觉到某些差别，不一定要意识到这些差别是由于他摒弃了语义学领域。和外界实际有三方面的联系：一是使用的概念。他的结构只是偶然地是个住宅，被名词和用途所定义。他欢迎这些是因为存在着无限形式的组合方案的可能。在功能上没有什么需要辩论的或更新的。二是某些技术的运用。他相信现代技术给建筑提供了新的方法以设想空间。在某种意义上说，空间已不再受结构的限制。三是他采纳了现代建筑的词汇，他说，对他"'卡片纸板'建筑不是美学、不是风格、也不是折中主义，'卡片纸板'建筑不是贬词，却反而是对我的作品两方面的确切的隐喻。"一是他试图解除现存的语义的负担。尽管他本身可以加给语义，却必须当作符号关系上是中性的，这样就导致新的语义。二是"卡片纸板"是较少体量、较少质感、较少色彩的有关内涵，且最终不关心这些，它最接近面的抽象观念。在这样的基础上，人们不可能说出些什么，但至少认为这是建筑（如同你可以辨认中国话是一种语言并不需要懂得它的意思一样）。他移植了乔姆斯基关于语言学的转换生成理论，以内部关系的体系代替外部功能需求与形式的语义关系。被看成关系的关系，且被线、面、体三种初级有形的体系所定义。单元间是根据从线面体展开来的对立的综合体系，这些成分本身是没有含义的，是各成分等价的体系。体是面的延伸，线（柱子）是面的剩余，这称之为转换的法则，使深层结构

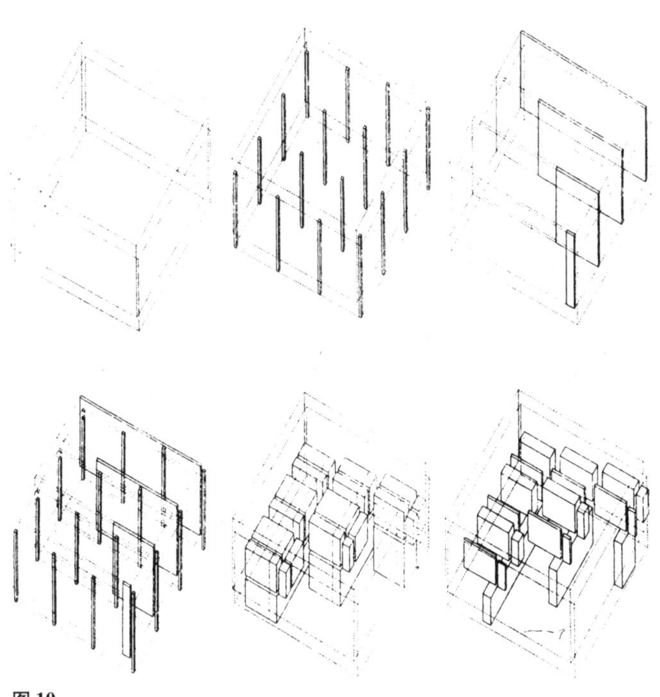

图 10

和特定的墙或柱相连接。在Ⅱ号住宅（图 10）中，用了三种主要有联系的体系，他称之为深层结构的对立：柱／墙；体／柱；体／墙。这综合体系的各种对立都影响或标志在表面结构上。依附于古典空间概念的层次是作为一种戏剧性的背景增加从一固定视点的透视的表现力。格雷夫斯作品的层次化引伸自立体主义绘画。空间不是从一加框台口观看舞台内景那样，而是面和深度的辩证关系、前面和非前面间的辩证关系；观看者有能力精确地阅读在前的面和不精确地阅读周边的面间的辩证关系。

埃森曼的观点和这些都不同，他认为数学概念能用来描述音乐的构成。层次在这个意义上主要是记号的，也是整个体系生成的，因为他规定了构成部分的配置与关系。他同时制定了形式的和转换的结构，给基础体系以规律，并生成了暗示空间对立的体系——剪、拉、压、离心和向心——这些在特定形式中并非实际存在，然而却是从层次显现出来的关系中自然增长的。

深层结构　对他来说传统建筑的表面只表现了形式的外观，并没有显示出形式是怎样生成的。他把表面层当作为了展现产生建筑形式的深层结构的潜在结构，经过生成转换成为外观。他比较了建筑的阅读和绘画的阅读，指出前者空间是文字的，后者是图形的。他移植了概念的不定性（Ambiguity）相对于文字的不定性的观念，创造了现存的和暗示间的辩证关系。为概念的关系提供入门的一种途径是把最初的意向从物质对象转移到形式关系中去。可能给出两种概念性的读法以使头脑中的对象永远不是单个的完整体，而处在一种相互引斥的状态中。在Ⅱ号住宅中有两种不同的选择对象安排为中立的：剪力墙可以读作论据，于是柱子就是这些面切除的剩余。或者柱子可读作中立的，因此剪力墙是从柱—墙的不定性转移来的。那么转换的概念是与明显／含蓄的对立，层次化的、深层结构的观念以及深层、面层间的协调措施有关。对埃森曼最为重要的不是最后的产品而是造成它的过程。为此他用生成的轴测透视序列来代替平立剖面与卡片纸板模型相引证。图11～图12为Ⅱ号住宅，图13～图15为Ⅲ号住宅。

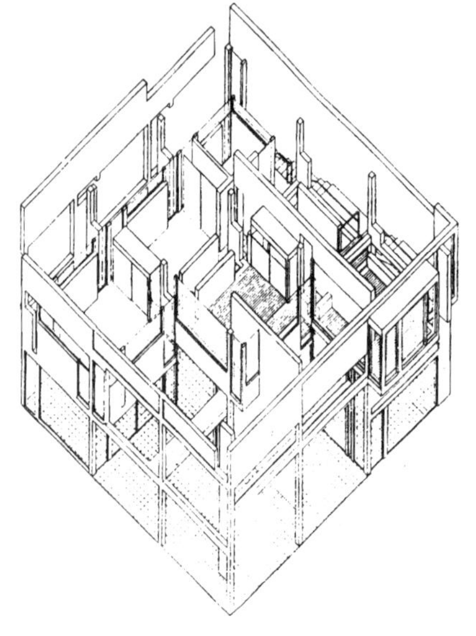

图11

图12

图13

图 14

图 15

邦塔：设计中含义的理论（Notes for a Theory of Meaning in Design）[8]

前面提到的他的三种含义的成分和相应的符号概念，在这里加以说明：陈述的成分表明它们自己是事实如此；交往传递的成分——对它们的理解需要约定明确的信码的介入，并作为别人的意识出现在解释者前面；表现的成分也表明他们自己是事实如此，即使他们是深思熟虑设计的结果。相应的符号概念：指号是直接觉察的事实——如路堵塞、车排队、人奔跑，是发生车祸了！前者是指号（形式），后者是含义，还应该有第三者（形式／含义）的解释者。信号是一种特殊的指号，要满足两个条件：一是故意的或必然产生的，目的是为了交往传递；二是必须能被解释者辨认出来是故意用作交往传递的。如果只有前一条，那么仍是指号而不是信号。民警在路旁树立一注意牌告诉驾驶人前面发生了车祸，这牌是指号也是信号。这里加上了发号者（emitter），解释者可称为收号者（receiver）。其间有误差的可能；有意向的指号只满足信号的前一条，它是故意用的指号。酒吧间的入口门上标明了“BAR”字样，那是信号，门里传来的嘈杂声音和味儿是指号。如果设计一玻璃门，透过它可以看到内部活动即是有意向的指号。这里设计者并不出现。如果到处的酒吧间都用这样的门，逐渐也就成为信号了。这是含义变化与稳定的动态：指号→有意向的指号→信号→含义转变的信号

→指号（如其他店铺入口也用这样的门）。最后可能就是一般门一种，没有任何象征含义。

他以设计的观点对分节（Articulation）重新作了解释：一般说来形式的每个特征可以影响一个或几个含义的值（Values of meaning），每个值也可以被一个或几个特征所影响。分节是特定情况下在特征和值间两个单义相应的关系。分节在设计的体系中是偶然的并非必须的。

形式的含义又由于处理手法不同而有区别，这对设计很有影响。大致有三种情况：一是单词的含义（Lexical Meaning）——这些词的含义如同在词典中那样，都单独解释，不受其他词义的影响。二是位置的含义（Positional Meaning）和三是体系的含义（Systemetic Meaning）——在索绪尔的结构语言学里，有两方面经常要区别开：横组合关系的（Syntagmatic）或位置的和纵聚类关系的（Paradigmatic）或体系的。它们的重要性在设计时很容易被低估，而以单词的含义作为解决语义问题的条件。如象棋中皇、象、马基本上就用他们形象，几乎司空见惯。其实位置的作用是极明显的。如图16在体系的作用下，构成部分是可以适当更换的，如任何一个棋子得以钱币顶替。

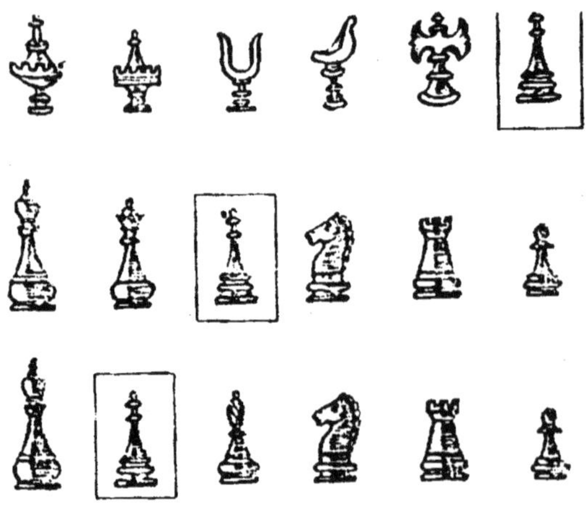

图16

他提出一个三部分组成的模式（Tripartite Model）——形式／文脉／含义，文脉又可分为位置的和体系的。由此把能指方面扩大成三个领域——形式、位置的文脉和体系的文脉。所指方面也相应地分三种值。含义的单词成分是伴随形式的，不论它是什么样子；含义的位置成分要适应形式所在的环境且相对地独立于形式本身；

含义的体系成分则依赖于形式所属的体系但相对独立。

伽洛尼：建筑语言[8]

非字句的语言（Nonverbal Language）如建筑、绘画、雕塑等具有连续性（Continuity）的特点，相对于字句的语言的分离性（Discreteness）。按照叶姆斯列（L. Hjelmslev，1897—1965）的说法这关系到表情方面（Plane of expression）。建筑、绘画、雕塑在作为一个整体形象的领域内，只有在直觉的情况下才具有交流传递的能力，也使理论的重点转移到形象的无可否认的连续性上。因此这成了不可分析的同义词了。建筑的连续性并非不可克服的障碍，可以不把研究对象分成不相连接的片段而是去发现它的内在联系。这种处理方式由对象结构中构件分化所组成，由于他们是和感觉直接联系的结果，具有明确的一致性。它解决了某些企图把建筑的连续的媒介质在纯粹的物质性基础上分成建筑符号所引起的混淆。[如字和声——字不是物质的本性 （Material nature）而是一种形式，它并不能独自吻合一声和多声的音调，而是包含了多样的读音（Pronunciation）、语调（Intonation）等等；声——表情（sound–expression）这样独特的变化被叶姆斯列称为“变体”（Variants）。]因此，为了在相似而又分别明确限定的建筑体系的对象间，说明相似性和差异性（共时地和历时地），不是符号的物质的意图而是不变因素（invariant）的形式的概念已成为必不可少的。不同地区不同人设计的罗马的巴洛克的异同，不在装饰情趣的差别，而是相似或不同的组合分布的结构，按照它的文化背景符号意义可以恰当地被觉察到。当然还可以通过联想的并不同在的类聚关系来判定。

把希腊神庙和古典传统简化为仅仅是大尺码材料构件的组合显然是谬论。那些不是不变因素。真正的不变因素必然是形式的因素，通过形式的结构的异同以及组合体的分布来辨认。柱子、柱式顶部不过是一种可能模式的形式因素，按照它可以产生和分析建筑对象。

模型是作为形式的不变因素的有限的范围，由具有共同的形式一致性的变体所组成。他的几种建筑模型的设想是根据：

房屋使用的类型；

纯粹的空间因素（符号学的空间——不一定是内部的或可以出入的）；

严格的几何因素（立方体、圆锥等）；

文字的／形象的（Graphic/Figurative）因素（轮廓、外形等）。

也可以综合，以一种因素为基础。这些模式的相互联系的系列可以概括建筑现象的全部属性。

“建筑体系的信码”严格地说是不正确的。不论信码或是模型，只有它是形式的才可能这样被认为。然而所谓“建筑体系的”只不过是一给定的物质现象的范围，因此不宜称为信码或模型。

斯卡维尼（Maria Luisa scalvini）“结构的语言学相对于文学的符号学：建筑评论的另一模型”（Structural Linguistics vs the Semiotics of Literature：Alternative Models for Architectural criticism）[16]

[16] Arnulf Lüchinger:Structurism in Architecture and Urban Planning 1981

语言的基本目的是交往传递，但它的单元可以传播丰富的意义，如在文学诗歌中。建筑的基本目的不是交往传递，但它的工具格可以用来（在美学领域内）表达力所能及的意识观念等。它们属于符号学范围内两种相距极远的区域。她提出了与文学相类比双层体系的建筑模式：

第一层类比于语言，基本目的是功能——提供舒适的环境。根据叶姆斯列的符号分为表达方面（Plane of Expression）和内容方面（Plane of Content）的观点：

空间方面 Cf ⎤
——⎥ 构造（tectonics）
外围方面 Ef ⎦

第二层类比于文学，综合目的是建筑的表意（概括了基本目的——功能）：

内容方面（风格、意识等） Cf ⎤ 建筑
表达方面（符号学体系） Cf ⎦ 构造（tectonics）
Ef

语言学的分析是分为符号、语素、音素（Signs，Morphemes，Phonemes）；文学结构的分析是每次从分离单独的本文引伸出最小叙事单元；在建筑中是风格的，不是形式的分离单元。认为建筑的最小表意单元相当于音素或在建筑中移植马丁内（A.Martinet）的双重分节探索分节程度是选择了错误的模型。

理查德·本特（Richard Bunt）在一篇名为《把语言学引入美学，走不通》（Lingustics into Aesthetics Wont Go）的论文里，对几种建筑符号学观点作了简介和评论[8]：

赛维："没有经验地领会空间不可能被完整地表达，只有通过实际经历一座建筑的过程才能使这内部空间成为具体的真实。"（1957）

勃兰地（Cesare Brandi）："在经历单独的建筑艺术作品时，需要去占领的，不仅是作品含有的'信息'，而且他的'现身说法'（Presence）——他的生命；换句话说，他的本体（essence）。"（1967）

德·弗斯柯——他和赛维同样重视空间，提出了内部空间相当于索绪尔的"所指"（signifie）的见解，其差异只在它是"虚"的（virtual）。从符号学的观点来看这含蓄的方面是关键的。相应地外部空间起着能指的作用，它只能按照作为内部空间的外围来定义，所以也可以认为是虚的。是虚的空间（内部的或外部的）构成了所指

的统一体。(伽洛尼，1972) 它们之间有相互“虚实”的表意作用关系。虚的方面本身容许具体表达的分类或甚至建筑体系对象所包含的幻想空间也可以作为表意状态的一种合法方面。

本特认为斯卡维尼硬把功能与美划开——分属二层，基本层包含了纯粹的功能，不是有意向的交往传递，而是叙述的，第二层才体现了美学方面。这是勉强的。他忽视了物质领域和使用领域间的文化条件。功能是有目的性的，所以不能认为是纯技术的。动机和着重“物质性”相联系，不是所指与能指间关系的产物。他又指出，把空间的“形式”等同于语言学的“形式”，而不求助于从物质的性质抽象出来的模式或空间的有目的的属性，这是未能正确认识语言学或符号学形式的主要的“抽象”本质。

结束语　这篇综合评述尽管已经写得很长，还不免把建筑转借语言学的一些探讨略去了。从前面介绍的内容来看，是否可以认为不但各人见解各异，而且对一些基本概念的释义如隐喻、信码、符号分类甚至所指能指的关系也其说不一。法国著名结构主义美学家巴尔特在《符号学与城市设计》一文中说：“在努力用语义学方法研究城市时，我们必须试着去懂得记号的表演，把任何城市理解为一个结构。但是你不要企图去补充这结构，因为现在的符号学永不设想一个最后所指的存在。任何文化的（也是心理的）复合，使我们面临着无限的隐喻之链，在那里能指往往延迟（deferred —原型消失之后）或自身演变成所指。”[17]这是作为符号的城市和建筑的特征。前面提到的艾柯和詹克斯关于凯旋、凯旋门的不同议论也同此理。城市和建筑本身就是生活的构成部分，不仅要反映或描写生活，而且也是被反映或描写的对象，具有所指的性质。

关于语言与言语　黑川纪章曾做了解说（世界建筑6／1983)；荷兰杰出的建筑师赫尔曼·赫茨伯格(Herman

[17] Manfredo Tafuri:Theories and History of Architecture Granada 1980.

C · Norberg-Schulz:Intentions in Architecture,MIT Press 1965.

Roland Barthes:Semiologie et Urbanisme AA12/1-1970/1971.

Alan Colquhoun:Symbolic and literal aspects of technology AD11/1962 P.508.

S.Bettini:Semantic criticism and the historical continuity of European.

Architecture Zodiac 1958 P. 193.

张隆溪：神、上帝、作家，《读书》2/1984 R106.

Deryck Cooke:音乐语言(1959)，茅于润译。

Hertzberger）是这样讲的："在记忆中的一集图形，可以看作知识的无意识的集合场，在那里建筑师可以找到许多形式，选用在他的设计中：建筑师的言语。我们不可能具备属于每个个人的形象和联想的知识，但是可以设想他们是集合模式的个人版本，如同语言与言语间的关系那样。"[16]索绪尔曾说过语言行为主要的本质是共性——称为语言，因人而异的个性——称为言语[18]；语言是信码（code），言语是信息（Message）[11]；那么是否也可说语言是相对于中国建筑的一般特征的法式则例，民居是属于言语之类。利科（P.Ricoeur，1913）曾批评索绪尔企图把不可分的东西分开。作为langue（作为一个系统）的语言，不能和作为parole（作为言语，作为发生的行为）的语言分开[1]。可见语言与言语也是不容易真正说清楚的。黑川纪章的对话中其实不过是强调了抽象提炼的功夫吧！

[18] 陈明远：语言学和现代科学（1984）

邦塔的有意向的指号也是个有趣的命题。自然景色并无意向，但触景生情，激发了多少诗情画意！却又不是任何自然都能令人神往，也不是任何人在任何情绪状态下都能被激动的。皮亚杰的公式是，刺激⇋反应，有意向的指号有可能是无的放矢！无意识的往往在量上还占优势，巴尔特甚至说：在城市中"那些没有加标记的因素比有标记的更为重要。"[9]

前面转译了几个实例分析，只是为了活跃思路，并无喧宾夺主之意。平路走得太多太久了，蹦蹦跳跳，抒展筋骨，流通血脉，大有裨益。不过未免要使迂夫子们惶恐不已！

不论绘画、雕塑、音乐、文学，乃至符号学、人类学、数学模型、电子计算机……怎样在影响着建筑领域，建筑本身永远是圆心，其他的只能都属于半径范畴。圆可大小，其形不变！

（原文载于《建筑师》杂志第23期。）

编后记
——致《建筑师》的朋友们

《建筑师》杂志创办于1979年，是一本大型综合性学术刊物，已出版一百二十多期，刊登过大量具有很高学术价值的论文、译文，是中国建筑界最具学术份量和影响力的刊物之一。在其长达28年的办刊历史中，《建筑师》杂志浸透了几代编辑的心血，笼聚了大批优秀的专家、学者、职业建筑师与青年学生，记录了他们的历史印迹以及20世纪后期中国建筑理论的发展史。

2006年起，应《建筑师》新老读者的强烈要求，编辑部系统整理了《建筑师》从创刊以来所有的过刊。在翻阅那些纸页已发黄、变脆的杂志时，几位同仁们经常无法平静，《建筑师》的历史是多么辉煌又凝重啊，它见证了多位老一辈建筑泰斗晚年的呕心沥血和巨星一般的陨落，也见证了新一代建筑师的冉冉升起，而后者当中的许多人已成为当代建筑界炙手可热的人物；更多的，那些曾经关注过、热爱过《建筑师》的人已涌进人群中被岁月湮没。然而——思想的声音没有老去，那些智慧的文字足可以穿透这几十年再次闪光，把这些精华结集出版而不至于流失则是我们严肃而刻不容缓的责任。

本套《建筑师》丛书的策划，围绕着思想、人、事件等几条主线分别展开，文章的甄选经过了慎重的考虑，以启发性、经典性、思想性为主，首先出版的第一辑包括三本，分别为：《从现代向后现代的路上》(I) 与 (II)，《逝去的声音》。《从现代向后现代的路上》精选了从1979年以来，引导并反映了世界范围内建筑思潮一路演变的经典译文，这些文章的原作者都是20世纪后半叶国外建筑界最有影响力的人物，而译者则都是多年来深受大家爱戴、敬重的老学者，他们其中有些人已经永远离开了我们。《逝去的声音》一书精选了杨廷宝、童寯、陈植、陈占祥、汪坦几位先生在去世前几年留下的珍贵篇章，这些文章立意深刻，深入浅出，耐人寻味，也罕见于其他书籍、资料中。接下来还将出版的第二辑将包括《外国建筑大师思想肖像》与《城市演变下的历史中国》等。

从书的甄选与出版过程期间，得到了来自读者朋友的很多关心和支持，没有你们的鼓励和建议就没有这套丛书的出版，期望这套书问世后能成为《建筑师》奉献给你们的一份小小的礼物，再次感谢你们。

《建筑师》编辑部